“十三五”国家重点出版物出版规划项目
现代机械工程系列精品教材

机械可靠性设计与MATLAB算法

Mechanical Reliability Design and MATLAB Algorithm

叶南海　戴宏亮　编著

机械工业出版社

本书系统地阐述了机械可靠性设计的基本理论及其应用技术，引导读者根据工程实际问题建立可靠性设计模型，并应用软件工具实现数值化求解。本书主要内容包括机械可靠性概述、可靠性数学基础、可靠性原理与计算、机械静强度可靠性设计、机械疲劳强度可靠性设计、机械系统可靠性设计、可靠性试验等。每章均通过大量的例题进行讲解说明，以便于读者理解和应用，每章后面均附有习题。

根据工程实际问题建立可靠性设计的数学模型，利用 MATLAB 语言实现求解，是本书的一个显著特色与创新点。读者在掌握可靠性设计模型的数值求解方法之后，则可以腾出大量时间，去开展相关的可靠性设计模型理论研究，从而得到较为先进的科研成果。书中源代码均是作者首次提出，具有原创性，对此感兴趣的读者，欢迎您通过邮箱 fatiguehnu@ 126.com 与作者进一步交流与探讨。

本书内容重点突出，叙述言简意赅，思路清晰流畅，是作者多年来担任湖南大学本科生与研究生“机械可靠性设计”课程教学与科研工作成果的积淀，在历年使用的讲义初稿基础上提炼总结而成。本书可作为高等工科院校机械类各专业高年级本科生与研究生的教材和教学参考书，也可供从事机械与车辆工程专业的技术人员使用、参考。

建议：理论授课 32 学时，实验上机操作 10~16 学时。

图书在版编目（CIP）数据

机械可靠性设计与 MATLAB 算法/叶南海，戴宏亮编著. —北京：机械工业出版社，2018.7（2024.6 重印）
“十三五”国家重点出版物出版规划项目　现代机械工程系列精品教材
ISBN 978-7-111-60327-6

Ⅰ.①机…　Ⅱ.①叶…②戴…　Ⅲ.①机械设计-可靠性设计-高等学校-教材②Matlab 软件-高等学校-教材　Ⅳ.①TH122②TP317

中国版本图书馆 CIP 数据核字（2018）第 138855 号

机械工业出版社（北京市百万庄大街 22 号　邮政编码 100037）
策划编辑：舒　恬　责任编辑：舒　恬　王勇哲　张丹丹　刘丽敏
责任校对：刘志文　封面设计：张　静
责任印制：张　博
北京雁林吉兆印刷有限公司印刷
2024 年 6 月第 1 版第 4 次印刷
184mm×260mm · 14.5 印张 · 349 千字
标准书号：ISBN 978-7-111-60327-6
定价：45.00 元

电话服务	网络服务
客服电话：010-88361066	机　工　官　网：www.cmpbook.com
010-88379833	机　工　官　博：weibo.com/cmp1952
010-68326294	金　　书　　网：www.golden-book.com
封底无防伪标均为盗版	机工教育服务网：www.cmpedu.com

前言

PREFACE

进入21世纪以来，机械工程行业的产品可靠性设计显得日益重要，直接关乎到国计民生。传统的机械设计理论方法已经不能满足国家现代化及市场竞争对产品质量的要求。

现代设计方法主要包括优化设计、有限元分析和可靠性计算三个方面，目前正在全球范围内得到广泛应用与发展。机械可靠性设计是近期发展起来并得到推广应用的一门现代设计方法核心课程，它是以提高产品可靠性为目的，以概率论和数理统计为基础，综合运用数学、物理、工程力学、机械工程、人机工程、系统工程、运筹学等多方面的知识来研究机械工程的最优化设计问题。可靠性设计作为产品质量和技术措施的一个重要指标，早已引起世界各主要工业国家的高度重视，因为任何产品和技术，尤其高科技产品、大型设备及超大型设备的制造、尖端技术的发展，都必须要以可靠性技术为基础，科学技术的发展又要求具有高的可靠性。在现代生产中可靠性技术已经贯穿到产品的前期调研、设计、制造、使用、试验、维修保养等产品生命周期的各个环节，统称为可靠性工程。

本书是作者在湖南大学讲授“机械可靠性设计”课程的基础上，结合多年以来的科学研究成果，经过不断补充、修改、完善而形成的。本书可作为高等院校机械类高年级本科生和研究生的教材与参考书，也可供从事机械与车辆工程专业的技术人员使用和参考。

感谢湖南大学机械工程学院各位同仁的大力支持。韩旭教授对本书提出了理论联系实际、学以致用的要求；定稿期间姜潮教授提出了宝贵的修改建议；何韵、邓鑫、孙煜晗等研究生完成了部分程序的编写工作，在此表示深深的谢意！

国家自然科学基金项目（NSFC：51375154）对于本书出版给予了资助，谨此致谢！

本书的编写参阅了有关文献，在此对这些文献的作者表示感谢！

由于时间紧迫和水平有限，书中的错误和缺点在所难免，敬请各位有识之士不吝赐教，批评指正。

编著者

于岳麓山下

主要符号说明

R—可靠度

F—不可靠度

$R(t)$—可靠度函数

$F(t)$—失效概率函数或不可靠度函数

$\lambda(t)$—失效率函数

MTTF—平均寿命

MTBF—平均无故障工作时间

θ—测试产品的平均寿命

$D(t)$，$D(X)$—寿命方差

$\sigma(t)$，σ_x—寿命均方差（标准差）

$f(x)$—随机变量密度函数

$F(x)$—随机变量分布函数

$\bar{x}$—算术平均值

G—几何平均值

$E(X)$—数学期望

R_{HL}—极差（最大值与最小值的差）

C_S—应力变差系数

C_δ—强度变差系数

μ—均值

S—广义工作应力

δ—广义材料强度

z_R—可靠度联结系数

n_R—可靠性安全系数

σ_{b}—强度极限

σ_{s}—屈服强度

τ_{b}—抗剪强度

μ_δ—强度均值

σ_δ—强度标准差

μ_S—工作应力均值

σ_S—工作应力标准差

μ_r—半径均值

σ_R—半径标准差

G—切变模量

I_P—轴横截面的极惯性矩

σ_{-1}—对称循环疲劳极限
$\sigma_{\sigma_{-1}}$—对称循环疲劳极限的标准差
r—应力循环的不对称系数（或半径）
K_{σ}—有效应力集中系数
α_{σ}—理论应力集中系数
q—材料对应力集中的敏感系数
σ_{r}—光滑试件的疲劳极限
σ_{rk}—应力集中试件的疲劳极限
ε—尺寸系数
β—表面加工系数
β'—表面强化系数
N_0—疲劳循环基数或寿命基数
m—根据应力的性质与材料而决定的系数
σ_{m}—平均应力
σ_{a}—应力幅
d_i—损伤分量或耗损的疲劳寿命分量
D—总累积损伤量（总功）
n_i—试样在应力水平为S_i的作用下的工作循环次数
N_i—在该材料的 S-N 曲线上对应于应力水平S_i的破坏循环次数
R_s—系统可靠度
ω_i—单元的相对失效率
λ_{id}—单元的容许失效率

目录 CONTENTS

第1章 机械可靠性概述

1.1 可靠性概述

1.1.1 现代设计方法

现代设计方法[1-3]是随着当代科学技术的飞速发展和计算机技术的广泛应用而在设计领域发展起来的一门新兴的多元交叉学科，以满足市场产品的质量、性能、时间、成本、价格综合效益最优为目的，以计算机辅助设计技术为主体，以知识为依托，以多种科学方法及技术为手段，研究、改进、创造产品和工艺等活动过程所用到的技术和知识群体的总称。

现代设计方法一般包括**优化设计、有限元工程分析、可靠性设计**三个部分。

1. 优化设计（Optimization Design）

优化设计是从多种方案中选择最佳方案的设计方法。它以数学中的最优化理论为基础，以计算机为手段，根据设计所追求的性能目标，建立目标函数，在满足给定的各种约束条件下，寻求最优的设计方案[4-6]。第二次世界大战期间，美国在军事上首先应用了优化技术；1967年，美国的R.L.福克斯等发表了第一篇机构最优化论文；1970年，C.S.贝特勒等用几何规划解决了液体动压轴承的优化设计问题后，优化设计在机械设计中得到应用和发展。随着数学理论和计算机技术的进一步发展，优化设计已逐步形成为一门新兴的独立的工程学科，并在生产实践中得到了广泛的应用。通常设计方案可以用一组参数来表示，需要在设计中优选，称为设计变量。如何找到一组最合适的设计变量？在允许的范围内，使得所设计的产品结构合理、性能最好、质量最高、成本最低（即技术经济指标最佳），有市场竞争能力，这就是优化设计所要解决的问题。

2. 有限元工程分析（Finite Element Analysis，FEA）

有限元工程分析也称有限元分析，是利用数学近似的方法对真实物理系统（几何和载荷工况）进行模拟，用有限数量的未知量去逼近无限未知量的真实系统[7,8]。它将求解域看成是由许多有限元的小的互连子域组成，对每一单元假定一个合适的（较简单的）近似解，然后推导求解这个域的满足条件（如结构的平衡条件），从而得到问题的解。由于大多数实际问题难以得到准确解，而有限元不仅计算精度高，而且能适应各种复杂形状，因而成为行之有效的工程分析手段。随着计算机技术的快速发展和普及，有限元方法迅速从结构工程强度分析计算扩展到几乎所有的科学技术领域，成为一种丰富多彩、应用广泛并且实用高效的数值分析方法。

3. 可靠性设计（Reliability Design）

可靠性设计是保证机械及其零部件满足给定的可靠性指标的一种机械设计方法[9-12]，包括对产品的可靠性进行预计、分配、技术设计、评定等工作。所谓可靠性，则是指产品在给定的时间内和给定的条件下，完成给定功能的能力。它不但直接反映产品各组成部件的质量，而且还影响到整个产品质量性能的优劣。无数实践表明，如果在产品的设计过程中，仅凭经验办事，不注意产品的性能要求，或者没有对产品的设计方案进行严格的、科学的论证，产品的可靠性将无法保证。在产品的全生命周期中，只有在设计阶段采取措施，提高产品的可靠性，才会使企业在激烈的市场竞争中取胜，提高企业的经济效益。

1.1.2 可靠性设计概述

可靠性设计是一门新兴的工程学科，涉及机械、数学、工程力学、计算机软件等学科，需要掌握机械设计、概率论与数理统计、应力-强度理论、损伤模型与疲劳寿命、计算机应用软件等专业的基础知识。进入21世纪以来，可靠性设计的重要性不断提高，为了适应市场经济的发展需求，越来越多的企业为了争取顾客而积极提高其产品的可靠性。因为高可靠性的产品在使用过程中不仅能够保证其性能的实现，而且发生故障的次数少，安全性高，给产品赋予了极强的市场竞争力。因此，诸多专家断言：今后产品竞争的焦点就是可靠性。

可靠性是产品的主要质量指标，是今后世界市场产品竞争的焦点，也是今后质量管理的主要发展方向。我国政府明文提出：将发展可靠性技术和提高机电产品可靠性作为振兴机械工业的主要奋斗目标，并把可靠性列入四大共性技术（设计、制造、测试、可靠性）。

那么，可靠性设计与常规设计究竟有何区别？概括地讲：可靠性既是目的（产品质量指标），又是方法或手段，它是以可靠性设计的手段达到可靠性质量指标的目的，这是它区别于其他一切设计方法的主要特点。另外，可靠性设计具有明确的可靠性指标值，常用的产品可靠性指标值有：产品无故障性、耐久性、维修性、可用性和经济性。

常规设计法只按定值变量设计，用安全系数来弥补设计参数的不确定性，这里就有很大的主观性和盲目性，往往使设计的产品尺寸大、材料和能源消耗大、成本高。而可靠性设计则考虑了设计变量诸如材料、载荷、几何尺寸等的分散性和随机性，其实质是如实地把设计变量当作随机变量来处理，使设计结果更加符合客观实际，更准确地评判机械零件强度储备或失效概率。

同时，可靠性设计也是一门多学科交叉的新兴边缘学科，它以概率论和数理统计为基础，是综合运用系统工程学、安全工程学、人机工程学、价值工程学、运筹学、环境工程学、电子工程学、机械工程学、质量管理、计算机技术等综合知识来研究和提高产品的可靠性，从而使产品设计的功能参数更加符合客观实际。

1.1.3 可靠性基本理论

可靠性理论以产品的生命特征作为主要研究对象，具有较强的综合性。它涉及基础科学、技术科学和管理科学等许多领域。著名科学家钱学森曾说过，产品的可靠性是设计出来的，生产出来的，管理出来的。可靠性理论在其发展的过程中形成了三个主要的领域，包括可靠性数学、可靠性物理和可靠性工程[9]。

1. 可靠性数学

可靠性数学是进行可靠性研究的重要基础理论，主要是研究解决各种可靠性问题的数学模型和数学方法，属于应用数学的研究范畴。它涉及的范围非常广，包括概率论与数理统计、随机过程、运筹学、拓扑学等数学分支等。随着可靠性理论研究的不断深入，可靠性数学不再是应用现有的数学知识那么简单了，而是发展成了一门相对独立的数学学科。

2. 可靠性物理

可靠性物理又称为失效物理，是用于研究失效的物理原因与数学物理模型及检测方法与纠正措施的可靠性理论。它使可靠性工程的研究方法从数理统计方法发展到以理化分析为基础的失效分析方法，从本质与机理层面来探索产品的不可靠因素，从而为研制、生产高可靠性产品提供科学的依据。美国的 Rome 航空发展中心（RADC）于 20 世纪 60 年代初首先进行失效物理的研究，发展失效分析方法和技术，研究各种元器件的失效机制及失效模式，建立各种器件及材料失效的数学及物理模型。

3. 可靠性工程

可靠性工程是对产品的失效及其发生的概率进行统计、分析和对产品进行可靠性设计、预测、试验、评估、检验、控制、维修与失效分析的一门包含工程技术的边缘性工程学科。它的发展与概率论和数理统计、运筹学、系统工程、环境工程、价值工程、人机工程、计算机技术、失效物理学、机械学、电子学等学科有着密切的联系。可靠性工程不仅重视技术，也非常重视管理。可靠性管理包括设计、生产和使用过程的管理，即全过程、全生命周期的管理。具体的可靠性管理包括制定可靠性计划、组织可靠性设计评审、进行可靠性认证、制定可靠性标准、确定可靠性指标等。

可靠性工程的研究对象包括电子和电气、机械和结构、零件和系统、及硬件和软件的可靠性设计、试验和验证等。广义的可靠性还包括维修性和有效性。

可靠性设计是可靠性工程的一个重要分支，为保证产品的可靠性，在可靠性设计的过程中要给定可靠性和维修性的指标，并使其达到最优。

可靠性预测是可靠性设计的重要内容之一，它是预报方法，在设计阶段即从已知失效率数据对零部件和系统的可靠度进行预测与预报。

可靠性优化设计是可靠性设计的另一重要内容，也是当前可靠性研究的重要方向之一，它将组成系统的零部件的可靠度进行合理与优化分配。

机械可靠性设计又称为机械概率设计，是可靠性工程的主要内容之一，是可靠性方法在机械设计中的应用。

1.1.4 机械可靠性设计基本方法

机械可靠性设计主要用来解决工程实际问题。根据可靠性设计原理，建立相应的可靠性设计数学模型，然后进行数值化求解。根据可靠性设计原理求解工程实际问题的一般流程如图 1-1 所示。

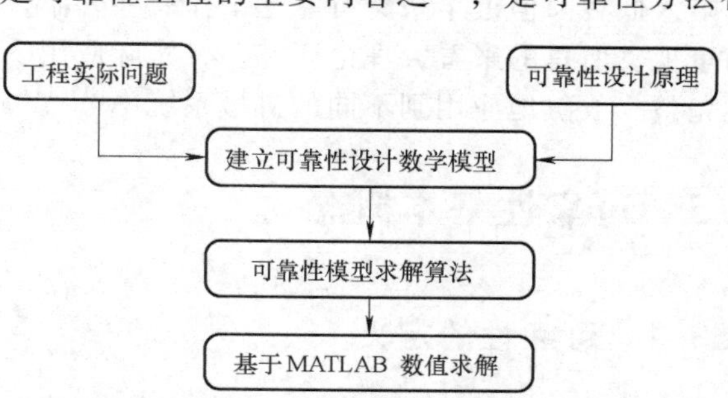

图 1-1　机械可靠性设计工程求解一般流程

1.2 机械可靠性的研究现状与发展趋势

可靠性研究起源于第二次世界大战，1944 年纳粹德国用 V-2 火箭袭击英国伦敦，有多枚火箭在起飞时爆炸，还有一些掉进了英吉利海峡。由此德国提出并运用了串联模型得出火箭系统的可靠度，这成为第一个运用系统可靠性理论指导的生产活动。当时美国海军统计，运往远东的航空无线电设备有 60%不能工作，在此期间，因可靠性问题损失飞机达 2.1 万架，是被击落飞机的 1.5 倍。由此，引起了人们对可靠性问题的重视，通过大量的现场调查和故障分析，研究人员制订了相应的对策，诞生了可靠性这门学科。

1950 年，美国军事部门开始系统地进行可靠性研究，美国国防部（Department of Defense，DOD）建立可靠性研究组，1952 年，美国国防部、工业部门和有关学术部门联合成立了 AGREE（电子设备可靠性顾问组，Advisory Group on Reliability of Electronic Equipment）小组；1955 年，IEEE（美国电气和电子工程师协会）建立可靠性与质量控制分会；1962 年美国举办第一届可靠性与维修性国际年会。在 20 世纪 60 年代后期，美国约 40%的大学设置了可靠性工程课程。目前美国等发达国家的可靠性研究工作比较成熟，标志性成果是阿波罗登月计划成功。除美国外，苏联、日本、英国、法国、意大利等一些国家，也相继从 20 世纪 50 年代末或 60 年代初开始了可靠性的研究工作。

从美国 AGREE 发表《军用电子设备可靠性》的“AGREE”报告以来，可靠性工程的发展已经经历了 60 多年，在这期间，航天、核能、计算机、电子系统及大型复杂机械装备等方面的重大技术进展，都与可靠性工程有密切关系。为提高产品质量，降低产品成本，许多国家在可靠性上的投资日益增加，其中以日本、美国最为显著。

日本的可靠性设计是从美国引进的，以民用产品为主，强调实用化，日本科技联盟是其全国可靠性技术的推广机构。对于机械可靠性设计，主要依靠固有技术，通过可靠性试验及使用信息反馈，不断改进，达到可靠性增长。可靠性理论的应用主要针对出现问题的部分。

英国国家可靠性分析中心成立了机械可靠性研究小组，从失效模式、使用环境、故障性质、筛选效果、维修方式、数据积累等七个方面阐明机械可靠性应用的重点，提出了几种机械系统可靠性的评估方法，并强调重视数据积累。由欧盟支持的欧洲可靠性数据库协会成立于 1979 年，其可靠性数据库交换、协作网遍布欧洲各国，收集了大量机械设备和零部件的可靠性数据，为进行重大工程规划和设备的研发、风险评估提供了依据。

我国的可靠性工作起步较晚。20 世纪 60 年代初才出现有关可靠性工作的报道，80 年代初期发展加快，大量的可靠性工作专著相继出版，国家也制定了一批可靠性工作的标准，之后陷入低谷。但近年来，可靠性工作有些升温，这次升温的动力主要来源于企业对产品质量的重视。但总的来看，理论研究多，实际应用少，与西方国家相比差距不小，有些成果尚不能完整、成熟地应用到不同的机械系统中[13,14]。

1.3 可靠性基本概念

1.3.1 可靠性的定义

狭义的可靠性是指产品在给定的条件下和在给定的时间区间内能完成要求的功能的

能力。

理解这一定义需要注意以下几个要点：

1）“产品”指作为单独研究和分别试验对象的任何元件、零件、部件、设备、机组等，甚至还可以把人的因素也包括在内。在具体使用“产品”这一词时，必须明确其确切含义。

2）“给定条件”一般指的是使用条件、维护条件、环境条件、操作条件，如载荷、温度、压力、湿度、噪声、磨损、腐蚀等。这些条件必须在使用说明书中加以规定，这是判断发生故障时有关责任方的关键。

3）“给定的时间区间”。可靠度是指用于度量产品可靠性的概率，可靠度随时间的延长而降低，产品只能在一定的时间区间内才能达到目标可靠度。因此，对时间的给定一定要明确。需要指出的是这里所说的时间，不仅仅指的是日历时间，根据产品的不同，还可能是与时间成比例的次数、距离等，如应力循环次数、汽车的行驶里程等。

4）“要求的功能”，首先要明确具体产品的功能是什么，怎样才算是完成要求的功能。产品丧失要求的功能称为失效，对可修复产品也称为故障。怎样才算是失效或故障？有时是很容易判定的，但更多的情况是难以判定的。例如，对于某个齿轮，当齿面发生了某种程度的磨损时，对某些精密或重要的机械来说该齿轮就失效了，而对于某些机械来说，并不影响正常运转，因此就不能算失效。对一些大型设备来说更是如此。因此，必须明确地给定产品的功能。

5）“能力”，只做定性的分析是不够的，应该加以定量的描述。产品的失效或故障具有偶然性，一个确定的产品在某段时间的工作情况并不能很好地反映该种产品可靠性的高低，应该观察大量该种产品的运转情况并进行合理的处理后才能正确反映该种产品的可靠性。因此，这里所说的能力具有统计学的意义，需要用概率论和数理统计的方法来处理。

如上所述，在讨论产品的可靠性问题时，必须明确对象、使用条件、给定时间、要求的功能和能力这五个因素。

广义可靠性是指产品在整个生命周期内完成要求的功能的能力，包括狭义可靠性与维修性。其中维修性是指工作中出现故障或缺陷，但能在给定的条件下，使用所述的程序和资源实施维修时，产品在给定的使用条件下保持或恢复能完成要求的功能的状态的能力。由此可见，对于可能维修的产品，除了要考虑提高其可靠性外，还要考虑提高其维修性；而对于不可能维修的产品，只考虑提高产品的狭义可靠性即可。

与广义可靠性相对应，广义可靠度是指不发生故障的可靠度（即狭义可靠度）与排除故障（失效）的维修度。

1.3.2 失效

失效对于可修复的产品通常称为故障，其定义是产品丧失要求的功能，不仅是指要求功能的完全丧失，也包括要求功能的降低等。失效可按不同的方法进行分类，具体如下：

1. 按失效原因

（1）误用失效：未按给定的使用条件使用产品而引起的失效。

（2）本质失效：由于产品本身固有的弱点而引起的失效，与是否按给定条件使用无关。

（3）早期失效：由于产品在设计、制造或检验方面的缺陷等原因而引起的产品失效。一般早期失效可以通过强化试验找出失效原因并加以排除。

（4）偶然失效：也称为随机失效。产品因为偶然的因素而发生的失效，通常它使产品完全丧失要求的功能。这种失效既不能通过强化试验加以排除，也不能通过采取良好维护措施加以避免，失效在什么时候发生也无法判断。

（5）耗损失效：产品由于磨损、疲劳、老化、损耗等原因而引起的失效。它往往使产品的输出特性变坏，但仍有一定的工作能力。

2. 按失效程度

（1）完全失效：安全丧失要求功能的失效。

（2）部分失效：产品的性能偏离某种给定界限，但尚未完全丧失要求功能的失效。

3. 按失效的时间特性

（1）突变失效：通过事前的测试或监控不能预测到的失效。

（2）渐变失效：通过事前的测试或监控就可以预测到的失效，这时，产品的要求功能是逐渐减退的，但开始这一过程的时间并不明显。

4. 按失效后果的严重性

（1）致命失效：导致重大损失的失效。

（2）严重失效：指能导致复杂产品完成要求功能的能力降低的产品组成给定单元的失效。

（3）轻度失效：指不致引起复杂产品完成要求功能的能力降低的产品组成给定单元的失效。

5. 按失效的独立性

（1）独立失效：不是因为其他产品的失效而引起的本产品的失效。

（2）从属失效：因为其他产品的失效而引起的本产品的失效。

6. 按失效的关联性

（1）关联失效：在解释试验结果或计算可靠性特征数值时必须计入的失效。

（2）非关联失效：在解释试验结果或计算可靠性特征数值时不应计入的失效。

为了提高产品的可靠性，只有先全面了解产品的失效原因及其失效的规律，才能采取有效的措施，提高其可靠性。

1.3.3 可靠性的特征量

可靠性的特征量是指表示产品总体可靠性水平高低的各种可靠性指标的总称。它的真值是理论上的数值，实际中是不可知的。根据样本预测值，经过一定的统计分析可以得到特征量的真值估计值。该估计值既可以是点估计，也可以是区间估计。按一定的标准给出具体定义而计算出来的特征量的估计值就称为特征量的预测值（又称为观测值）。

常用的特征量有可靠度、不可靠度（失效概率）、失效率、平均寿命、可靠寿命、中位寿命和特征寿命等。

1. 可靠度与不可靠度

产品在给定的条件下和给定的时间内完成要求的功能的概率称为可靠度，记为 R。可靠度是时间的函数，故也称为可靠度函数，用 $R(t)$ 表示。产品在给定条件下和给定时间内完成要求的功能，这一事件 E 的概率，记为 $P(E)$。

如果用随机变量 t 表示产品从开始工作到发生失效或故障的时间，随机概率密度为

$f\ (t)$，则该产品在使用一定时间 t 时的可靠度为

$$R(t)=P(E)=P(T\geqslant t)=\int_{t}^{\infty}f(t)\mathrm{d}t \tag{1-1}$$

对于不可修复的产品，可靠度的预测值$\hat{R}(t)$是指直到给定的时间区间终了为止，能完成要求功能的产品数$N_{\mathrm{Ps}}\ (t)$与在该区间开始时投入工作的产品数 N_{P} 之比，即

$$\hat{R}(t)=\frac{N_{\mathrm{Ps}}(t)}{N_{\mathrm{P}}}=1-\frac{N_{\mathrm{f}}(t)}{N_{\mathrm{P}}} \tag{1-2}$$

式中　$N_{\mathrm{f}}(t)$——使用一定时间 t 时未完成要求功能的产品数。

对于可修复产品而言，可靠度预测值$\hat{R}\ (t)$ 是指一个或多个产品的无故障工作时间达到或超过给定时间的次数与观测时间内无故障工作的总次数之比，即

$$\hat{R}(t)=\frac{N_{\mathrm{Ts}}(t)}{N_{\mathrm{T}}} \tag{1-3}$$

式中　N_{T}——观测时间内无故障工作的总次数，产品的最后一次无故障工作时间若未超过给定时间则不计入；

$N_{\mathrm{Ts}}(t)$——无故障工作时间达到或超过给定时间的次数。

上述可靠度公式中的时间是从零算起的，实际使用中常需知道工作过程中某一段执行任务时间的可靠度，即需要知道已经工作了 t 时间后再继续工作 Δt 时间的可靠度。

从时间 t 工作到 $t+\Delta t$ 的条件可靠度称为任务可靠度，记为 $R(t+\Delta t|t)$。由条件概率可知

$$R(t+\Delta t|t)=P(T\geqslant t+\Delta t|T\geqslant t)=\frac{R(t+\Delta t)}{R(t)} \tag{1-4}$$

根据样本的预测值，任务可靠度的预测值为

$$\hat{R}(t+\Delta t|t)=\frac{N_{\mathrm{s}}(t+\Delta t)}{N_{\mathrm{s}}(t)} \tag{1-5}$$

式中　N_{s} 为 N_{Ps}与 N_{Ts}的统称。

由可靠度的定义可知，$\hat{R}\ (t)$ 具有如下性质：

1）$\hat{R}\ (t)$ 为时间的递减函数。

2）$0\leqslant\hat{R}\ (t)\ \leqslant1$。

3）$\hat{R}(0)=1$；$\hat{R}(+\infty)=0$。

与可靠度相对应的不可靠度，表示产品在给定条件下和给定时间内，不能完成要求功能的能力（概率），因此又称为失效概率，记为 F。失效概率 F 也是时间 t 的函数，故又称为失效概率函数或不可靠度函数，并记为 $F(t)$。显然，它与可靠度呈互补关系，故

$$R(t)+F(t)=1 \tag{1-6}$$

$$F(t)=1-R(t)=P(T<t)=\int_{-\infty}^{t}f(t)\mathrm{d}t \tag{1-7}$$

失效概率预测值可按概率互补定理得到，即

$$\hat{F}(t)=1-\hat{R}(t) \tag{1-8}$$

由不可靠度的定义，$\hat{F}\ (t)$ 具有以下性质：

1）$\hat{F}\ (t)$ 为时间的递增函数。

2）$0\leqslant \widehat{F}(t)\leqslant 1$。

3）$\widehat{F}(0)=0$；$\widehat{F}(+\infty)=1$。

例题 1-1 设有 N_{P} 个产品，工作一段时间 t 时，有 $n(t)$ 个产品失效，则其可靠度和失效概率为多少？

解 根据公式（1-2）和（1-8），有

$$\begin{cases}\widehat{R}(t)=\dfrac{N_{\mathrm{P}}-n(t)}{N_{\mathrm{P}}}\\[2ex]\widehat{F}(t)=1-\dfrac{N_{\mathrm{P}}-n(t)}{N_{\mathrm{P}}}=\dfrac{n(t)}{N_{\mathrm{P}}}\end{cases}$$

设 $\widehat{R}(t)=pR$，$\widehat{F}(t)=pF$，则有 $pR+pF=1$，且有 $0\leqslant\widehat{R}(t)\leqslant 1$，$0\leqslant\widehat{F}(t)\leqslant 1$，并且不难发现

$$\begin{cases}\widehat{R}(t)=\widehat{R}(0)=1\\\widehat{F}(t)=\widehat{F}(0)=0\\\widehat{R}(t)=\widehat{R}(+\infty)=0\\\widehat{F}(t)=\widehat{F}(+\infty)=1\end{cases}$$

图 1-2 是广义的可靠度与失效概率$(R(t),F(t))$之间的关系曲线。

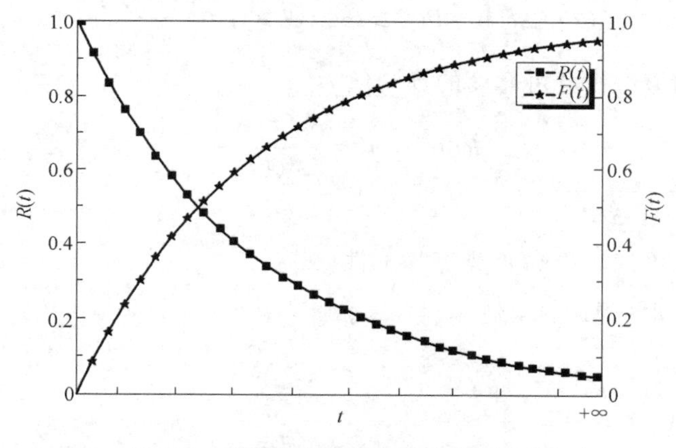

图 1-2 可靠度与失效概率的关系曲线

2. 失效率

失效率又称为故障率，是工作某一段时间 t 时尚未失效的产品，在之后的下一个单位时间内发生失效的概率，一般用 λ 表示，它也是时间 t 的函数，故记为 $\lambda(t)$，称为失效率函数。失效率的预测值 $\widehat{\lambda}(t)$ 是在 t 以后的下一个单位时间内发生失效的产品数目与工作到该时刻尚未失效的产品数目之比，即

$$\widehat{\lambda}(t)=\frac{\Delta N_{\mathrm{Pf}}(t)}{N_{\mathrm{Ps}}(t)\Delta t}\tag{1-9}$$

设有 N_{P} 个产品，从 $t=0$ 开始工作，到 t 时的产品失效数为 $n(t)$，而所经过 Δt 到 $t+\Delta t$

时的产品失效数为 $n(t+\Delta t)$，即在 $[t,t+\Delta t]$ 时间区间内有 $\Delta n(t)$ [即 $n(t+\Delta t)-n(t)$] 个产品失效，则定义该产品在时间区间 $[t,t+\Delta t]$ 内的平均失效率为

$$\bar{\lambda}(t,t+\Delta t)=\frac{n(t+\Delta t)-n(t)}{[N_P-n(t)]\Delta t}=\frac{\Delta n(t)}{[N_P-n(t)]\Delta t} \tag{1-10}$$

而当产品数 $N_P\to\infty$，时间区间 $\Delta t\to 0$ 时，则有瞬时失效率（简称失效率，故障率）的表达式为

$$\lambda(t)=\lim_{\substack{N_P\to\infty\\ \Delta t\to 0}}\bar{\lambda}(t)=\lim_{\substack{N_P\to\infty\\ \Delta t\to 0}}\frac{\Delta n(t)}{[N_P-n(t)]\Delta t}=\lim_{\substack{N_P\to\infty\\ \Delta t\to 0}}\frac{1}{\Delta t}P(t\leqslant T\leqslant t+\Delta t\mid T>t) \tag{1-11}$$

产品在时间区间 $[t,t+\Delta t]$ 内的平均失效率的积分表达式为

$$\bar{\lambda}(t)=\frac{1}{\Delta t}\int_t^{t+\Delta t}\lambda(t)\mathrm{d}t \tag{1-12}$$

失效率是产品可靠性常用的数量特征之一，失效率越高的产品，其可靠性越低。失效率的单位用单位时间的百分数表示。

例题 1-2 今有100个某种零件，已工作了6年，工作满5年时有3个失效，工作满6年时有6个失效。试计算这批零件工作在5~6年的时间区间内的平均失效率。

解 时间以年为单位，由题知：$N_P=100$，$t=5$ 年，$\Delta t=1$ 年，$n(5)=3$，$n(5+1)=6$，则按式（1-10）有

$$\bar{\lambda}(5,5+1)=\frac{n(5+1)-n(5)}{[100-n(5)]\times 1}\text{年}^{-1}=\frac{6-3}{(100-3)\times 1}\text{年}^{-1}=\frac{3}{97}\text{年}^{-1}=0.0309\text{ 年}^{-1}$$

如果计算出该零件工作满1年、2年、3年、4年、5年的失效率，则可以画出这5年的失效率分布图，那么广义地，推广到 n 趋向于正无穷，则可以得到如图1-3所示的失效率曲线（俗称为浴盆曲线）。

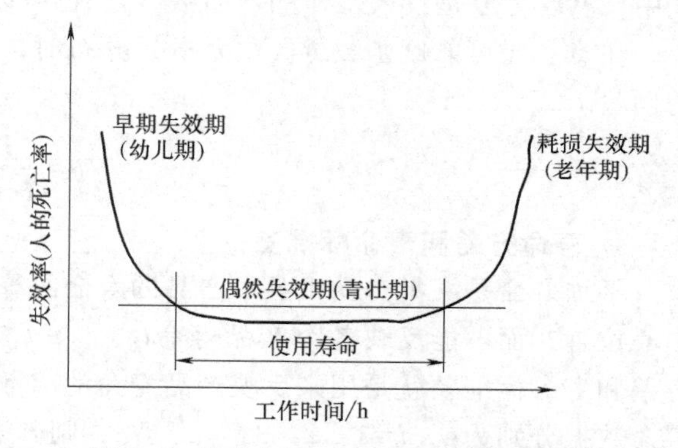

图1-3 浴盆曲线（产品的失效率曲线）

设备的失效率随时间的变化可以分为三个阶段：早期失效期、偶然失效期和耗损失效期。其中，偶然失效期是产品最好的工作期，其持续时间也比较长，所以也称作产品的使用寿命期。这就好比人的一生，经历幼儿期、青壮年期、老年期一样。

3. 平均寿命

平均寿命是产品寿命的平均值，而产品寿命则是指它的无故障工作时间。

对于不可修复产品，平均寿命是指同类产品从开始使用到失效前工作时间的平均值，即平均失效前时间，一般记为MTTF（Mean Time to Failure）。

$$\mathrm{MTTF}=\frac{1}{N_P}\sum_{i=1}^{N_P}t_i \tag{1-13}$$

式中　N_P——测试的产品总数；

t_i——第 i 个产品失效前的工作时间。

而对于可修复产品，平均寿命指平均无故障工作时间，一般记为 MTBF（Mean Time Between Failure）。

$$\mathrm{MTBF} = \frac{\sum_{i=1}^{N_\mathrm{P}} \sum_{j=1}^{n_i} t_{ij}}{\sum_{i=1}^{N_\mathrm{P}} n_{ij}} \tag{1-14}$$

式中 N_P——测试的产品总数；

n_{ij}——第 i 个测试产品的故障数；

t_{ij}——第 i 个产品从 $j-1$ 次故障到第 j 次故障的工作时间。

也可用式（1-13）代替式（1-14）来计算 MTBF。

MTTF 与 MTBF 的理论意义和数学表达式的实际内容是一样的，故统称为平均寿命。它们都表示无故障工作时间 T 的数学期望 $E(T)$，一般记为 θ，或记为$\bar{t}$。

若已知 T 的随机概率密度 $f(t)$，则

$$\theta = E(T) = \int_0^\infty t f(t)\,\mathrm{d}t \tag{1-15}$$

对于完全样本，即所有试验样品都观测到发生失效或故障时，平均寿命的预测值是指它们的算术平均值，即

$$\hat{\theta} = \frac{1}{N}\sum_{i=1}^{N} t_i \tag{1-16}$$

式中，N 既可以是投入工作的产品数 N_P，也可以是观测时间内无故障工作的总次数 N_T。

注意：当可靠度函数 $R(t)$ 为指数分布时，平均寿命的数学期望 θ 为失效率函数 $\lambda(t)$ 的倒数。

$$\theta = \frac{1}{\lambda(t)}$$

4. 寿命方差和寿命标准差

平均寿命是一批产品中各个产品的寿命的算术平均值，它只能反映这批产品寿命分布的中心位置，而不能反映各个产品寿命t_1，t_2，t_3，…，t_N与此次中心位置的偏离程度。寿命方差和寿命标准差就是用来反映产品寿命的离散程度的特征值。若一批数目为 N_P 的产品的寿命数据分别为t_i，$i=1$，2，3，…，N_P，则其寿命方差为

$$D(t) = [\sigma(t)]^2 = \frac{1}{N_\mathrm{P}}\sum_{i=1}^{N_\mathrm{P}} (t_i - \theta)^2 \tag{1-17}$$

寿命标准差为

$$\sigma(t) = \sqrt{D(t)} = \sqrt{\frac{1}{N_\mathrm{P}}\sum_{i=1}^{N_\mathrm{P}} (t_i - \theta)^2} \tag{1-18}$$

式中 N_P——该批产品取值的总个数，$N_\mathrm{P}\to\infty$ 或是 1 个相当大的数；

θ——测试产品的平均寿命；

t_i——第 i 个测试产品的实际寿命。

寿命标准差与失效时间（或寿命）有相同的量纲。

5. **可靠寿命、中位寿命和特征寿命**

可靠寿命是指为给定值 R 时的工作寿命，并以t_R表示。一般可靠寿命随工作时间 t 的增大而下降。给定不同的 R 则有不同的t_R，即

$$t_R = R^{-1}(R) \tag{1-19}$$

式中　$R^{-1}(R)$——$R(t)$ 的反函数，即由 $R(t)=R$ 反求 t_R。

可靠寿命的预测值是能完成要求功能的产品的比例恰好等于给定可靠度 R 时所对应的时间。

可靠度 $R=0.5$ 的可靠寿命称为**中位寿命**，用$t_{0.5}$表示。当产品工作到中位寿命$t_{0.5}$时，产品中将有半数失效，即 $R(t)=F(t)=0.5$，可靠度与失效概率均为 0.5。

可靠度 $R=e^{-1}$的可靠寿命称为**特征寿命**，用$T_{e^{-1}}$来表示。

例题 1-3　某产品失效率为 $\lambda=\lambda(t)=0.25\times10^{-4}h^{-1}$，可靠度函数为 $R(t)=e^{-\lambda t}$，试求中位寿命、特征寿命和可靠度为 99%的相应可靠寿命。

解　因为 $R(t)=e^{-\lambda t}$，所以 $\ln R(t_R)=-\lambda t_R$，故产品的中位寿命、特征寿命和可靠度为 99%的相应可靠寿命分别为

$$t_{0.5}=-\frac{\ln R(t_{0.5})}{\lambda}=-\frac{\ln 0.5}{\lambda}=27725.9h$$

$$t_{1/e}=-\frac{\ln R(t_{1/e})}{\lambda}=-\frac{\ln\frac{1}{e}}{\lambda}=4000h$$

$$t_{0.99}=-\frac{\ln R(t_{0.99})}{\lambda}=-\frac{\ln 0.99}{\lambda}=402h$$

6. **MATLAB 在可靠性数值化求解的应用**

考虑到进行机械可靠性设计的数学模型求解时，运用解析方法求解实际问题的比例毕竟是其中很少的一部分，绝大部分问题均属于数值化求解，所以，利用 MATLAB 工程应用计算软件进行数值化求解就成为一种选择的必然。

MATLAB 是 Matrix Laboratory 的缩写，是一款由美国 MathWorks 公司出品的商业数学软件，用于算法开发、数据可视化、数据分析以及数值计算的高级技术计算语言和交互式环境，主要包括 MATLAB 和 Simulink 两大部分。20 世纪 70 年代，美国新墨西哥大学计算机科学系主任 Cleve Moler 为了减轻学生编程的负担，用 FORTRAN 编写了最早的 MATLAB。1984 年由 Little、Moler、Steve Bangert 合作成立的 MathWorks 公司正式把 MATLAB 推向市场。到了 20 世纪 90 年代，MATLAB 已成为国际控制界的标准计算软件[5,15]。

MATLAB 的基本数据单位是矩阵，它的指令表达式与数学、工程中常用的形式十分相似，故用 MATLAB 来解算问题要比用 C、FORTRAN 等语言完成相同的事情简捷得多。MATLAB 还吸收了 Maple 等软件的优点，使 MATLAB 成为一个强大的数学软件。除了矩阵运算、绘制函数/数据图像等常用功能外，MATLAB 还可以用来创建用户界面及调用其他语言（包

括 C、C++和 FORTRAN）编写的程序。此外，许多 MATLAB 爱好者还编写了一些经典的程序，用户可以直接下载进行使用。

例题 1-3 的求解，可以通过以下代码得以实现。

【MATLAB 求解】

Code

```
clear all
lamda=0.25e-4
pR=[0.99;0.5;1/exp(1)];
tR=-log(pR)/lamda
```

Run

```
tR=1.0e+004 *
0.040201343414006
2.772588722239781
4.000000000000000
```

7. 可靠性特征量之间的关系

可靠性特征量中 $R(t)$、$F(t)$、$f(t)$、$\lambda(t)$ 是四个基本函数，已知其中一个，则其余的特征量均可求出。相互之间的关系见表 1-1。

表 1-1　可靠性特征量中四个基本函数之间的关系

基本函数	$R(t)$	$F(t)$	$f(t)$	$\lambda(t)$
$R(t)$	—	$1-F(t)$	$\int_t^\infty f(t)\mathrm{d}t$	$\exp-\int_0^t\lambda(t)\mathrm{d}t$
$F(t)$	$1-R(t)$	—	$\int_0^t f(t)\mathrm{d}t$	$1-\exp-\int_0^t\lambda(t)\mathrm{d}t$
$f(t)$	$-\frac{\mathrm{d}R(t)}{\mathrm{d}t}$	$\frac{\mathrm{d}F(t)}{\mathrm{d}t}$	—	$\lambda(t)\exp-\int_0^t\lambda(t)\mathrm{d}t$
$\lambda(t)$	$-\frac{\mathrm{d}\ln R(t)}{\mathrm{d}t}$	$\frac{1}{1-F(t)}\frac{\mathrm{d}F(t)}{\mathrm{d}t}$	$\frac{f(t)}{\int_t^\infty f(t)\mathrm{d}t}$	—

1.4　本章小结

本章简要介绍了机械可靠性设计的研究发展现状、可靠性定义、传统可靠性基本理论等基础知识，以期读者对机械可靠性设计研究方向有一个较为清晰的认识。同时，对可靠性设计中的一些基本概念，例如可靠度、失效率、平均寿命、中位寿命、特征寿命、可靠寿命等基本名词，做了简单说明。

习　　题[㊀]

习题 1-1

机械可靠性的定义是什么？其研究内容有哪些？

习题 1-2

将某规格的50个轴承投入到恒定载荷下运行，其失效时的运行时间和失效个数见下表，求该规格轴承工作到100h和400h的可靠度 $R(100)$、$R(400)$。

运行时间/h	10	25	50	100	150	250	350	400	500	600	700
失效数(个)	4	2	3	7	5	3	2	2	0	0	0

习题 1-3

某批零件工作到50h时，还有100个在工作，工作到51h时，失效了1个，在第52h内失效了3个。试求这批零件工作满50h、51h时的失效率。

习题 1-4

已知某产品的失效率为常数：$\lambda(t)=\lambda=0.3\times10^{-4}\text{h}^{-1}$，可靠度函数 $R(t)=\exp(-\lambda t)=\text{e}^{-nt}$。试求可靠度 $R=99.9\%$的相应可靠寿命$t_{0.999}$、中位寿命$t_{0.5}$和特征寿命$t_{1/\text{e}}$。

习题 1-5※

结合自己本科阶段所学的专业课程知识，你认为“机械可靠性设计”这门课程，涉及前期哪几门所修课程？为什么？相互之间的联系又是什么？请思考，建议分班（组）讨论。

习题 1-6※

回顾“概率论与数理统计”课程，并通过学校图书馆或者网络，查找“运筹学”课程的研究内容及领域，并比较两门课程之间的异同。

习题 1-7※

请查阅相关资料，了解可靠性设计的研究现状与发展历程，思考机械可靠性设计的未来发展方向（趋势）；并结合可靠性研究的项目课题（可借助网络），说明开展机械可靠性设计方向研究的重要性。思考内容以及重要性的论述，建议写成一篇小论文。

㊀ 题号后附有※号的习题，属于研究生必做题，以下章节同。

第2章

可靠性数学基础

对可靠性开展研究，一般是以广义的产品作为研究对象。而产品的某些性质，如加工尺寸的精度、材料的成分、机件的强度与寿命等，总会出现一些偏差。为了从关于偏差的一些试验值和经验值来正确掌握偏差的真实形态，必然要采用统计的方法；为了评价和预测产品的可靠性，就需要用到概率知识。因此，概率与数理统计的相关知识是研究产品可靠性学科的重要数学基础。为了观察工程中大量随机事件的变化规律，确定产品的可靠性特征量以及对机械系统和零部件进行可靠性设计和分析，必须根据概率统计的方法来建立有关数学模型以及进行计算。因此，在可靠性研究中，概率与统计的概念十分重要。

本章首先对概率和数理统计的相关知识进行简单回顾，然后介绍几种在可靠性设计领域常用的概率分布函数[9]。

2.1 事件、概率及其运算

2.1.1 事件

1. 随机试验

随机试验是可以在相同条件下重复进行的试验，它需要满足以下三个条件：

1）试验可以在相同的条件下重复进行。

2）试验的所有可能的结果不止一个，而且事先已知。

3）每次试验总是恰好出现这些可能结果中的一个，但究竟出现哪一个结果，试验之前是不能确切预言的。

例如，骰子有6个面，进行游戏活动时进行投掷，其结果有六种情况是清楚的（1~6），但具体是哪一个，则是不能事先确定的。

2. 随机事件与统计规律性

在大量重复试验或观察中所呈现出的固有规律性称为统计规律性或频率稳定性。在单次试验中不能确定其是否发生，而在大量的重复试验中具有某种规律性的事件称为随机事件，简称事件。常用大写拉丁字母 A、B、C 等表示。事件按其结构可分为以下几种类型：

（1）基本事件：最简单、不能再分的事件。例如，掷骰子，观察其出现的点数就是一随机试验，试验结果出现“1点”“2点”……“6点”都是基本事件。

（2）复合事件：能分解为不少于两个事件的事件（由若干个基本事件复合而成的事件）。例如，掷骰子试验中，出现“奇数点”就是一个复合事件，它是由出现“1点”“3点”“5点”这三个基本事件组成的。只要这三个基本事件中有一个发生，“奇数点”这个事件就发生。

（3）必然事件：在每次试验中一定要发生的事件，记为Ω。

（4）不可能事件：在每次试验中一定不会发生的事件，记为Φ。

3. 母体与样本、样本空间及样本点

母体又称为总体，是指某一统计分析工作中的研究对象的全体或被调查的全体。从母体中抽出来的作为观测对象的n个元素（也称为个体）称为母体的样本或子样，这时n称为样本的容量（或子样容量）。

由随机试验（记为E）的所有基本事件所组成的集合，称为该随机事件的样本空间，称为S。因此，试验E中的基本事件，就是样本空间E中的元素，又称为样本点，它们是由试验内容所确定的。试验E的事件是样本空间S中的子集，即$E\subset S$。由于任一随机试验的结果必然出现全部基本事件之一，所以，样本空间作为一个事件，是必然事件。或者说必然事件就是样本空间S。由此也可以说，不可能事件就是空集，记为Φ。

2.1.2 事件之间的关系与运算

1. 事件的包含与相等

设A、B、$A_i(i=1, 2, 3, \cdots, n)$是随机试验$E$的事件，而其样本空间为$S$。

假设事件A发生必然导致事件B发生，则称为事件B包含事件A，或者称为事件A包含于事件B，并记为

$$B\supset A \text{ 或 } A\subset B \tag{2-1}$$

因此，对于任一事件A，都有

$$\Phi\subset A\subset S \tag{2-2}$$

$A\subset B$也表示，如果事件B不发生，则事件A必不发生。

若同时有$A\subset B$和$B\subset A$，则称事件A与B相等，并记为

$$A=B \tag{2-3}$$

2. 事件的和

如果事件C表示“事件A与事件B至少有一个发生”这一事件，则称事件C为事件A与事件B的和，记为

$$C=A\cup B \tag{2-4}$$

同理，如果事件C表示“A_1、A_2、…、A_n中至少有一个事件发生”，则称事件C为事件A_1、A_2、…、A_n的和，记为

$$C=A_1\cup A_2\cup A_3\cup\cdots\cup A_n \tag{2-5}$$

也可记作

$$C=\bigcup_{i=1}^{n} A_i$$

对于无穷多个事件$n\to\infty$，则有

$$C=\bigcup_{i=1}^{\infty} A_i$$

3. 事件的积

如果 D 表示“事件 A 与事件 B 同时发生”这一事件，则称事件 D 为事件 A 与事件 B 的积，记为

$$D=A\cap B \tag{2-6}$$

类似地，如果“A_1、A_2、…、A_n事件同时发生”这一事件用 D 表示，则称事件 D 为事件A_1、A_2、…、A_n的积，记为

$$D=A_1\cap A_2\cap A_3\cap\cdots\cap A_n \tag{2-7}$$

也可记作

$$D=\bigcap_{i=1}^{n} A_i$$

对于无穷多个事件 $n\to\infty$，则有

$$D=\bigcap_{i=1}^{\infty} A_i$$

由事件的积的定义可知：

1）对任一事件 A（$A\subset S$），有 $A\cap S=A$，$A\cap\Phi=\Phi$。

2）若 A、B 互不相容，则 $A\cap B=\Phi$。

4. 事件的差

表示“事件 A 发生而事件 B 不发生”的事件 E 称为事件 A 与事件 B 的差，并记为

$$E=A-B \tag{2-8}$$

由事件的差的定义可知，对任意事件 A 有

$$A-A=\Phi, A-\Phi=A \tag{2-9}$$

5. 事件的互逆与互不相容

若事件 A 与事件 B 有且仅有一个发生，即事件 A 与事件 B 服从 $A\cup B=S$，且 $A\cap B=\Phi$，则称事件 A 与事件 B 互逆，或称 A 与 B 互为对立事件（逆事件），记为

$$A=\overline{B}\text{或 }B=\overline{A} \tag{2-10}$$

若事件 A 与事件 B 不能同时发生，即 $A\cap B=\Phi$，则称事件 A 与事件 B 互不相容，或称 A 与 B 是互斥的。

如果事件A_1、A_2、…、A_n中的任意两个事件互不相容，则称事件A_1、A_2、…、A_n互不相容。

互不相容的事件之间是没有公共元素的。例如，必然事件与不可能事件是互不相容的；基本事件也是互不相容的。此外，互逆的两个事件必为互不相容事件。

2.1.3 古典概率与几何概率

概率是衡量随机事件发生的可能性大小的数量指标。统计概率就是指在相同的条件下进行 n 次重复试验，其中，事件 A 发生了n_A次，则事件 A 发生的频率$f_n(A)$ 为

$$f_n(A)=\frac{n_A}{n} \tag{2-11}$$

如果当 n 增大时，事件 A 出现的频率$f_n(A)$ 围绕着某一个常数摆动，而且，随着 n 不断

趋于无穷大，$f_n(A)$ 也不断趋于这一常数，这一常数就是事件的概率，记为 $P(A)$。

$$P(A)=\lim_{n\to\infty}f_A(A)=\lim_{n\to\infty}\frac{n_A}{n}\approx\frac{n_A}{n} \tag{2-12}$$

因此，任何一个事件的概率都可以用“大量重复试验”所得到的频率去解释它。

设 E 是一个随机试验，若它的样本空间 S 满足下面两个条件：

1）只有有限个基本事件。

2）每个基本事件发生的可能性相等。

则称这种情况下事件发生的概率为**古典概率**。

若在随机试验 E 的样本空间 S 中基本事件的总数为 n，而事件 A 包含了 k 个基本事件，则事件 A 的古典概率的计算公式为

$$P(A)=\frac{A\text{所包含的基本事件数}(k)}{\text{样本空间中基本事件的总数}(n)} \tag{2-13}$$

古典概率考虑的是有限个基本事件。统计概率虽然可以考虑无限个基本事件，但实际上不可能进行无限次试验，所以一般只考虑有限个基本事件。但在工作中还会遇到可列无穷多个基本事件的情况，几何概率就是适应这一种情况的。

设欧式空间中的某一区域 S 是联系于某一个随机事件的样本空间，在该样本空间的样本点是随机均匀分布的。又设 S 以及其中任何一个可能出现的小区域 A 都是可度量的，其度量大小用 $\mu(A)$ 表示。例如，一维空间的长度、二维空间的面积、三维空间的体积……并且认为这些度量都有和长度一样的各种性质，如非负性、可加性等。

若某一事件（区域）A 是样本空间 S 的一部分，其度量大小为 $\mu(A)$，事件 A 发生的概率用 $P(A)$ 表示，考虑到“均匀分布”原则，有

$$P(A)=\frac{\mu(A)}{\mu(S)}$$

它称为事件 A 的**几何概率**。

在同一随机试验中，某些事件发生的概率之间互不影响时，便称它们为相互独立。在同一随机试验中的两个或两个以上的事件之间，如果不是相互独立，则是相关。

对于各种形式的概率来说，其数值都在 0~1 之间。即随机事件发生的概率，若以 $P(A)$ 表示，则有

$$0\leqslant P(A)\leqslant 1$$

对于不可能事件，$P(A)=0$；对于必然事件，$P(A)=1$；对于可能发生也可能不会发生的事件，则有$0\leqslant P(A)\leqslant 1$。

2.1.4 概率的运算

1. 互补定理

设某事件发生的概率为 $P(A)$，则不发生的概率一定为 $1-P(A)$，记为 $P(\overline{A})$，则有

$$P(A)+P(\overline{A})=1 \tag{2-14}$$

显然，若某产品出故障的概率为 $F(t)$，则无故障即正常工作的概率为 $R(t)=1-F(t)$。

2. 加法定理

当事件 A 与事件 B 互不相容即互斥时，A 与 B 的和事件的概率为

$$P(A+B)=P(A\cup B)=P(A)+P(B) \tag{2-15}$$

对于两两互斥的事件A_1、A_2、…、A_n来说，它们的和事件的概率为

$$P(A_1\cup A_2\cup\cdots\cup A_n)=P(A_1)+P(A_2)+\cdots+P(A_n)=\sum_{i=1}^{n}P(A_i) \tag{2-16}$$

当事件 A 与事件 B 不是互斥事件时，A 与 B 的和事件的概率为

$$P(A\cup B)=P(A)+P(B)-P(A\cap B) \tag{2-17}$$

同样，也推广到 n 个事件的情况。

$$P(A_1\cup A_2\cup\cdots\cup A_n)=\sum_{i=1}^{n}P(A_i)-\sum_{i<j=2}^{n}P(A_iA_j)+\sum_{i<j<k=3}^{n}P(A_iA_jA_k)+\cdots+(-1)^{n-1}P(A_1A_2\cdots A_n) \tag{2-18}$$

例如，$n=3$，则有

$$P(A_1\cup A_2\cup A_3)=P(A_1)+P(A_2)+P(A_3)-P(A_1\cap A_2)-P(A_1\cap A_3)-P(A_2\cap A_3)+P(A_1\cap A_2\cap A_3)$$

3. 乘法定理

相互独立的事件 A 与 B 同时发生的概率是这两个事件各自发生的概率的积，这就是概率的乘法定理，记为

$$P(A\cap B)=P(AB)=P(A)P(B) \tag{2-19}$$

它也适用于两个以上的相互独立事件，即有

$$P(A_1\cap A_2\cap\cdots\cap A_n)=P(A_1)P(A_2)\cdots P(A_n) \tag{2-20}$$

若事件 A 与事件 B 是彼此相关的，则这两个事件同时发生的概率是

$$\begin{cases}P(A\cap B)=P(A)P(B|A)\\P(A\cap B)=P(B)P(A|B)\end{cases} \tag{2-21}$$

例题 2-1 某一装置由部件 1 和部件 2 组成，这两个部件在功能上是相互独立的，现在设这两个部件的失效概率为 $P(A_1)=0.01$ 和 $P(A_2)=0.02$，试分别计算下面两种情况，装置不发生失效的概率。

1）将两个部件串联起来，即两部件同时不失效时，装置就能工作。

2）将两个部件并联起来，即两部件不同时失效时，装置就能工作。

解 1）串联起来，必须保证同时不失效。

$$P(\overline{A_1}\cap\overline{A_2})=P(\overline{A_1})P(\overline{A_2})=(1-0.01)\times(1-0.02)=0.9702$$

2）并联起来，只要求不同时失效。

$$P(\overline{A_1\cap A_2})=1-P(A_1)P(A_2)=1-0.01\times0.02=0.9908$$

4. 条件概率

在事件 A 发生的情况下，事件 B 发生的概率，就是事件 B 发生的条件概率，记为 $P(B|A)$。若$P(A)>0$或 $P(B)>0$，由式（2-21）可得

$$P(B|A)=\frac{P(A\cap B)}{P(A)} \tag{2-22}$$

例题 2-2 设100件产品中有5件不合格品，当采用“放回抽样”和“不放回抽样”两种情况下，各抽出两件产品时，这两件产品都是合格品的概率是多少？

解 设事件 A：第一次取得合格品。

事件 B：第二次取得合格品。

1）放回抽样时

$$P(A)=\frac{95}{100}$$

$$P(B|A)=\frac{95}{100}=P(B)$$

$$P(A\cap B)=P(A)P(B|A)=\frac{95}{100}\times\frac{95}{100}=0.9025$$

2）不放回抽样时

$$P(A)=\frac{95}{100}$$

$$P(B|A)=\frac{94}{99}$$

$$P(A\cap B)=P(A)P(B|A)=\frac{95}{100}\times\frac{94}{99}=0.9020$$

5. 全概率公式

如果事件组 B_1、B_2、…、B_n 中各事件之间互不相容（$B_i\cap B_k=\emptyset$，$i\neq k$），且其全部事件的和为必然事件（$B_1\cup B_2\cup\cdots\cup B_n=S$）时，称该事件组为完备事件组，$B_1$、$B_2$、…、$B_n$ 为样本空间 S 的一个划分。

全概率公式的定义为：设定试验 E 的样本空间为 S，B_1、B_2、…、B_n 为 S 的一个完备事件组，B 为 E 的一组事件。设 $P(A_i)>0$，$i=1$、2、…、n，则

$$P(B)=P(B\mid A_1)P(A_1)+P(B\mid A_2)P(A_2)+\cdots+P(B\mid A_n)P(A_n)$$
$$=\sum_{i=1}^{n}P(B\mid A_i)P(A_i) \tag{2-23}$$

例题 2-3 设有一批产品由三个工厂生产，其中的1/2由第一家工厂生产，余下的1/2由另外两家工厂各生产一半。已知第一、二家工厂生产有2%的次品，第三家工厂生产有4%的次品。问从此批产品中任取一件产品，拿到次品的概率。

解 设样本空间 $S=\{\text{all products}\}$；事件 $B_i=\{$拿到的是第 i 个厂生产的产品$\}$；事件 $A=\{$拿到的是次品$\}$；并有 $B_1\cup B_2\cup B_3=S$，B_1、B_2、B_3 为一个完备事件组。

因为

$$P(B_1)=\frac{1}{2},P(B_2)=\frac{1}{4},P(B_3)=\frac{1}{4}$$

$$P(A|B_1)=\frac{2}{100},P(A|B_2)=\frac{2}{100},P(A|B_3)=\frac{4}{100}$$

所以

$$P(A)=P(A|B_1)P(B_1)+P(A|B_2)P(B_2)+P(A|B_3)P(B_3)$$
$$=\frac{2}{100}\times\frac{1}{2}+\frac{2}{100}\times\frac{1}{4}+\frac{4}{100}\times\frac{1}{4}=0.025$$

【思考】如果从此批产品中任取两个产品，则拿到次品的概率是多少？

6. 贝叶斯公式

设B_1、B_2、…、B_n为试验 E 的样本空间 S 的一个完备事件组，且 $P(B_i)>0$，$i=1$、2、…、n。则对于试验 E 中的任一事件 A，$P(A)>0$，则有

$$P(B_i \mid A)=P(A \mid B_i)P(B_i)/\left(\sum_{i=1}^{n}P(A \mid B_i)P(B_i)\right) \tag{2-24}$$

式（2-24）就是贝叶斯公式，它是由条件概率和全概率公式推导而来的。

例题 2-4 某铸造厂的统计结果表明，当机器得到正确调整时，铸件的合格率为 90%；而当机器发生某一故障时，其合格率降到 30%。此外，每天清晨机器开动时，其正确调整率为 75%。当某日早晨做出来的第一件铸件是合格品时，机器正确调整的概率是多少？

解 假设

事件 A={做出的第一件铸件产品是合格品}

事件B_1={机器得到正确调整}

事件B_2={机器没有得到正确调整}

显然有$B_1\cup B_2=S$，$B_1\cap B_2=\Phi$

$$\begin{cases}P(B_1)=0.75>0\\P(B_2)=1-P(B_1)=0.25>0\\P(A|B_1)=0.90\\P(A|B_2)=0.30\end{cases}$$

因此

$$P(B_1|A)=\frac{P(A|B_1)P(B_1)}{P(A|B_1)P(B_1)+P(A|B_2)P(B_2)}=\frac{0.9\times0.75}{0.9\times0.75+0.3\times0.25}=0.90$$

7. 排列与组合

在研究概率统计的同时，还需要掌握排列和组合的相关知识点。

（1）排列　一般地，从 n 个不同元素中取出 m 个元素（$m<n$），按照一定的顺序排成一列，叫作从 n 个不同元素中取出 m 个元素的排列。

若所取的元素可以重复使用，即为有重复排列，则所有排列数为

$$N=n^m \tag{2-25}$$

若所取的元素不能重复使用，即为无重复排列，其所有排列方法的个数用符号P_n^m表示，则有

$$P_n^m=n(n-1)(n-2)\cdots(n-m+1)=\frac{n!}{(n-m)!} \tag{2-26}$$

当 $n=m$ 时，则有$P_n^m=n!$。

（2）组合　从 n 个不同的元素中，每次取 m（$m \leqslant n$）个元素（每个元素不能重复）不记次序并组成一组，称为组合。所有不同的组合个数用符号 C_n^m 表示，则有

$$C_n^m = \frac{n!}{m!\,(n-m)!} = \frac{n(n-1)(n-2)\cdots(n-m+1)}{m!} \tag{2-27}$$

由组合的定义容易证明组合数的以下性质：

$$C_n^m = C_n^{n-m} \tag{2-28}$$

$$C_{n+1}^m = C_n^m + C_n^{m-1} \tag{2-29}$$

排列与元素的顺序有关，而组合与元素的顺序无关。

例题 2-5　将 10 本书任意放在书架上，求其中指定的 3 本书靠在一起的概率。

解　将 10 本书的每一种排列看作基本事件，则基本事件的总数为

$$P_{10}^{10} = 10!$$

设 A 表示指定的 3 本书靠在一起的事件。如果将这 3 本书看作 1 本书将其与剩下的 7 本书进行排列，则有 8! 种排列方法，而 3 本书靠在一起的排列方法有 3! 种，故其中包含的基本事件的个数为

$$P(A) = \frac{8!\ 3!}{10!} = \frac{1}{15} = 0.067$$

【MATLAB 求解】

Code

```
Clear all
a=3;b=8;c=10;
a1=factorial(a)
b1=factorial(b)
c1=factorial(c)
%% prod(1:a)
pp=a1*b1/c1
```

Run

```
a1=6
b1=40320
c1=3628800
pp=0.0666666666666667
```

【注】　以上代码均在 MATLAB2012b 中获得通过，以下同。

这里请注意 factorial 的用法。

例题 2-6 设有一批产品共有 100 件，其中有 5 件次品，其余均为正品。今从中任取 50 件，求事件 A= “取出的 50 件恰有 2 件次品” 的概率。

解 将从 100 件产品中任取 50 件为一组的每一种可能的组合作为基本事件，总数为 C_{100}^{50}。导致事件 A 发生的基本事件为从 5 件次品中取出 2 件，从 95 件正品中取出 48 件构成的组合，即 $C_5^2C_{95}^{48}$。

故所求的概率为

$$P(A)=\frac{C_5^2C_{95}^{48}}{C_{100}^{50}}=0.32$$

【MATLAB 求解】

Code

```
clear all
a=nchoosek(5,2)
b=nchoosek(95,48)
c=nchoosek(100,50)
d=a* b/c
```

Run

```
a=10
b=3.217533506933152e+027
c=1.008913445455642e+029
d=0.318910757055087
```

这里请注意 nchoosek 的用法。

2.2 随机变量分布函数及其数值特征

2.2.1 随机变量与分布函数

为了更好地研究随机试验中客观存在的规律性，并利用数学工具来进行描述，现引用随机变量的概念。

设 E 是随机试验，其样本空间为 $S=\{e\}$，是基本事件的集合。若对于每一个基本事件或样本点 $e\in S$ 有一个实数 $X(e)$ 与之对应，这样就得到一个定义在 S 上的单值实函数 $X(e)$，称 $X(e)$ 为随机函数，并记为 X。也就是说，随机变量 X 是一个以基本事件 e 为自变量的取实值的函数，是由试验结果而定的变量。它在试验结果中可以取得不同的数值，但在试验之前只能知道它可能取值的范围，而不能预先知道它取值多少。而且对于任意实数 x，事件 $X\leqslant x$ 有确定的概率 $P(X\leqslant x)$。

引进随机变量后，任何随机事件均可以通过随机变量来表示。例如：电灯泡寿命小于5h，可以表示为$\{X<5h\}$；投掷硬币出现正面$\{X=1\}$，出现反面$\{X=0\}$。这样，对随机事件的研究，就可以转化为对随机变量及其变化规律的研究。

为了研究随机变量取值的变化规律，需要引进分布函数。下面给出分布函数的概念。

设X是一个随机变量，则其分布函数$F(x)$在任意实数x处的值，等于随机变量X取值小于或等于x这样一个随机事件的概率，即

$$F(x)=P\{X\leqslant x\} \tag{2-30}$$

对于任意实数x_1，x_2（$x_2>x_1$），都有

$$P\{x_1<X<x_2\}=P\{X\leqslant x_2\}-P\{X\leqslant x_1\}=F(x_2)-F(x_1) \tag{2-31}$$

所以，若已知$F(x)$，反过来则可求出X在任意区间$[x_1,x_2]$上的概率。如果将X看成是数轴上随机点的坐标，那么分布函数$F(x)$在x处的函数值就表示点X落在区间$(-\infty,x]$上的概率。

分布函数的基本性质有：

1）$F(x)$是x的单调非降函数。

2）$0\leqslant F(x)\leqslant 1$。

3）$F(-\infty)=0$，$F(+\infty)=1$。

4）$F(x)$是右连续函数。

随机变量可以分为**连续型随机变量**和**离散型随机变量两类**。其中，可以在某一区间内任意取值的称为连续型随机变量；相反其全部取值为有限个数时则为离散型随机变量。

连续型随机变量的分布函数为

$$F(x)=P\{X\leqslant x\}=\int_{-\infty}^{x}f(x)\,\mathrm{d}x \tag{2-32}$$

其中$f(x)$为X的概率密度函数，是非负的。

概率密度函数$f(x)$的性质如图2-1所示。

1）$f(x)\geqslant 0$。

2）$\int_{-\infty}^{+\infty}f(x)\,\mathrm{d}x=1$。

3）$P\{x_1\leqslant X\leqslant x_2\}=F(x_2)-F(x_1)=\int_{x_1}^{x_2}f(x)\,\mathrm{d}x$。

离散型随机变量的分布函数为

$$F(x)=P(X\leqslant x)=\sum_{x_i\leqslant x}P\{X\leqslant x_i\}=\sum_{x_i\leqslant x}p_i \tag{2-33}$$

图2-1所示为某分布的概率密度曲线以及分布曲线。

2.2.2 随机变量的数字特征

要了解随机变量的性质，必须想办法得到它的分布函数，但在实际问题中，随机变量的分布往往是无法精确得到的，而且在很多问题中也是不必要的，只需要得到它的某些数字特征就可以了。例如，研究某一批机械产品的可靠性水平时，并不是要考察每个产品的寿命，而是更关心它们的平均寿命及其偏差程度。这都与随机变量的数字特征有关，由此可见，随

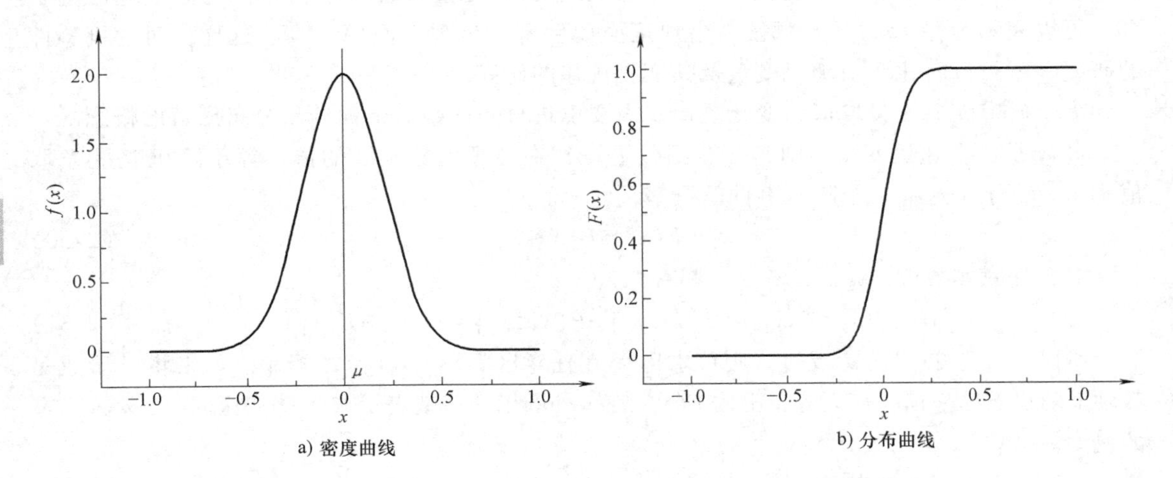

图 2-1　连续性随机变量的概率密度函数 $f(x)$ 与概率分布函数 $F(x)$

机变量的数字特征在理论和应用上的意义。

1. 中心倾向与代表值

接近某一组数据的中心的值称为中心倾向较强的值，通常有算术平均值、几何平均值、中位数、众数、数学期望等。

（1）算术平均值　若数组中的 n 个数的数值为 x_1、x_2、…、x_n，则它们的算术平均值 $\bar{x}$ 为

$$\bar{x}=\frac{x_1+x_2+\cdots+x_n}{n}=\frac{1}{n}\sum_{i=1}^{n}x_i \tag{2-34}$$

（2）几何平均值　若数组中的 n 个数的数值为 x_1、x_2、…、x_n，则它们的几何平均值 G 为

$$G=\sqrt[n]{x_1 x_2\cdots x_n}=\sqrt[n]{\prod_{i=1}^{n}x_i} \tag{2-35}$$

（3）中位数　在一组数值中，按大小顺序进行排列后，位于中间的数就是中位数。若数组的个数为偶数，则中位数是位于中间的两个数的算术平均值。

（4）众数　众数是指在一组数值中**出现次数最多**的数值，也称为最频繁值。众数可以有多个数值。

（5）数学期望　数学期望来自加权平均的概念，是一项很重要的数字特征。

离散型随机变量的数学期望：设离散型随机变量 X 的概率分布函数为 $P\{X=x_k\}=p_k$，$k=1$，2，…，且

$$\sum_{k=1}^{\infty}x_k p_k$$

绝对收敛，那么它的和就是随机变量 X 的数学期望（或称均值），记为

$$E(X)=\sum_{i=1}^{\infty} x_i p_i=\mu \tag{2-36}$$

连续型随机变量的数学期望：设连续型随机变量 X 的概率分布函数为 $f(x)$，且积分 $\int_{-\infty}^{+\infty} xf(x)\mathrm{d}x$ 绝对收敛，那么该积分就是随机变量 X 的数学期望，记为

$$E(X)=\int_{-\infty}^{+\infty} xf(x)\mathrm{d}x \tag{2-37}$$

2. 分散度及其尺度

分散度是指随机变量离开具有中心倾向的代表值的程度。通常用极差、方差或标准差等特征值来定量地描述各数值相对其集中趋势的分散程度。

（1）极差　数组中最大值与最小值的差就称为极差，记为

$$R_{\mathrm{HL}}=x_{\max}-x_{\min} \tag{2-38}$$

（2）方差　方差是随机变量与其均值的差的均方值。

对于离散型随机变量，其方差为

$$D(X)=\mathrm{Var}(X)=E\{[X-E(X)]^2\}=\sum_{i=1}^{\infty}[x_k-E(X)]^2 p_k \tag{2-39}$$

对于连续型随机变量，其方差为

$$D(X)=\mathrm{Var}(X)=E\{[X-E(X)]^2\}=\int_{-\infty}^{+\infty}[x_i-E(X)]^2 f(x)\mathrm{d}x \tag{2-40}$$

（3）标准差　方差的算术平方根称为标准差，记为

$$\sigma_x=\sqrt{D(X)} \tag{2-41}$$

对于离散型随机变量，有

$$\sigma=\sqrt{\frac{1}{n}\sum_{i=1}^{n}(x_i-\mu)^2}$$

（4）变差系数　标准差与均值的比称为变差系数，又称为变异系数。记为

$$C_x=\frac{\sigma_x}{\mu_x} \tag{2-42}$$

一般 $C_x<0.1$。

3. 置信度

在可靠性工作中以及在质量控制、试验和其他有关产品和工艺的评定工作中，常常是从母体中抽取子样进行测试、研究，并根据测试结果（数据）来估计母体的特性。但是，所抽出来的子样可能代表不了母体，它们之间总会有差异，而且当抽出来的子样数目（比例）较少时，这种差异会更加明显；相反，子样数目越大时，差别会越来越小。那么，子样与母体的差异究竟有多大呢？或者说，根据子样测试得出的结论在多大程度上是可信的呢？这就是置信度（Confidence）所要表达的内容。

置信度与可靠度是两个完全不同的概念。置信度反映的是用子样的试验结果去估计或者推断母体性质的可信程度，是子样的试验结果在母体的某个概率分布参数（如均值或标准差）的某区间内的出现概率。而可靠度反映的是产品的可靠程度，是产品在给定的工作条件和时间内正常工作的概率。

2.2.3 可靠性理论中常用的几种概率分布

本节接下来介绍一些在可靠性理论中经常遇到的失效分布，其中有的在概率论中早已提出而后在可靠性技术中被采用；有些则是在可靠性研究中推导出来的；而有些分布在可靠性技术中的某些应用方面，至今尚有不同的看法，有待深入研究。

机械可靠性设计中常用的概率分布，可以分为离散型随机变量分布和连续型随机变量分布两种。离散型随机变量分布有 0-1 分布、二项分布、泊松分布；连续型随机变量分布有：正态分布、指数分布、对数正态分布、伽马分布、威布尔分布等。

2.3 离散型随机变量分布

2.3.1 0-1 分布

0-1 分布又称两点分布，只有两种试验结果：$\{X=1\}$ 与 $\{X=0\}$。设 $\{X=1\}$ 出现的概率为 p，$\{X=0\}$ 出现的概率为 q，有 $p+q=1$，$0<p<1$，则称随机变量 X 服从 0-1 分布，记为 $X(0,1)$。也可表示为

$$\begin{cases} P\{X=x_k\}=p^{x_k}q^{(1-x_k)} \quad x_k=0,1 \\ p+q=1 \\ 0<p<1 \end{cases}$$

0-1 分布的数学期望是

$$E(X)=1\times p+0\times q=p \tag{2-43}$$

0-1 分布的方差为

$$D(X)=p-p^2=p(1-p)=pq \tag{2-44}$$

应用：0-1 分布可以作为产品合格性检查（合格还是不合格?）、投掷硬币出现正反面（正面还是反面?）、射击手射击目标（击中还是未击中?）等概率分布的数学模型。

2.3.2 伯努利试验与二项分布

二项分布又称伯努利（Bernoulli）分布，伯努利试验是指将试验 E 重复 n 次，并且各次试验相互独立，每一次试验得到的只有两种相反的结果的试验，可以认为是上述 0-1 分布的概念延伸。

若随机变量 X 的分布列为

$$P_n(X=k)=C_n^k p^k q^{n-k} \quad (k=0,1,2,\cdots,n) \tag{2-45}$$

其中，$p+q=1$，$0<p<1$，则称 X 服从二项分布，记为 $X:B(n,p)$。

显然，当 $n=1$ 时，二项分布可以化为 0-1 分布。

二项分布的数学期望为

$$E(X)=np \tag{2-46}$$

二项分布的方差为

$$D(X)=np(1-p)=npq=\sigma^2 \tag{2-47}$$

例题 2-7 试计算投掷硬币10次中出现正面次数的概率。

解 由题意，$n=10$，$p=q=0.5$。

根据式（2-45）得

$$P_n(X=k)=C_{10}^k p^k q^{10-k} \qquad (k=0,1,2,\cdots,10)$$

将 $k=0\sim10$ 依次代入上式，即可求得正面出现次数的概率。

$$P_{10}(X=0)=C_{10}^0 p^0 q^{10-0}=1\times0.5^0\times0.5^{10}=0.001$$

$$P_{10}(X=1)=C_{10}^1 p^1 q^{10-1}=1\times0.5^1\times0.5^9=0.009$$

$$P_{10}(X=2)=C_{10}^2 p^2 q^{10-2}=1\times0.5^2\times0.5^8=0.044$$

$$P_{10}(X=3)=C_{10}^3 p^3 q^{10-3}=1\times0.5^3\times0.5^7=0.117$$

$$P_{10}(X=4)=C_{10}^4 p^4 q^{10-4}=1\times0.5^4\times0.5^6=0.205$$

$$P_{10}(X=5)=C_{10}^5 p^5 q^{10-5}=1\times0.5^5\times0.5^5=0.246$$

$$P_{10}(X=6)=C_{10}^6 p^6 q^{10-6}=1\times0.5^6\times0.5^4=0.205$$

$$P_{10}(X=7)=C_{10}^7 p^7 q^{10-7}=1\times0.5^7\times0.5^3=0.117$$

$$P_{10}(X=8)=C_{10}^8 p^8 q^{10-8}=1\times0.5^8\times0.5^2=0.044$$

$$P_{10}(X=9)=C_{10}^9 p^9 q^{10-9}=1\times0.5^9\times0.5^1=0.009$$

$$P_{10}(X=10)=C_{10}^{10} p^{10} q^{10-10}=1\times0.5^{10}\times0.5^0=0.001$$

【MATLAB 求解】

Code

```
clear all
n=10;p=0.5;q=1-p;k=0:n;
cnk=factorial(n)./factorial(n-k)./factorial(k);
pp=cnk.* p.^k.* q.^(n-k)
plot(k,pp)
```

Run

```
pp=
  0.000976562500000
  0.009765625000000
  0.043945312500000
  0.117187500000000
  0.205078125000000
  0.246093750000000
  0.205078125000000
```

```
        0.117187500000000
        0.043945312500000
        0.009765625000000
        0.000976562500000
```


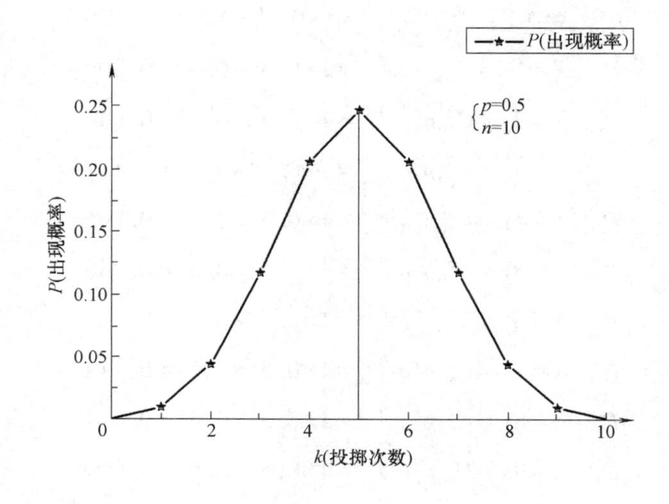

图 2-2　投掷硬币出现正面的概率分布图

这里请读者注意以下几点：

1）上述程序中 factorial(n)、plot 的用法。

2）图 2-2 所示为通过 origin 软件做出的（下同）概率分布图。

3）MATLAB 程序运行，为 origin 作图提供了数据支撑。

若同时考虑 $p=0.1$、0.3、0.5、0.7、0.9 的情况，可以得到如图 2-3 所示的分布情况。

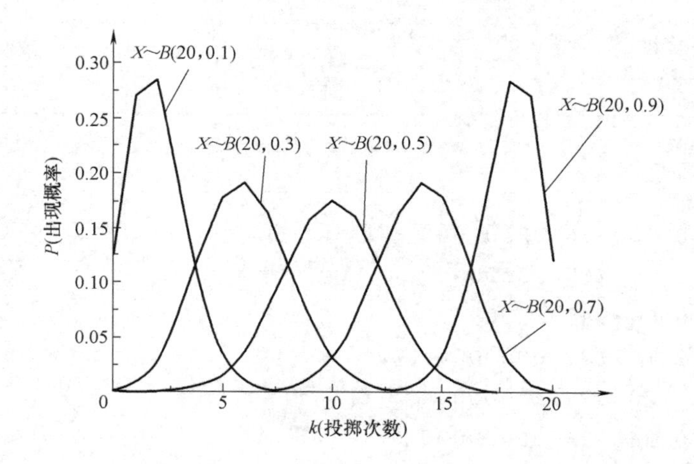

图 2-3　概率分布情况图（$p=0.1$、0.3、0.5、0.7、0.9，$n=20$）

【MATLAB 求解】

Code

```
clear all
n=20;p=0.1:0.2:0.9;q=1-p;k=0:n;
cnk=factorial(n)./factorial(n-k)./factorial(k)
for  p=0.1:0.2:0.9,q=1-p
    a1=p.^k
    a2=q.^(n-k)
    qq=cnk.*a1.*a2
    hold on
    plot(k,qq)
end
```

这里请注意 hold on 的用法。

以上程序，读者可以自行操作练习，以求分析 p、n 参数值的变化对概率分布图形的影响规律。当 $p=0.5$ 时，即为例题 2-7 中首先讨论的情况（见图 2-2）。特别地，当 $p=\frac{1}{6}$，$n=100$ 时，可以得到图 2-4 所示图形。

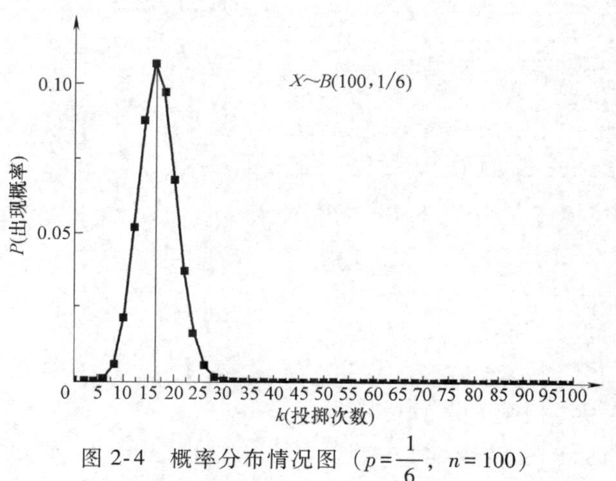

图 2-4　概率分布情况图（$p=\frac{1}{6}$，$n=100$）

【MATLAB 求解】

Code

```
clear all
n=100;p=1/6;q=1-p;k=0:n;
cnk=factorial(n)./factorial(n-k)./factorial(k);
```

```
pp=cnk. * p. ^k. * q. ^ (n-k)
plot ( k, pp )
```


如图 2-2 所示，图形左右对称，这是因为 $p=q=0.5$；如果 $p\neq q$，则图形就不对称了，如图 2-3 所示；图 2-4 是投掷麻将骰子 100 次中出现“1 点”次数的概率。尽管 $p\neq q$，但该图所示的非对称性并不明显。这是因为随着试验次数的增多，即使 $p\neq q$，二项分布也会逐渐趋向于正态分布。当 $n\to\infty$ 时，就可将二项分布公式经过运算推导出正态分布公式。由上述可见，n 和 p 是决定二项分布的分布形状参数。

例题 2-8 若将次品率为 10%的产品每 15 个装一箱，求一箱之中有 0、1、2、…、15 个次品的概率。

解 由题意，$n=15$，$p=0.1$，$q=0.9$。

根据式（2-45）得

$$P_{15}(X=k)=C_{15}^{k}p^{k}q^{15-k}\quad(k=0,1,2,\cdots,15)$$

将 $k=0$，1，2，…，15 依次代入上式，即可求得 0，1，2，…，15 个次品的概率。

【MATLAB 求解】

Code

```
clear all
n=15;p=0.1;q=1-p;k=0:n;
cnk=factorial(n)./factorial(n-k)./factorial(k);
pp=cnk. * p. ^k. * q. ^(n-k)
plot(k,pp),grid on
```

Run

```
pp=
  0.205891132094649
  0.343151886824415
  0.266895911974545
  0.128505439098855
  0.042835146366285
  0.010470813556203
  0.001939039547445
  0.000277005649635
  0.000030778405515
  0.000002659862205
```

```
0.000000177324147
0.000000008955765
0.000000000331695
0.000000000008505
0.000000000000135
0.000000000000001
```

不难看出，当 $n>k=7$ 时，其出现的概率小于 0.001，可以忽略不计，便于在实际工作中做出取舍。

2.3.3 泊松分布（Poisson）

在随机变量 X 服从（n，p）的二项分布中，当均值 $np=\lambda>0$ 是常数时，取极限 $p\to0$，$n\to\infty$，即为泊松分布。

若随机变量 X 的分布列为

$$P(k)=P(X=k)=\frac{\lambda^k}{k!}e^{-\lambda}\quad(k=0,1,2,\cdots,n) \tag{2-48}$$

其中，$\lambda>0$，则称 X 服从泊松分布，记为 $X:P(\lambda)$。

泊松分布的数学期望为

$$E(X)=np=\lambda \tag{2-49}$$

泊松分布的方差为

$$D(X)=np=\lambda \tag{2-50}$$

例如，绘制 $k=1$，2，5，10 时泊松分布的概率密度函数与概率分布函数曲线，如图 2-5 所示。

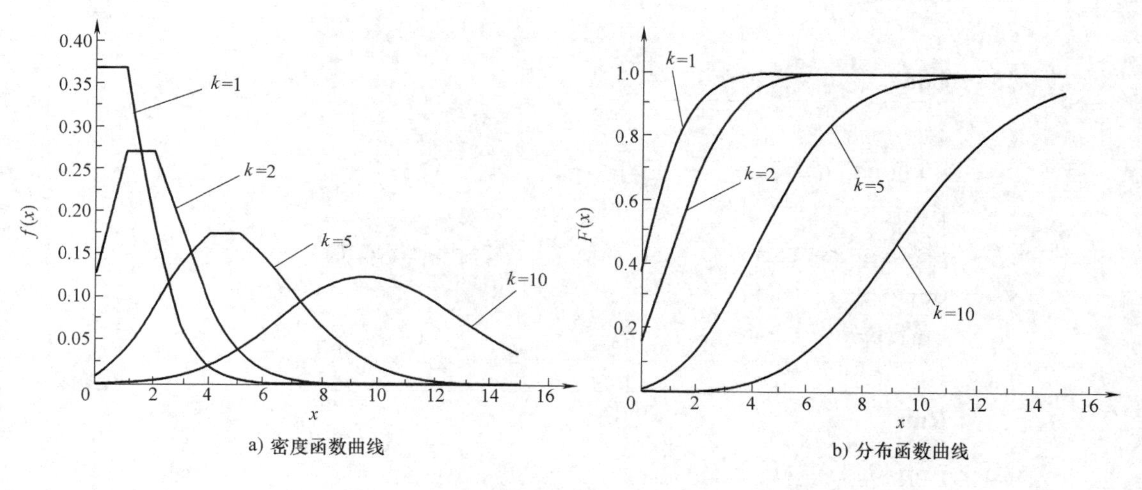

a) 密度函数曲线　　b) 分布函数曲线

图 2-5　泊松分布的概率密度函数与分布函数曲线

【MATLAB 求解】

Code

```
clear all
x=[0:15]';
y1=[];y2=[];
k=[1,2,5,10];
for i=1:length(k);
    y1=[y1,poisspdf(x,k(i))];
    y2=[y2,poisscdf(x,k(i))];
end
plot(x,y1),grid on;figure
plot(x,y2),grid on
```

这里，请注意 poisspdf、poisscdf 的用法。

例题 2-9 若将次品率为 5%的产品，每 100 个装一箱，求一箱中有 0，1，2，3，…，7 个次品的概率及次品在 7 个以下的概率。

解 由题意

$$p=0.05, n=100, \lambda=np=5, e^{-\lambda}=0.00674$$

根据式（2-48）得

$$P(k)=P(X=k)=\frac{\lambda^k}{k!}e^{-\lambda} \quad (k=0,1,2,\cdots,7)$$

将 $k=0$，1，2，…，7 依次代入上式，并求和即为次品在 7 个以下的概率。

【MATLAB 求解】

Code

```
clear all
p=0.05;n=100;lamda=n* p;e=2.71828;
k=0:7;
ppp=e^(- lamda).*  lamda.^k./factorial(k);
ppp=ppp'
sum(ppp)
```

Run

```
ppp=
  0.006737969660615
```

```
    0.033689848303077
    0.084224620757692
    0.140374367929487
    0.175467959911859
    0.175467959911859
    0.146223299926549
    0.104445214233249
ans =
    0.866631240634389
```

例题 2-10 某汽车装有一个失效概率为 $p=0.1\times10^{-4}$/km 的零件，现在还有 2 个该零件的备件，若想让该汽车行驶 50000km，其成功的概率是多少？

解 由题意

$$p=0.1\times10^{-4}, n=50000, \lambda=np=0.5, k=0,1,2$$

根据式（2-48）得

$$P(k)=P(X=k)=\frac{\lambda^k}{k!}e^{-\lambda} \quad (k=0,1,2)$$

将 $k=0$，1，2 依次代入上式，并求和即为成功的概率。

【MATLAB 求解】

Code

```
clear all
p=0.00001;n=50000;lamda=n* p;e=exp(1);
k=0:2;
ppp=e^(- lamda).*  lamda.^k./factorial(k);
ppp=ppp'
sum(ppp)
```

Run

```
ppp =
    0.606530659712633
    0.303265329856317
    0.075816332464079
ans =
    0.985612322033029
```

这说明，备件数为 0 时的成功概率为 61%，1 个备件时为 91%，2 个备件时的成功率则达到 98%，如果继续增加备件，成功率将会继续提高。

例题 2-11 某发动机在运转 2000h 时，更换了两次同一零件，而该零件的失效率为 $0.1\times10^{-3}h^{-1}$，试分析这台发动机是否有其他问题。

解 由题意

$$p=0.1\times10^{-3}h^{-1}, t=2000h, k=2$$

【MATLAB 求解】

Code

```
clear all
p=0.0001;t=2000;miu=t* p;e=2.71828;
k=2;
ppp=e^(-miu).* miu.^k./factorial(k)
```

Run

```
ppp=0.016374617264446
```

这里请注意 factorial 的用法。

这说明，失效率仅为 1.64%，还需更换零件，问题可能出在其他环节。

2.4 连续型随机变量分布

2.4.1 正态分布

自然界和工程中许多物理量服从正态分布，可靠性分析中，强度极限、尺寸公差、硬度等已被证明服从正态分布。因此，正态分布是实际中最常用的一种连续型随机变量分布。

若随机变量 X 概率密度函数为

$$f(x)=\frac{1}{\sqrt{2\pi}\sigma}e^{-\frac{(x-\mu)^2}{2\sigma^2}} \quad (-\infty\leqslant x\leqslant+\infty) \tag{2-51}$$

或者

$$f(x)=\frac{1}{\sqrt{2\pi}\sigma}\exp\left[-\frac{(x-\mu)^2}{2\sigma^2}\right] \quad (-\infty\leqslant x\leqslant+\infty)$$

其中，μ，σ 为两个常数，且 $\sigma>0$，则称 X 服从正态分布，记为 $X:N(\mu,\sigma^2)$。

正态分布的数学期望为

$$E(X)=\mu \tag{2-52}$$

正态分布的方差为

$$D(X)=\sigma^2 \tag{2-53}$$

正态分布的图形如图 2-6 所示。曲线 $y=f(x)$ 以 x 轴为接近线，且 $f(x)$ 满足 $\int_{-\infty}^{+\infty} f(x)=1$。它的图形关于 $x=\mu$ 对称，且在 $x=\mu$ 处有最大值$\frac{1}{\sqrt{2\pi}\sigma}$。当给定 σ 值而改变 μ 值时，曲线 $y=f(x)$ 仅沿着 x 轴平移，但图形本身形状不变；当给定 μ 值而改变 σ 值时，图形的对称轴位置不变，但图形形状改变，σ 越大，图形越“矮胖”，σ 越小，图形越“瘦高”。

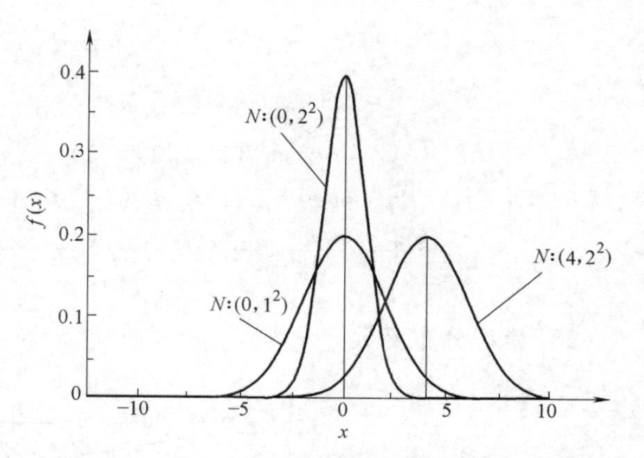

图 2-6　μ 和 σ 对正态分布曲线位置和形状的影响

当 $\mu=0$，$\sigma=1$ 时，正态变量 x 的概率密度函数为

$$\varphi(x)=\frac{1}{\sqrt{2\pi}}\exp\left(-\frac{1}{2}x^2\right) \quad (-\infty \leqslant x \leqslant +\infty) \tag{2-54}$$

则称 $\varphi(x)$ 为标准正态分布密度，称 X 服从标准正态分布，记为 $X\sim N(0,1)$。正态分布的概率密度函数与累积分布函数的曲线如图 2-7 和图 2-8 所示，同时给出程序代码，请读者自行研究。

(1) 概率密度函数

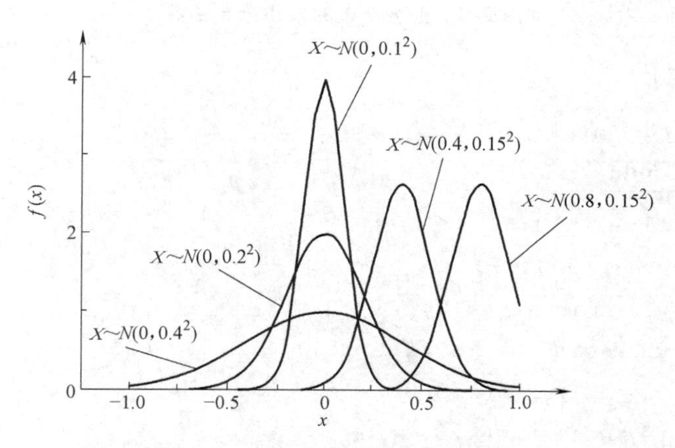

图 2-7　正态分布的概率密度函数

【MATLAB 求解】

Code

```
clear all
x=-1:0.01:1;
y1=normpdf(x,0,0.1);
y2=normpdf(x,0.4,0.15);
```

```
y3=normpdf(x,0.8,0.15);
y4=normpdf(x,0,0.2);
y5=normpdf(x,0,0.4);
plot(x,y1,x,y2,x,y3, x,y4,x,y5)
```


(2) 累积分布函数

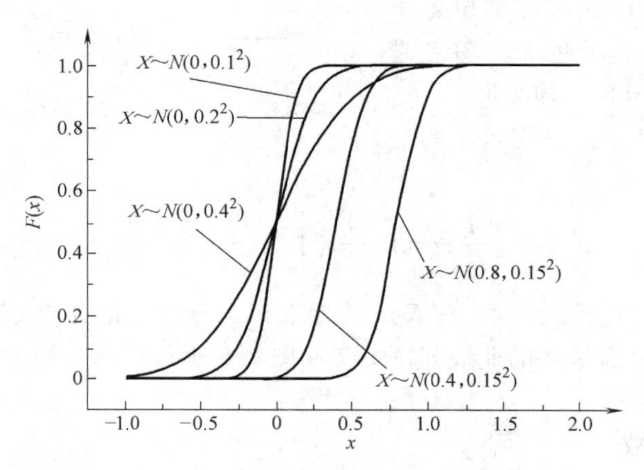

图 2-8 正态分布的累积分布函数

【MATLAB 求解】

Code

```
clear all
x=-1:0.01:2;
y1=normcdf(x,0,0.1);
y2=normcdf(x,0.4,0.15);
y3=normcdf(x,0.8,0.15);
y4=normcdf(x,0,0.2);
y5=normcdf(x,0,0.4);
plot(x,y1,x,y2,x,y3, x,y4,x,y5)
```

例题 2-12 已知 $X:N(\mu,\sigma^2)$，分别求出 $P\{\mu-\sigma\leqslant X\leqslant\mu+\sigma\}$，$P\{\mu-2\sigma\leqslant X\leqslant\mu+2\sigma\}$ 和 $P\{\mu-3\sigma\leqslant X\leqslant\mu+3\sigma\}$ 的值。

解 因为

$$P\{a\leqslant X\leqslant b\}=\Phi\left(\frac{b-\mu}{\sigma}\right)-\Phi\left(\frac{a-\mu}{\sigma}\right)$$

所以有

$$P\{\mu-\sigma \leqslant X \leqslant \mu+\sigma\} = \Phi\left(\frac{\mu+\sigma-\mu}{\sigma}\right) - \Phi\left(\frac{\mu-\sigma-\mu}{\sigma}\right) = \Phi(1) - \Phi(-1) = 0.8413 - 0.1587 = 0.6826$$

$$P\{\mu-2\sigma \leqslant X \leqslant \mu+2\sigma\} = \Phi\left(\frac{\mu+2\sigma-\mu}{\sigma}\right) - \Phi\left(\frac{\mu-2\sigma-\mu}{\sigma}\right) = \Phi(2) - \Phi(-2)$$

$$= 0.9772 - 0.0228 = 0.9544$$

$$P\{\mu-3\sigma \leqslant X \leqslant \mu+3\sigma\} = \Phi\left(\frac{\mu+3\sigma-\mu}{\sigma}\right) - \Phi\left(\frac{\mu-3\sigma-\mu}{\sigma}\right) = \Phi(3) - \Phi(-3)$$

$$= 0.9987 - 0.0013 = 0.9973$$

【MATLAB 求解】

Code

```
key1=normcdf(1)-normcdf(-1)
key2=normcdf(2)-normcdf(-2)
key3=normcdf(3)-normcdf(-3)
```

Run

```
key1=0.6827
key2=0.9545
key3=0.9973
```

图2-9所示为上述计算结果，根据正态分布的相关性质可知，服从正态分布 $N:(\mu,\sigma^2)$ 的随机变量只有0.26%的可能落在（$\mu-3\sigma$，$\mu+3\sigma$）区间外，超过距均值 3σ 距离的可能性太小，认为几乎不可能。通常把正态分布的这种概率法则称为“3σ 准则”。

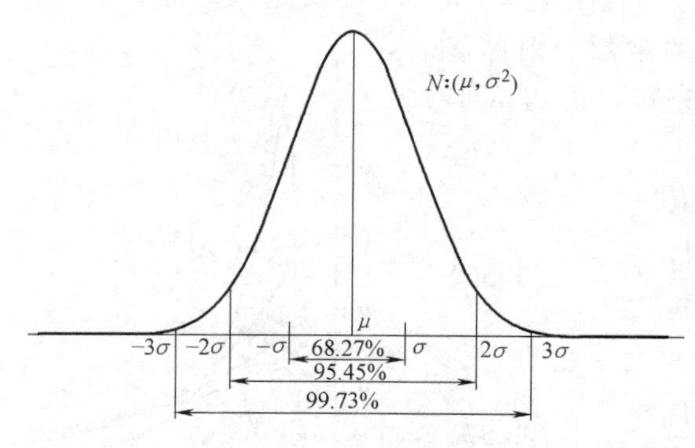

图2-9 正态分布的数值特征

例题2-13 已知某轴的尺寸变动可用正态分布来描述，且其均值为14.90mm，标准差为0.05mm。按图样规定，轴径尺寸是14.80~15.00mm的产品方为合格。求合格品的百分数。

解 由题意可知，$\mu=14.90$，$\sigma=0.05$

所以，合格品的百分数为

$$P\{14.80 \leqslant X \leqslant 15.00\} = \Phi\left(\frac{15.00-\mu}{\sigma}\right) - \Phi\left(\frac{14.80-\mu}{\sigma}\right)$$
$$= \Phi\left(\frac{15.00-14.90}{0.05}\right) - \Phi\left(\frac{14.80-14.90}{0.05}\right) = \Phi(2) - \Phi(-2)$$
$$= 0.9772 - 0.0228 = 0.9544$$

【MATLAB 求解】

Code

```
A1=normcdf(2),
A2=normcdf(-2)
A1-A2
```

Run

```
A1=0.977249868051821
A2=0.022750131948179
ans=0.954499736103642
```

这里请注意 normpdf、normcdf 的用法。

2.4.2 指数分布

指数分布常用于描述系统的失效规律，但不适于描述单个零件按耗损规律的失效问题，因此，指数分布在这里只做简单介绍。

若随机变量 X 的概率密度函数为

$$f(x) = \lambda\, e^{-\lambda x} \quad (-\infty \leqslant x \leqslant +\infty) \tag{2-55}$$

其中，λ 为大于 0 的常数，则称 X 服从参数为 λ 的指数分布，记为 $X: E(\lambda)$。

指数分布的数学期望为

$$E(X) = \frac{1}{\lambda} \tag{2-56}$$

指数分布的方差为

$$D(X) = \frac{1}{\lambda^2} \tag{2-57}$$

当可靠度 $R(t)$ 为指数分布，即 $R(t) = \exp(-\lambda t)$ 时，平均寿命 θ 为失效率 λ 的倒数，即 $\theta\lambda = 1$。

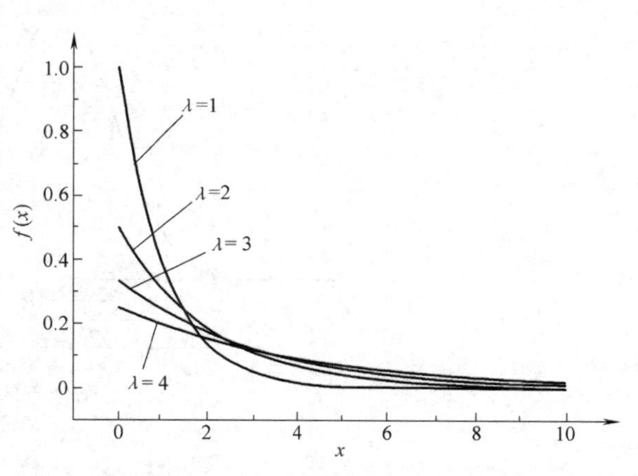

图 2-10　指数分布的概率密度函数

指数分布的概率密度函数与累积分布函数如图 2-10 和图 2-11 所示。

（1）概率密度函数

【MATLAB 求解】

Code

```
x=0:0.01:10;
lamda=1;
y1=exppdf(x,lamda);
y2=exppdf(x,lamda+1);
y3=exppdf(x,lamda+2);
y4=exppdf(x,lamda+3);
plot(x,y1,x,y2,x,y3,x,y4)
```

（2）累积分布函数

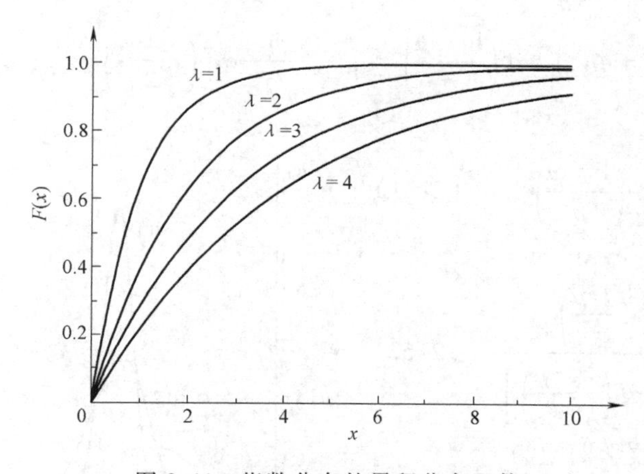

图 2-11　指数分布的累积分布函数

【MATLAB 求解】

Code

```
x=0:0.01:10;
lamda=1;
y1=expcdf(x,lamda);
y2=expcdf(x,lamda+1);
y3=expcdf(x,lamda+2);
y4=expcdf(x,lamda+3);
plot(x,y1,x,y2,x,y3,x,y4)
```

这里请注意 exppdf、expcdf 的用法。

2.4.3 对数正态分布

如果随机变量 X 的自然对数 $Y=\ln X$ 服从正态分布，则称 X 服从对数正态分布。与正态分布曲线相比，对数正态分布曲线向右倾斜不对称，随机变量的取值 x 恒大于零。给定 μ 值而改变 λ 值时，图形形状也发生变化。

对称正态分布的概率密度函数为

$$f(x)=\begin{cases}\dfrac{1}{\sqrt{2\pi}\sigma x}\exp\left[-\dfrac{1}{2}\left(\dfrac{\ln x-\mu}{\sigma}\right)^2\right] & (x>0,\sigma>0,-\infty\leqslant\mu\leqslant+\infty)\\ 0 & (x\leqslant 0)\end{cases} \tag{2-58}$$

概率分布函数为

$$F(x)=P\{X\leqslant x\}=\int_0^x\frac{1}{\sqrt{2\pi}\sigma x}\exp\left[-\frac{1}{2}\left(\frac{\ln x-\mu}{\sigma}\right)^2\right]\mathrm{d}x \quad (x>0) \tag{2-59}$$

令 $z=\dfrac{\ln x-\mu}{\sigma}$，则有 $\mathrm{d}z=\dfrac{1}{\sigma}\mathrm{d}x$，代入式（2-59）得

$$F(x)=\Phi(z)=\Phi\left(\frac{\ln x-\mu}{\sigma}\right)=\int_{-\infty}^z\frac{1}{\sqrt{2\pi}}\exp\left(-\frac{1}{2}z^2\right)\mathrm{d}z \quad (x>0) \tag{2-60}$$

可靠度函数为

$$R(t)=1-\Phi\left(\frac{\ln t-\mu}{\sigma}\right) \tag{2-61}$$

失效率函数为

$$\lambda(t)=\frac{f\left(\dfrac{\ln t-\mu}{\sigma}\right)}{t\sigma\left[1-\Phi\left(\dfrac{\ln t-\mu}{\sigma}\right)\right]} \tag{2-62}$$

对称正态分布的数学期望为

$$E(X)=\exp\left(\mu+\frac{1}{2}\sigma^2\right) \tag{2-63}$$

对称正态分布的方差为

$$D(X)=\exp(2\mu+\sigma^2)\,[\exp(\sigma^2)-1] \tag{2-64}$$

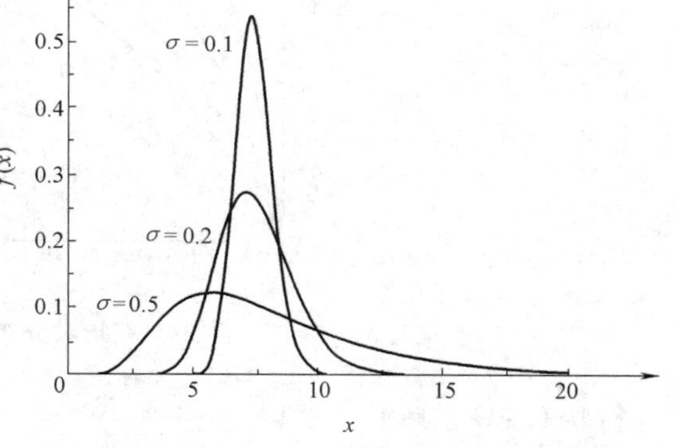

图 2-12　对数正态分布的概率密度函数

对数正态分布的概率密度函数与累积分布函数如图 2-12 和图 2-13 所示。

（1）概率密度函数

【MATLAB 求解】

Code

```
x=0:0.01:10;
y1=lognpdf(x,2,0.2);
y2=lognpdf(x,2,0.5);
y3=lognpdf(x,2,0.1);
plot(x,y1,x,y2,x,y3)
```

（2）累积分布函数

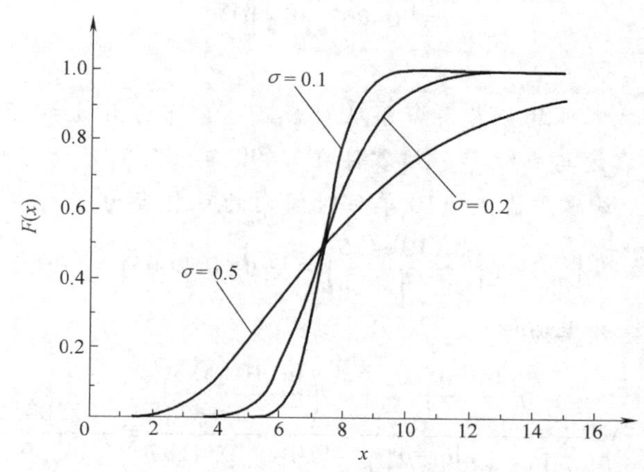

图 2-13　对数正态分布的累积分布函数

【MATLAB 求解】

Code

```
x=0:0.01:10;
y1=logncdf(x,2,0.2);
y2=logncdf(x,2,0.5);
y3=logncdf(x,2,0.1);
plot(x,y1,x,y2,x,y3)
```

这里请注意 lognpdf、logncdf 的用法。

例题 2-14　某弹簧寿命 t 服从对数正态分布，即 $\ln t \sim N(13.9554, 0.10352)$。若将该弹簧在使用$10^6$次载荷循环后更换，问在其更换前失效的概率。若要保证其有 99%的可靠度，应在多少次载荷循环之前更换？

解　按式（2-60），在使用10^6次载荷循环后、更换前失效的概率为

$$F(t)=P\{T \leqslant 10^6\}=\Phi\left(\frac{\ln t-\mu}{\sigma}\right)=\Phi\left(\frac{\ln 10^6-13.9554}{0.10352}\right)$$

$$=\Phi\left(\frac{6\times 2.302585-13.9554}{0.10352}\right)=\Phi(-1.3516)=0.0885$$

若要保证其有 99%的可靠度，设应在 t 次载荷循环之前更换，则

$$F(t)=P\{T \leqslant t\}=\Phi\left(\frac{\ln t-13.9554}{0.10352}\right)$$

而 $R(t)=0.99$，所以 $F(t)=1-R(t)=0.01$，因此

$$\Phi\left(\frac{\ln t-13.9554}{0.10352}\right)=0.01$$

解方程，得

$$t=904067\approx 9\times 10^5$$

例题 2-15 已知某机械零件的疲劳寿命服从对数正态分布，且 $\mu=4.5$，$\sigma=1$，求该零件在 $t=110$ 单位时间内的可靠度与失效率。该零件在 $t=90$ 单位时间时的可靠度又是多少？

解 按式（2-61），该零件在 $t=110$ 单位时间内的可靠度为

$$R(t)=1-\Phi\left(\frac{\ln t-\mu}{\sigma}\right)=1-\Phi\left(\frac{\ln 110-4.5}{1}\right)=1-\Phi(0.2005)=1-0.5813=0.4187$$

由式（2-62），得失效率为

$$\lambda(t)=\frac{f\left(\frac{\ln t-\mu}{\sigma}\right)}{t\sigma\left[1-\Phi\left(\frac{\ln t-\mu}{\sigma}\right)\right]}=\frac{f\left(\frac{\ln 110-4.5}{1}\right)}{110\times 1\times 0.4187}=\frac{f(0.2005)}{46.09}$$

$$=\frac{0.3910}{46.26}=0.00847/\text{单位时间}$$

该零件在 $t=90$ 单位时间时的可靠度为

$$R(t)=1-\Phi\left(\frac{\ln 90-4.5}{1}\right)=1-\Phi(0)=1-0.5=0.5$$

2.4.4 伽马分布

伽马分布也称 Γ 分布。

若 X 是一个非负的随机变量，且有概率密度函数 $f(x)$ 为

$$f(x)=\frac{\lambda^{\alpha}}{\Gamma(\alpha)}x^{\alpha-1}\exp(-\lambda x)\quad (x>0) \tag{2-65}$$

式中 $\Gamma(\alpha)=\int_0^{\infty}x^{\alpha-1}\exp(-x)\,dx$，为常数，则称 X 服从伽马分布，记为 $X\sim\Gamma(\alpha,\lambda)$，其中 α 称为形状参数，λ 称为尺度参数。

伽马函数的有关公式

$$\begin{cases}\Gamma(0)=1\\ \Gamma(1)=1\\ \Gamma(1/2)=\sqrt{\pi}\\ \Gamma(\alpha)=(\alpha-1)\Gamma(\alpha-1)\\ \Gamma(\alpha)=(\alpha-1)!,\alpha\in N\end{cases} \tag{2-66}$$

伽马分布的分布函数为

$$F(x)=P\{X\leqslant x\}=\frac{\lambda^{\alpha}}{\Gamma(\alpha)}\int_0^{x}x^{\alpha-1}\exp(-\lambda x)\,dx\quad (\lambda>0,x>0,\alpha>0) \tag{2-67}$$

伽马分布的数学期望为

$$E(X)=\frac{\alpha}{\lambda} \tag{2-68}$$

伽马分布的方差为

$$D(X)=\frac{\alpha}{\lambda^{2}} \tag{2-69}$$

Γ 分布的概率密度函数与累积分布函数如图 2-14 和图 2-15 所示。

（1）概率密度函数

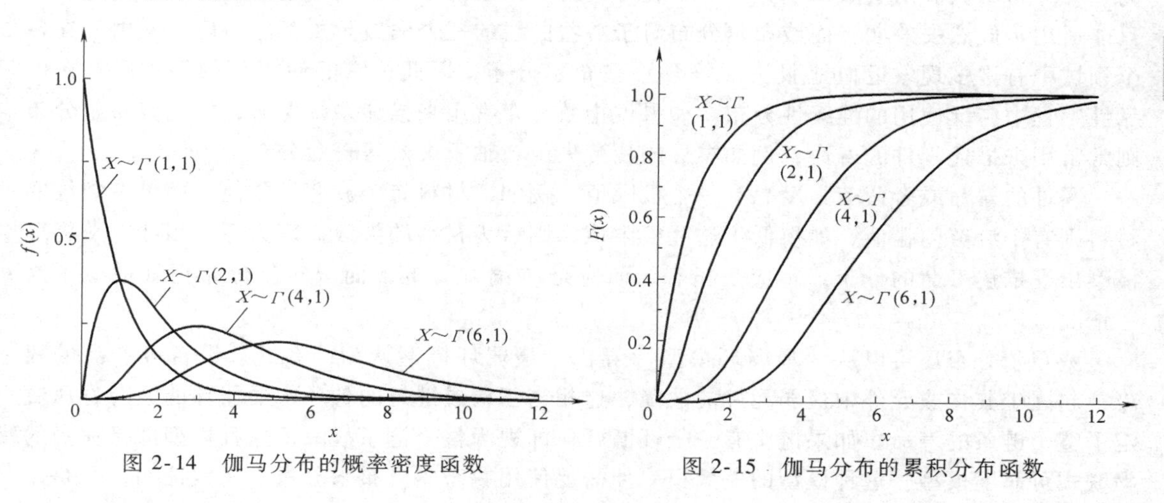

图 2-14　伽马分布的概率密度函数　　图 2-15　伽马分布的累积分布函数

【MATLAB 求解】

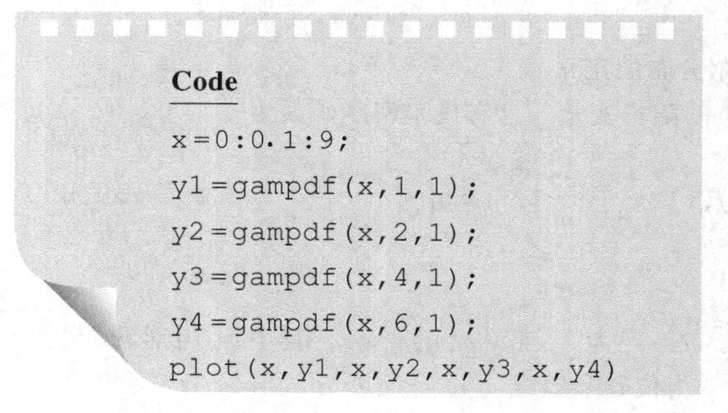

Code

```
x=0:0.1:9;
y1=gampdf(x,1,1);
y2=gampdf(x,2,1);
y3=gampdf(x,4,1);
y4=gampdf(x,6,1);
plot(x,y1,x,y2,x,y3,x,y4)
```

（2）累积分布函数

【MATLAB 求解】

Code

```
x=0:0.1:15;
y1=gamcdf(x,1,1);
y2=gamcdf(x,2,1);
y3=gamcdf(x,4,1);
y4=gamcdf(x,6,1);
plot(x,y1,x,y2,x,y3,x,y4)
```

这里请注意 gampdf、gamcdf 的用法。

2.4.5 威布尔分布

威布尔（Weibull）分布是瑞典物理学家威布尔在分析材料强度及链条强度时推导出来的一种分布函数。由于威布尔分布对于各种类型的试验数据拟合的能力强，例如，指数分布只能适用于偶然失效期，而威布尔分布对于浴盆曲线的三个失效阶段都能适应，又由于在各个领域中有许多现象近似地服从（符合）威布尔分布，因此，它的使用范围很广，是在可靠性工程中广泛使用的连续性分布。如果说指数分布常用来描述系统寿命，那么威布尔分布则常常用来描述零件的寿命，例如零件的疲劳失效、轴承失效等寿命分布。

零件的寿命或者疲劳强度总有一个极限值，例如，材料有个疲劳极限值，而带有裂纹的材料则有个疲劳门槛值，如果低于这些极限值，则认为材料的失效概率为零。因此，从物理模型出发描述寿命的分布，不应是正态，而应是“偏态”的，而威布尔分布正好适应了这一情况。

威布尔分布还可以从“最弱环模型”导出。最弱环模型认为，系统、设备等产品的故障，起因于其构成元件中最弱元件的故障，这相当于构成链条的各环中最弱环的疲劳寿命决定了整个链条的寿命。如果链中有一个环断开，即视为整个链条故障，这种模型即是典型的串联式可靠度模型。这种模型的失效概率便需要使用威布尔分布来分析。实践证明，凡是由于某一局部疲劳失效或故障便引起全局机能失效的元件、器件、设备或系统等的寿命，都是服从威布尔分布的。

1. 三参数威布尔分布的定义

若 X 是一个非负的随机变量，且有概率密度函数为

$$\begin{cases} f(x)=\dfrac{m}{\eta}\left(\dfrac{x-\gamma}{\eta}\right)^{m-1}\exp\left[-\left(\dfrac{x-\gamma}{\eta}\right)^{m}\right] & (x\geqslant\gamma, m>0, \eta>0) \\ 0 & (x<\gamma) \end{cases} \tag{2-70}$$

则称 X 服从威布尔分布，记为 $X\sim W(m,\eta,\gamma,x)$，其中 m 为形状参数，又叫威布尔分布斜率，η 为尺度参数，γ 为位置参数。

2. 三参数威布尔分布的分布函数

威布尔分布的分布函数为

$$F(x)=P\{X\leqslant x\}=\int_{\gamma}^{x}\frac{m}{\eta}\left(\frac{x-\gamma}{\eta}\right)^{m-1}\exp\left[-\left(\frac{x-\gamma}{\eta}\right)^{m}\right]\mathrm{d}x=1-\exp\left[-\left(\frac{x-\gamma}{\eta}\right)^{m}\right] \tag{2-71}$$

3. 三参数威布尔分布的数字特征

威布尔分布的数学期望为

$$E(X)=\gamma+\eta\Gamma\left(1+\frac{1}{m}\right) \tag{2-72}$$

威布尔分布的方差为

$$D(X)=\eta^2\left[\Gamma\left(1+\frac{2}{m}\right)-\Gamma^2\left(1+\frac{1}{m}\right)\right] \tag{2-73}$$

4. 三参数威布尔分布的另一种定义表达式

如果将代表强度或其他特性的 x 换成代表时间的 t，则三参数威布尔分布的概率密度函数为：

$$\begin{cases} f(t)=\dfrac{m}{\eta}\left(\dfrac{t-\gamma}{\eta}\right)^{m-1}\exp\left[-\left(\dfrac{t-\gamma}{\eta}\right)^{m}\right] & (t\geqslant\gamma, m>0, \eta>0) \\ 0 & (t<\gamma) \end{cases}$$

式中，形状参数 m 是决定分布密度曲线形状的。

若 η 和 γ 保持不变，改变 m 值时，其对应的密度曲线的形状也发生改变。

位置参数 γ 的大小反映了密度函数曲线起始点的位置在横坐标轴上的变化，因此又称为起始参数。它表示产品在时间 γ 之前的存活率是 100%，失效是从 γ 之后才开始的。

尺度参数 η 也是当 $\gamma=0$ 时，威布尔分布的特征寿命。

威布尔分布的可靠度函数为

$$R(T)=1-F(t)=\exp\left[-\left(\frac{t-\gamma}{\eta}\right)^{m}\right] \tag{2-74}$$

失效率函数为

$$\lambda(t)=\frac{m}{\eta}\left(\frac{t-\gamma}{\eta}\right)^{m-1} \tag{2-75}$$

平均失效率为

$$m(t)=\frac{1}{t}\left(\frac{t-\gamma}{\eta}\right)^{m} \tag{2-76}$$

可靠寿命为

$$t_R=\gamma+\eta\left(\ln\frac{1}{R}\right)^{\frac{1}{m}} \tag{2-77}$$

更换寿命为

$$t_\lambda=\gamma+\eta\left(\frac{\lambda\eta}{m}\right)^{\frac{1}{m-1}} \tag{2-78}$$

下面针对威布尔分布参数对其概率密度曲线的影响进行详细讨论。

（1）形状参数的影响　考虑到

$$f(x)=\frac{m}{\eta}\left(\frac{x-\gamma}{\eta}\right)^{m-1}\exp\left[-\left(\frac{x-\gamma}{\eta}\right)^{m}\right]$$

当 $\eta=1$，$\gamma=0$ 时，则有

$$f(x)=m\,x^{m-1}\exp(-x^{m})$$

观察 $m=3,2,1.5,1,0.5$的 $f(x)$变化，如图 2-16a 所示。

【MATLAB 求解】

Code

```
x=0:0.1:5;
y1=wblpdf(x,1,3);
y2=wblpdf(x,1,2);
y3=wblpdf(x,1,1.5);
y4=wblpdf(x,1,1);
y5=wblpdf(x,1,0.5);
plot(x,y1,x,y2,x,y3,x,y4,x,y5)
```

（2）位置参数的影响　考虑到

$$f(x)=\frac{m}{\eta}\left(\frac{x-\gamma}{\eta}\right)^{m-1}\exp\left[-\left(\frac{x-\gamma}{\eta}\right)^{m}\right]$$

当 $\eta=1$，$m=2$ 时，则有

$$f(x)=2(x-\gamma)\exp[-(x-\gamma)^{2}]$$

观察 $\gamma=0$，0.2，0.4 的 $f(x)$ 变化，如图 2-16b 所示。

【MATLAB 求解】

Code

```
x=0:0.1:3;
y1=wblpdf(x,1,2);
y2=wblpdf(x+0.2,1,2);
y3=wblpdf(x+0.4,1,2);
plot(x,y1,x,y2,x,y3)
```

（3）尺度参数的影响　考虑到

$$f(x)=\frac{m}{\eta}\left(\frac{x-\gamma}{\eta}\right)^{m-1}\exp\left[-\left(\frac{x-\gamma}{\eta}\right)^{m}\right]$$

当 $\gamma=0$，$m=2$ 时，则有

$$f(x)=\frac{2}{\eta}\times\frac{x}{\eta}\times\exp\left[-\left(\frac{x}{\eta}\right)^{2}\right]$$

观察 $\eta=1$，3，5 的 $f(x)$ 变化，如图 2-16c 所示。

【MATLAB 求解】

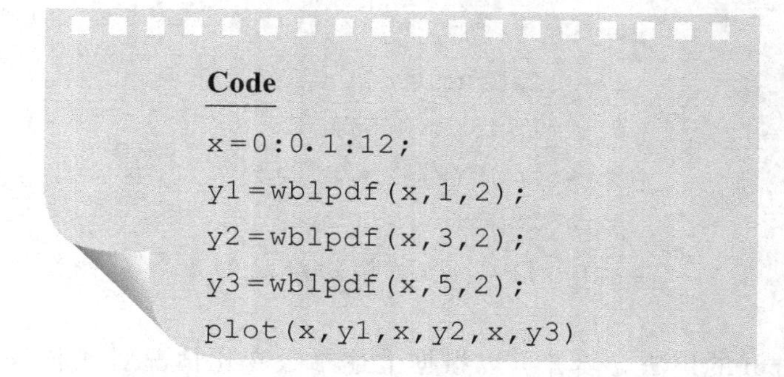

Code

```
x=0:0.1:12;
y1=wblpdf(x,1,2);
y2=wblpdf(x,3,2);
y3=wblpdf(x,5,2);
plot(x,y1,x,y2,x,y3)
```

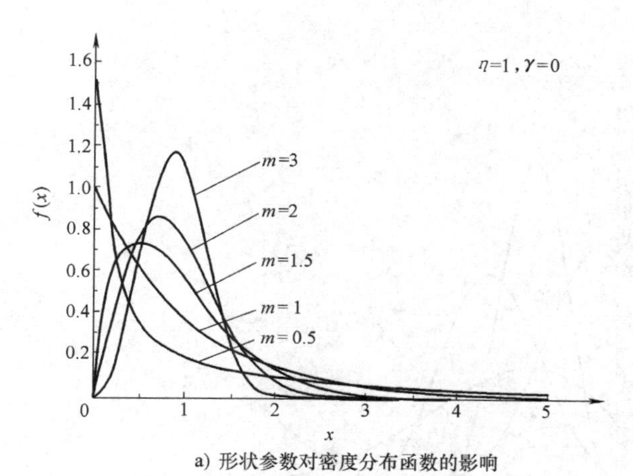

a) 形状参数对密度分布函数的影响

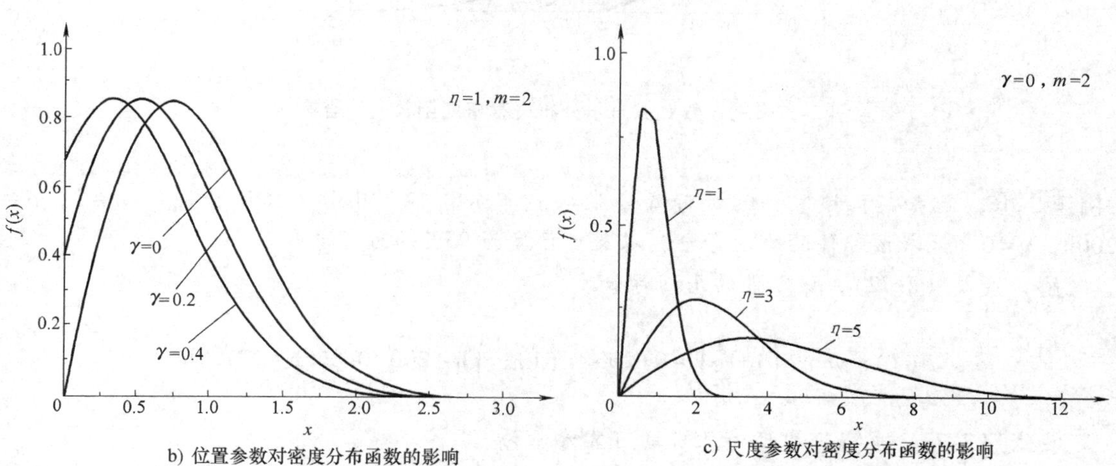

b) 位置参数对密度分布函数的影响

c) 尺度参数对密度分布函数的影响

图 2-16　威布尔分布的概率密度函数

（4）形状、位置、尺度参数的综合影响（见图 2-17）

【MATLAB 求解】

Code

```
x=0:0.1:5;
y1=wblpdf(x,1,3);
y2=wblpdf(x+0.5,1,2);
y3=wblpdf(x+0.5,2,2);
y4=wblpdf(x+0.5,2,4);
plot(x,y1,x,y2,x,y3,x,y4)
```

这里请注意 wblpdf 的用法。读者可以根据上述参数变化情况对威布尔密度曲线的影响情况进行深入研究。

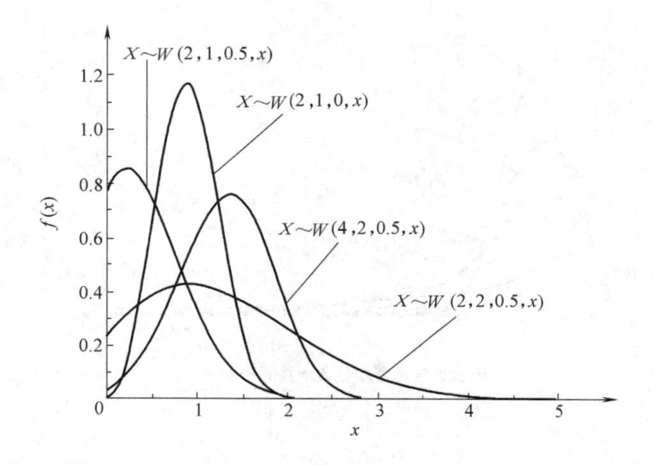

图 2-17　三参数对威布尔分布概率密度函数的综合影响

例题 2-16　已知某机械零件的疲劳寿命服从威布尔分布，且由历次试验得知 $m=2$，$\eta=200\text{h}$，$\gamma=0$，试求该部件的平均寿命，以及可靠度为 95%的可靠寿命。

解　按式（2-72），该零件的平均寿命为

$$E(T)=\gamma+\eta\Gamma\left(1+\frac{1}{m}\right)=0+200\times\Gamma\left(1+\frac{1}{2}\right)\text{h}=200\times0.866\text{h}=177.2\text{h}$$

由式（2-77）求得可靠度为 95%的可靠寿命为

$$t_{R=0.95}=\gamma+\eta\left(\ln\frac{1}{R}\right)^{\frac{1}{m}}=200\times(0.051293)^{\frac{1}{2}}\text{h}=200\times0.226\text{h}=45.3\text{h}$$

【MATLAB 求解】

Code

```
m=2;
R=0.95;
yeta=200;
gama0=0;gama1=30;gama2=50;
lamda=0.001;
Et=gama0 +yeta *  gamma(1+1/m)
tR95=gama0 +yeta * (log(1/R))^(1/m)
```

Run

```
Et=1.772453850905516e+002
tR95=45.296045914649319
```

这里请注意 gamma 的用法。

2.5 可靠性设计数据分布规律的确定

在机械可靠性设计中，表征产品工作能力的功能函数，往往是一些基本随机变量的随机函数。根据概率论，一个多维随机变量函数的概率分布是可以从构成它的基本变量的概率特征中推导出来的。但是，因为试验数据有限，而且分布类型往往与产品类型无关，而与作用的应力类型和失效形式有关等，所以，推导的过程在数学上非常复杂且不一定能推导出来，即使能从数学上推导出来，由于函数形式过于复杂，也难以付诸实践。因此，在工程实践中，解决这个问题最简单的办法就是根据已知的失效机理及试验结果分析，直接选用已有的分布规律来进行研究。

正确选用某种产品的失效分布类型往往是很困难的。通常采用：①通过故障物理的分析，证明该产品的失效形式近似地符合某种分布，或通过失效率分析，验证它符合某种失效分布的失效率函数；②通过可靠性试验，利用数理统计中的判断方法来判断该产品寿命的失效类型。由于样本数量有限，又不能做到所有样本都失效，因此判断会出现同一产品的失效分布规律可能不同。分布类型不同，失效概率或可靠度的预测值也就不同。

下面列举几种常用概率的应用范围：

（1）二项分布　从一个大批量产品中抽取一定样本容量的次品，抽样的结果不显著改变整批的比例。

（2）正态分布　最为方便，适用于各种物理、机械、电气和化学等特性。

（3）指数分布　电子产品多用于指数分布，对于元件则适用于失效只是由于偶然的原因且与使用时间无关的情况，当设计完全排除了在生产误差方面的故障时，常常使用。

（4）对数正态分布　疲劳寿命现象，事件集中发生在范围尾端的不对称情况，且观察值的差异很大。

(5) 威布尔分布　最易通过检验，也适用于产品的寿命和各种物理、机械、电气、化学等特性。

2.6　本章小结

本章在回顾概率论与数理统计知识的基础上，着重讲述了与可靠性设计相关的几种常见的概率分布，包括二项分布、正态分布、指数分布、对数正态分布、威布尔分布等，旨在为后续可靠性设计与计算打下基础。

习　题

习题 2-1

在一批 N 个产品中有 M 个是次品，从这批产品中任意取 n 个，求其中恰有 m 个次品的概率。

习题 2-2

在一批共 50 个产品中有 5 个是次品，从这批产品中任意取 3 个，求其中有次品的概率值。

习题 2-3

一批共 10 个零件中有 8 个是正品，从其中第一次取到正品后就不再放回。求第一次取到正品后第二次取到正品的概率。

习题 2-4

100 个零件中有 80 个是由第一台机床加工的，其合格品为 95%，另外 20 个是由第二台机床加工的，其合格品为 90%。今从这 100 个零件中任取 1 件，问这一零件正好是由第一台加工出来的合格品的概率是多少？

习题 2-5

今有一批零件，其中一半是由一厂生产，另一半由二、三厂平均承担。已知一、二、三厂生产的正品比率各为该厂总产量的 95%、99%、90%。现从它们生产的这批零件中任取一个，拿到正品的概率是多少？

习题 2-6

汽车装配线的传送链机构由电动机、减速器、工作机三部分串联组成。已知它们的可靠度依次为 0.98、0.99、0.96，当系统发生故障时，这三部分发生故障的条件概率各为多少？

习题 2-7

今有甲乙两台机床生产同一零件，若在 1000 件产品中的次品数分别用 X_1、X_2 表示，X_1、X_2 为离散随机变量，其分布列分别为

$$\begin{cases} P\{X_1 = x_{1i}\} = p_{1i}, i = 1,2,3,4 \\ P\{X_2 = x_{2j}\} = p_{2j}, j = 1,2,3,4 \end{cases}$$

其数据如下，试判断哪台机床加工的质量较好。

甲床	x_{1i}	0	1	2	3	乙床	x_{2j}	0	1	2	3
	p_{1i}	0.7	0.1	0.1	0.1		p_{2j}	0.5	0.3	0.2	0

习题 2-8

用 A、B 两台设备生产的仪表测量同一产品同一项目的结果见下表，试判断两台设备的优劣。

仪表 A	x_{Ai}	118	119	120	121	122	仪表 B	x_{Bj}	118	119	120	121	122
	p_{Ai}	0.06	0.14	0.6	0.15	0.05		p_{Bj}	0.09	0.15	0.52	0.16	0.08

习题 2-9

有一大批产品，其次品率 $p=0.2$，初检 $n=4$，试求抽得次品数 $k=0$，1，2，3，4 的概率。

习题 2-10

次品率为 1%的大批产品，每箱 90 件，今初检一箱并进行全数检验，求查出次品数不超过 5 的概率。

习题 2-11

用泊松分布代替二项分布，求解 2-10 题。

习题 2-12

某系统的平均无故障工作时间 $\theta=1000\text{h}$，在该系统 1500h 的工作期内需有备件更换。现有 3 个备件供使用，问系统能够达到的可靠度。

习题 2-13

设有一批名义直径 $d=25.4\text{mm}$ 的钢管，按照规定其直径不超过 26mm 时为合格品。如果钢管直径尺寸服从正态分布，其均值 $\mu=25.4\text{mm}$，标准差 $\sigma=0.03\text{mm}$，试计算这批钢管的废品率值。

习题 2-14

今有大批螺钉，规定直径 $d=(10\pm0.12)$ mm 为合格品，如估计其标准差 $\sigma_d=\dfrac{[(10+0.12)-(10-0.12)]}{6}\text{mm}=\dfrac{0.24}{6}\text{mm}=0.04\text{mm}$，求铆钉合格的概率。

习题 2-15

某一控制机构中的弹簧在稳定变应力作用下的疲劳寿命服从对数正态分布。$Y=\ln t\sim N(\mu_Y,\sigma_Y^2)$，$\mu_Y=\ln(1.38\times10^6)=14.1376$，$\sigma_Y=\ln1.269=0.2382$。在工作条件下该弹簧经受 10^6 应力循环次数之后立即更换。更换之前的失效概率是多少？如果保证可靠度 0.99，则应该在多少次循环次数前更换？

习题 2-16

某设备的正常运行时间 t（平均无故障工作时间）服从对数正态分布，其均值 $\mu=6$（月）、标准差 $\sigma_S=1.5$（月）。若要求在任何时间内一台设备能处于运行状态的概率至少为 90%，试问：

1）每台设备应计划在多长时间内维修一次？

2）如果某一设备在计划维修时间内仍处于良好运行状态，那么在不经维修的情况下，该设备能再运行一个月的概率是多少？

习题 2-17

某元件的寿命服从 Γ 分布，今任意取 31 个做试验得数据为：3，4，5，6，6，7，8，8，9，9，9，10，10，11，11，11，13，13，13，13，13，17，17，19，19，25，29，33，42，42，52。试求其形状参数 α 和尺度参数 λ。

习题 2-18

某厂用 4 台同型号柴油机作为备用电力的主机，一旦电力系统断电，至少要有 2 台柴油机起动运行以满足需要。已知每台柴油机运行寿命 T 服从指数分布，运行寿命 15 年。试确定 2 年内柴油机紧急备用系统的可靠性，即在该系统服役头 2 年内发生意外事故时，4 台柴油机中至少 2 台起动运行的概率是多少？

习题 2-19

对 100 台汽车变速器做寿命试验，在完成 1000h 试验时，失效的变速器有 5 台。若已知其失效率为常数，试求其特征寿命、中位寿命及任一变速器在任一小时的失效率。

习题 2-20

某元件的参数服从形状参数 $m=4$，尺度参数 $\eta=1000\text{h}$ 的威布尔分布，求 $t=500\text{h}$ 的可靠度 $R(t)$ 与失效率 $\lambda(t)$。

习题 2-21

某零件的疲劳强度服从威布尔分布，且形状参数 $m=2.65$，尺度参数 $\sigma_{-1\text{a}}=531\text{MPa}$，位置参数即最小应力$\sigma_{min}$ = 344.5MPa。若工作时承受对称循环应力σ_{-1} = 379MPa，试计算零件的可靠度。若要求可靠度为 0.999，则其工作应力 σ'_{-1}又是多少？

习题 2-22

某部件的疲劳寿命呈威布尔分布，已知 $m=2$，$\eta=200h$，$\gamma=0$。试计算其平均寿命、可靠度为 0.95 的可靠寿命、在 100h 之内的最大失效率、在 100h 之内的平均失效率，以及失效率 $\lambda=0.1$ 次/100h 时的更换寿命及相应的可靠度。

习题 2-23※

某钢材的强度极限服从正态分布，11 个试件测得的强度极限（单位：MPa）为 606，608，622，630，638，642，648，652，660，673，688。试求均值和标准差，以及失效概率为 0.10 时的强度极限预测值。

习题 2-24※

某金属材料的疲劳寿命服从威布尔分布，15 个试件的疲劳寿命（单位：次）分别为 28300，35800，42200，47500，51200，57600，65000，66800，73600，81000，88000，98200，105000，115500，144500。试求解其分布参数、$N=4\times10^4$次的可靠度及 $R=0.90$ 时的可靠寿命。

提示：利用极大似然估计法编写程序求解。

可靠性原理与计算

3.1 机械可靠性设计基础

可靠性问题是一种综合性的系统工程问题。机械产品的可靠性和其他产品的可靠性一样，都与其设计、制造、运输、储存、使用和维修等各个环节密不可分。其中，设计环节是保证产品可靠性最重要的一个环节，它是决定产品可靠性高低的基础。因为机械设计产品的可靠性取决于零部件的结构形式与尺寸、选用的材料及热处理、制造工艺、检验标准、润滑条件、维修的方便性以及各种安全保护措施等，而这些都是由设计环节决定的。设计决定了产品的固有可靠度。因此，要提高产品的可靠性，那么对产品进行可靠性设计是极其重要的。

为了确保产品的可靠性，必须制定包括从论证可行性、下达设计任务书开始，经过设计、研制、试验、改进设计、定型、制造、装配调整、使用、维修、故障反馈直到产品报废的完整的可靠性计划。发达国家大都制定了关于可靠性计划和管理的标准。例如，美国军用标准 MIL-STD-785B《系统及设备研制与生产的可靠性计划》（1980），英国标准 BS5760《系统、设备和零件的可靠性》（1979）。从中可以看出构思及设计在整个可靠性计划中占有重要地位。

3.1.1 机械可靠性设计的特点

机械可靠性设计与传统的机械设计方法不同，具有自己的特点：

（1）以应力和强度为随机变量作为出发点　认识到零部件所受的应力和材料的强度均非定值，而为随机变量，具有离散的性质，数学上必须用分布函数来描述。这是由于载荷、强度、结构尺寸、工况等都具有变动性和统计本质。

（2）应用概率和统计的方法进行分析、求解　这是基于应力和强度都是随机变量这一客观现实和认识。

（3）定量回答产品的可靠度和失效概率　首先承认所设计的产品存在一定的失效概率，但不能超过技术文件所规定的容许值，并能够定量地给出所设计产品的失效概率和可靠度。

（4）提供多种可靠性指标供用户选择（不同的安全系数）　传统的机械设计方法仅有

一种可靠性评价指标，即安全系数；而机械可靠性设计则要求根据不同产品的具体情况选择不同的、最适宜的可靠性指标，如失效率、可靠度、平均无故障工作时间（MTBF）、首次故障里程（用于车辆）、维修度、有效度等。开始设计阶段就应该选定可靠性指标以及评价方法。

（5）设计对产品可靠性的重要作用　强调产品的可靠性从根本来说，是由设计决定的，设计决定了产品的固有可靠性。如果设计不当，则不论制造工艺有多好和管理水平有多高，产品都是不可靠的。在设计中赋予零件以足够的可靠性，该零件就会本质上可靠。

（6）考虑环境因素对应力、强度参数的影响　高温、低温、冲击、振动、潮湿、盐雾、腐蚀、沙尘、磨损等环境条件对应力有很大的影响，从而对可靠度有很大的影响。研究表明，应力分布的尾部比起强度分布的尾部，对可靠度的影响要大得多。因此，对环境质量的控制比对强度的质量控制会带来大得多的收益。

（7）考虑产品的维修特性　以有效度为可靠性指标的产品，例如工程机械等，不论产品设计的固有可靠性有多好，都必须考虑其维修性，否则不能使产品保持高的有效度。因此，从设计时开始，就必须将固有可靠度与使用可靠度作为一个整体加以考虑。

（8）具有全局观念，从整体、系统的观点出发　从整体的、系统的、人机工程的观点出发考虑设计问题，并更重视产品在生命周期的总费用，而不只是购置费用。

（9）意识到设计期间及其以后的可靠性需要增长　产品在设计初期、研制、试验期间，产品的可靠性会经常得到改善。例如发生故障之后，经过分析其原因，找到了问题所在，并且随着经验的积累、结构以及制造工艺得到有效的改进等，都会使得可靠性得以提高。

3.1.2　机械可靠性设计的主要内容

机械可靠性设计的主要内容包括有：

1. 研究产品的故障物理和故障数学模型

通过搜集和分析该类产品在使用过程中零部件材料的老化、损伤和故障失效等的相关数据及材料初始性能对其平均值的偏离数据来研究造成产品老化、损伤和故障的原因并用数学方法将其中的规律描述出来，用统计分析的方法建立计算用的可靠度模型或故障模型，从而较正确地估算产品在使用条件下的状态和寿命。当然，有效的故障模型的建立需要可靠性试验数据作为支撑，因此，为了节省时间和加快新产品的设计与开发进度，建立合理的加速试验是十分必要的。

2. 确定产品可靠性指标

选取何种可靠性指标取决于产品的类型、设计要求以及习惯和方便性等，进行可靠性设计时，产品的可靠性指标往往根据经验数据和市场信息来确定，有时也以用户的要求为准。

3. 合理分配产品的可靠性指标值

将确定的产品可靠性指标合理地分配给各个零部件，而各个零部件的可靠性指标值与其自身的重要性、复杂程度、设计要求、经验和设计成本有关，这些构成对产品可靠性指标的制约条件。

4. 依据给定的可靠性指标，开展可靠性设计

采用优化设计的方法将给定的可靠性指标直接设计到各个零部件的有关参数中，并通过可靠性计算使设计参数最优化，以求在最大经济效益下各零部件的可靠性指标能够保证产品的可靠性指标值的实现。

3.1.3 机械可靠性设计的方法与步骤

机械可靠性的设计方法可以保证把规定的可靠性指标直接设计到零部件中去，从而设计到产品中去，主要有概率设计法、失效树分析法（FTA）和失效模式、影响及致命度分析（FMECA）法。

零件的强度和工作应力均为随机变量，呈分布状态，若能够将这两种统计分布连接起来，则不难得出与分布相关的可靠度、置信度以及置信区间。这一可靠度如果达到了目标可靠度，则认为设计是可以接受的；若小于预定可靠度，则需要进行迭代调整。调整那些灵敏度高（对强度、工作应力分布影响最显著）的设计参数最为有效，直到调整到规定的可靠度指标值为止。

机械可靠性设计的步骤如下：

1）提出设计任务，规定详细指标。

2）确定有关的设计变量和参数。

3）失效模式及其影响与致命度分析。

4）得出应力计算公式。

5）确定强度计算公式。

6）确定零件的可靠度与置信区间。

3.2 可靠性设计原理

3.2.1 应力-强度基本理论

应力-强度分布干涉理论是机械零件可靠性设计的主要依据，它是以应力-强度分布干涉模型为基础的，该模型可以清楚地表示机械零件产生故障的原因和机械强度可靠性设计的本质。

机械强度的可靠性设计就是要搞清楚载荷及零件强度的分布规律，合理地建立应力与强度之间的数学模型，严格控制故障率，以满足设计要求。机械强度可靠性设计的整个过程可用图3-1来表示。

由统一分布函数的性质可知，应力、强度两概率密度函数在一定条件下可能相交，这个相交的区域如图3-1中的阴影部分所示，称为干涉区域。在机械设计中，如果使零件的强度大于其工作应力，即如图3-1所示，强度和应力的分布曲线不相交，这种情况下，在零件的使用初期，理论上是不会发生故障的，但当零件经历了长时间动载荷的作用后，即使设计无干涉现象，强度也将逐渐衰弱，由图3-2中的a位置沿着衰减退化曲线逐渐移动到b位置，使应力、强度发生干涉。即由于强度降低，引起应力超过强度后造成不安全或不可靠的问题。由干涉图还可以看出：①即使在安全系数大于1的情况下仍然存在着一定的不可靠度；②当材料强度和工作应力的离散程度大时，干涉部分加大，不可靠度也增大；③当材质性能好、工作应力稳定时，使两分布离散度小，干涉部分相应地减小，可靠度增大。所以，为保证产品可靠性，只进行安全系数的计算是远远不够的，还需要进行可靠度的计算。

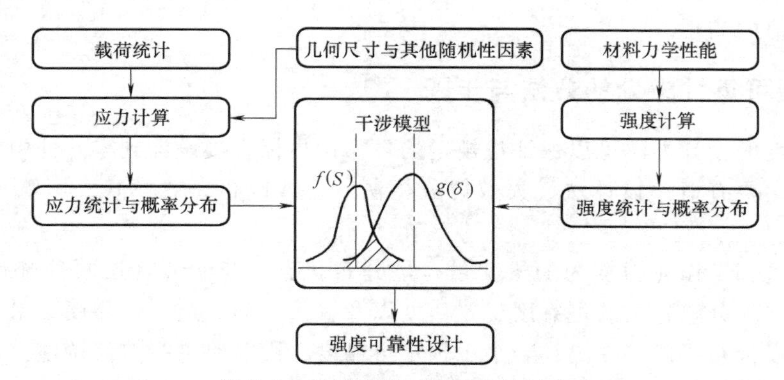

图 3-1　机械强度可靠性设计过程

从应力-强度干涉模型可以看出，就统计数学观点而言，任一设计都存在着失效概率，即可靠度小于 1，而我们能够做到的仅仅是将失效概率限制在一个可以接受的限度之内，该观点在常规设计的安全系数法中是不明确的，因为在其设计中不考虑存在失效的可能性。可靠性设计这一重要的特征，客观地反映了产品设计和运行的真实情况，同时，还定量地给出了产品在使用过程中的失效率或可靠度，因而受到重视与发展。

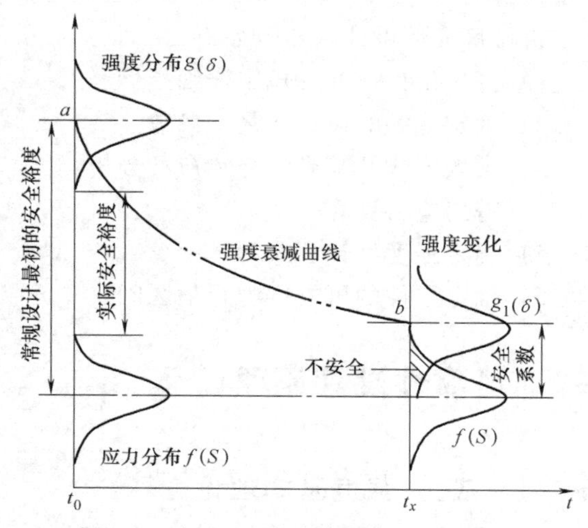

图 3-2　应力-强度分布曲线的相互关系

由以上分析可知，一个零件的可靠度主要取决于应力-强度分布曲线干涉的程度。如果应力和强度的概率分布已知，就可以根据其干涉模型确定该零件的可靠度。当应力小于强度时，不发生故障或失效。应力小于强度的全部概率即为可靠度，并采用下式表示，即

$$R=P(S<\delta)=P[(\delta-S)>0] \tag{3-1}$$

式中　S——应力；

δ——强度。

相反，当应力超过强度时，将会发生故障或失效。应力大于强度的全部概率则为失效概率——不可靠度，采用下式表示，即

$$F=P(S>\delta)=P[(\delta-S)<0] \tag{3-2}$$

如设 $f(S)$ 为应力分布的失效密度概率函数，$g(\delta)$ 为强度分布的概率密度函数，两者发生干涉部分的放大图如图 3-3 所示。两者相应的分布函数分别为 $F(S)$ 和 $G(\delta)$，则可按以下方法求得应力、强度分布发生干涉时的可靠度与失效概率的表达式。

如图 3-3 所示，假定在横轴上任意取一应力S_1，并取一小单元 dS，则应力S_1存在于区间 $\left[S_1-\frac{1}{2}\mathrm{d}S,\ S_1+\frac{1}{2}\mathrm{d}S\right]$ 内的概率等于面积A_1，即

$$P\left[\left(S_1-\frac{1}{2}\mathrm{d}S\right)\leqslant S\leqslant\left(S_1+\frac{1}{2}\mathrm{d}S\right)\right]=f(S_1)\,\mathrm{d}S=A_1 \tag{3-3}$$

强度 δ 大于应力 S_1 的概率为

$$P(\delta>S_1)=\int_{S_1}^{\infty}g(\delta)\,\mathrm{d}\delta=A_2 \tag{3-4}$$

大部分情况下，可以认为应力 S 与强度 δ 这两个随机变量是相互独立的，根据概率“乘法定理”，$f(S_1)\,\mathrm{d}S$ 和 $\int_{S_1}^{\infty}g(\delta)\,\mathrm{d}\delta$ 这两个事件同时发生的概率的乘积就是应力 S 在 $\mathrm{d}S$ 小区间内不会引起故障或失效的概率，即为可靠度 $\mathrm{d}R$，可表示为

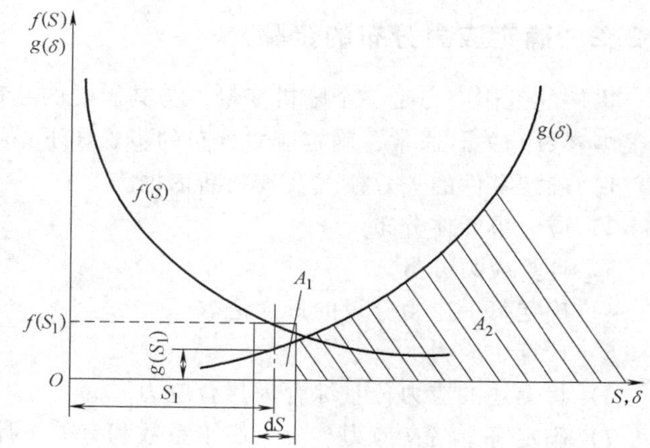

图 3-3　应力-强度干涉机理

$$\mathrm{d}R=f(S_1)\,\mathrm{d}S\int_{S_1}^{\infty}g(\delta)\,\mathrm{d}\delta \tag{3-5}$$

如果将 S_1 变为随机变量 S，则可靠度为

$$R=P(S<\delta)=\int_{-\infty}^{\infty}f(S)\left[\int_{S}^{\infty}g(\delta)\,\mathrm{d}\delta\right]\mathrm{d}S \tag{3-6}$$

可靠度也可以按应力始终小于强度来计算，则强度 δ 在小区间 $\mathrm{d}\delta$ 的概率为

$$P\left[\left(\delta_1-\frac{1}{2}\mathrm{d}\delta\right)\leqslant\delta\leqslant\left(\delta_1+\frac{1}{2}\mathrm{d}\delta\right)\right]=g(\delta_1)\,\mathrm{d}\delta \tag{3-7}$$

而应力 S 小于 δ_1 的概率为

$$P(S\leqslant\delta_1)=\int_{-\infty}^{\delta_1}f(S)\,\mathrm{d}S \tag{3-8}$$

则零件的可靠度为

$$R=P(S<\delta)=\int_{-\infty}^{\infty}g(\delta)\left[\int_{-\infty}^{\delta}f(S)\,\mathrm{d}S\right]\mathrm{d}\delta \tag{3-9}$$

因为 $R=1-F$，且 $\int_{-\infty}^{S}f(S)\mathrm{d}S+\int_{S}^{\infty}f(S)\mathrm{d}S=1$，则相应的不可靠度或失效概率 F 为

$$F=P(\delta\leqslant S)=1-\int_{-\infty}^{\infty}f(S)\left[\int_{S}^{\infty}g(\delta)\,\mathrm{d}\delta\right]\mathrm{d}S=1-\int_{-\infty}^{\infty}f(S)\,[1-G_\delta(S)]\,\mathrm{d}S$$

$$=\int_{-\infty}^{\infty}G_\delta(S)\,f(S)\,\mathrm{d}S \tag{3-10}$$

同理，失效概率也可以根据应力 S 大于强度 δ 的概率来计算，即

$$F=P(S\geqslant\delta)=1-\int_{-\infty}^{\infty}g(\delta)\left[\int_{-\infty}^{\delta}f(S)\,\mathrm{d}S\right]\mathrm{d}\delta=1-\int_{-\infty}^{\infty}g(\delta)\,[1-F_S(\delta)]\,\mathrm{d}\delta$$

$$=\int_{-\infty}^{\infty}[1-F_S(\delta)]\,g(\delta)\,\mathrm{d}\delta \tag{3-11}$$

3.2.2 确定应力分布的步骤

零件的工作应力是一个随机变量，与其承受的载荷、温度、几何尺寸、物理特性、时间等很多参数有关。通常，确定应力分布的步骤如下：

1）确定零件的失效模式及其判断依据。

2）应力单元体分布。

3）计算应力分量。

4）确定每一应力分量的最大值。

5）计算主应力。

6）将上述的应力分量综合为复合应力。

7）确定每个名义应力、应力修正系数和有关设计参数的分布。

8）确定应力分布。

一般来说，确定应力的分布，目前存在以下三种方法：代数法、矩法、蒙特卡罗法。下面依次讲述。

3.2.3 综合应力分布的计算方法

1. 代数法

如果影响零件工作应力 S 的参数有X_1、X_2、…、X_n，它们全部是服从正态分布的随机变量，即$X_1:N(\mu_1,\sigma_1^2)$，$X_2:N(\mu_2,\sigma_2^2)$，…，$X_n:N(\mu_n,\sigma_n^2)$，且已知每个随机变量X_i $(i=1, 2, \cdots, n)$ 的均值μ_i和标准差σ_i，则可按照一定的计算规则，把它们综合为单一随机变量 Z，且单一随机变量 Z 的应力表达函数为 $S(Z)=f(X_1, X_2, \cdots, X_n)$，并求出其分布，方法是确定这一单一函数 $S(Z)$ 的均值 μ_Z和标准差 σ_Z。

如果每一随机变量$X_i(i=1, 2, \cdots, n)$ 的变差系数均能满足$C_{xi}=\dfrac{\sigma_i}{\mu_i}<0.10$，则单一函数的均值$\mu_Z$和标准差$\sigma_Z$足够近似正态分布，即 $Z:N(\mu_Z, \sigma_Z^2)$。

代数法的综合过程分为三步：首先，综合两个随机变量，得出已合成的变量的均值和方差；其次，与下一变量进行合成，得出第二次的合成变量的均值和方差；以此类推，直至完成所有变量的合成，得出最后的均值和方差。如果需要综合的变量过多，则计算过程略显烦琐。

综合用的计算公式见表 3-1。

表 3-1 正态分布函数的统计特征值综合计算用表

序号	$Z=f(x,y)$	均值μ_x	标准差σ_x
(1)	$Z=c$	c	0
(2)	$Z=cx$	$c\mu_x$	$c\sigma_x$
(3)	$Z=cx\pm d$	$c\mu_x\pm d$	$c\sigma_x$
(4)	$Z=x\pm y$	$\mu_x\pm\mu_y$	$\sqrt{\sigma_x^2+\sigma_y^2}$
(5)	$Z=xy$	$\mu_x\mu_y$	$\sqrt{\mu_x^2\sigma_y^2+\mu_y^2\sigma_x^2+\sigma_x^2\sigma_y^2}$

（续）

序　　号	$Z=f(x,y)$	均值μ_x	标准差σ_x
(6)	$Z=\frac{x}{y}$	$\frac{\mu_x}{\mu_y}$	$\frac{1}{\mu_y}\sqrt{\frac{\mu_x^2\sigma_y^2+\mu_y^2\sigma_x^2}{\mu_y^2+\sigma_y^2}}$
(7)	$Z=x^2$	μ_x^2	$2\mu_x\sigma_x$
(8)	$Z=x^3$	μ_x^3	$3\mu_x^2\sigma_x$
(9)	$Z=x^n$	μ_x^n	$n\mu_x^{n-1}\sigma_x(n>1)$
(10)	$Z=\ln x$	$\ln\mu_x$	$0.434\sigma_x/\mu_x$

注：1. c、d 为常数。

2. x、y 彼此独立，相关系数 $\rho=0$。

例题 3-1 一根拉杆受外力作用，若外力均值为 20000N，标准差为 2000N；杆的横截面面积均值为 1000 mm²，标准差为 80 mm²。求应力的均值和标准差。

解 查表 3-1 的序号（6），得应力的均值和标准差分别为

$$\mu_S=\frac{P}{A}=\frac{\mu_x}{\mu_y}=\frac{20000}{1000}\text{MPa}=20\text{MPa}$$

$$\sigma_S=\frac{1}{\mu_y}\sqrt{\frac{\mu_x^2\sigma_y^2+\mu_y^2\sigma_x^2}{\mu_y^2+\sigma_y^2}}=\frac{1}{1000}\sqrt{\frac{20000^2\times80^2+1000^2\times2000^2}{1000^2+80^2}}\text{MPa}=2.5531\text{MPa}$$

例题 3-2 已知某一销轴半径的均值为 10mm，标准差为 0.5mm，求销轴断面面积的均值和标准差。

解 查表 3-1 的序号（7），得其均值和标准差分别为

$$\mu_S=\pi R^2=\pi\times10^2\text{mm}^2=314\text{ mm}^2$$

$$\sigma_S=2\pi\mu_R\sigma_R=2\pi\times10\times0.5\text{mm}=31.4\text{mm}$$

2. 矩法

当直接计算随机函数的均值和方差比较困难时，常用一阶二阶矩法来实现，一般通过泰勒级数展开。虽然求得的是近似解，但求解容易且精度也是足够的。

（1）一维随机变量　设 $y=f(x)$ 为一维随机变量 X 的函数。该随机变量的均值 μ 为已知。今将 $f(x)$ 用泰勒展开式在 $X=\mu$ 处展开，得

$$y=f(x)=f(\mu)+(X-\mu)f'(\mu)+\frac{1}{2}(X-\mu)f''(\mu)+R \tag{3-12}$$

式中　R——余项。

对上式取数学期望，得

$$E(y)=E[f(X)]=E[f(\mu)]+E[(X-\mu)f'(\mu)]+E\left[\frac{1}{2}(X-\mu)^2f''(\mu)\right]+E(R)$$

略去 $E(R)$，得

$$E(y)\approx f(\mu)+E[X]f'(\mu)-\mu f'(\mu)+\frac{1}{2}E(X-\mu)^2f''(\mu)$$

$$=f(\mu)+\frac{1}{2}E\{[X-E(X)]^2\}f''(\mu)=f(\mu)+\frac{1}{2}f''(\mu)\mathrm{Var}(X)$$

即

$$E(y)\approx f(\mu)+\frac{1}{2}f''(\mu)\mathrm{Var}(X) \tag{3-13}$$

对式（3-12）取方差，得

$$\mathrm{Var}(y)=\mathrm{Var}[f(X)]=\mathrm{Var}(X)[f'(\mu)]^2+\mathrm{Var}(R)$$

略去 Var（R），则有

$$\mathrm{Var}(y)\approx \mathrm{Var}(X)[f'(\mu)]^2 \tag{3-14}$$

总结：式（3-13）、式（3-14）构成了均值、方差的近似计算方法。

例题 3-3 用矩法求例题 3-2。

解 $y=\pi R^2$，$y'=2\pi R$，$y''=2\pi$，R 是变量。

由式（3-13）得均值

$$E(y)\approx f(\mu)+\frac{1}{2}f''(\mu)\mathrm{Var}(X)=\left(\pi\times10^2+\frac{1}{2}\times2\pi\times0.5^2\right)\mathrm{mm}^2=314.9447\mathrm{mm}^2$$

由式（3-14）得方差为

$$\mathrm{Var}(y)\approx\mathrm{Var}(X)[f'(\mu)]^2=0.5^2\times(2\pi\times10)^2\mathrm{mm}^4=986.96\mathrm{mm}^4$$

由此得标准差为

$$\sigma_y=\sqrt{\mathrm{Var}(y)}=31.42\mathrm{mm}^2$$

（2）多维随机变量 设 $y=f(X)=f(X_1,X_2,\cdots,X_n)$ 为互相独立的随机变量X_1、X_2、…、X_n的函数。若已知这些随机变量的均值分别为μ_1、μ_2、…、μ_n，求函数的均值及标准差。为此，将函数在点

$$X=\begin{pmatrix}X_1\\X_2\\\cdots\\X_n\end{pmatrix}=\begin{bmatrix}\mu_1\\\mu_2\\\cdots\\\mu_n\end{bmatrix}=\mu$$

处用泰勒展开式展开，得到

$$y=f(X)=f(X_1,X_2,X_3,\cdots,X_n)=f(\mu_1,\mu_2,\mu_3,\cdots,\mu_n)$$

$$+\sum_{i=1}^{n}\frac{\partial f(X)}{\partial X_i}\bigg|_{X=\mu}(X_i-\mu_i)+\frac{1}{2}\sum_{j=1}^{n}\sum_{i=1}^{n}\frac{\partial^2 f(X)}{\partial X_i\partial X_j}\bigg|_{X=\mu}(X_i-\mu_i)(X_j-\mu_j)+R_n \tag{3-15}$$

式中 R_n——余项。对上式取数学期望并忽略R_n得

$$E(y)\approx f(\mu_1,\mu_2,\cdots,\mu_n)+\frac{1}{2}\sum_{i=1}^{n}\frac{\partial^2 f(X)}{\partial X_i^2}\bigg|_{X=\mu}\mathrm{Var}(X_i) \tag{3-16}$$

对式（3-15）取方差并进行简化后得

$$\mathrm{Var}(y) \approx \sum_{i=1}^{n}\left[\frac{\partial f(X)}{\partial X_i}\bigg|_{X=\mu}\right]^2 \mathrm{Var}(X_i) \tag{3-17}$$

例题 3-4 用矩法求例题 3-1。

解

$$y=f(S)=f(P,A)=\frac{P}{A}$$

由式（3-16）得

$$E(S)=\frac{P}{A}+0=\frac{20000}{1000}\mathrm{MPa}+0=20\mathrm{MPa}$$

由式（3-17）得

$$\begin{aligned}\mathrm{Var}(S) &= \sum_{i=1}^{2}\left[\frac{\partial f(X)}{\partial X_i}\bigg|_{X=\mu}\right]^2 \mathrm{Var}(X_i) = \left(\frac{\partial S}{\partial P}\right)^2 \mathrm{Var}(P) + \left(\frac{\partial S}{\partial A}\right)^2 \mathrm{Var}(A)\\ &= \left(\frac{1}{A}\right)^2 \sigma_P{}^2 + \left(-\frac{P}{A^2}\right)^2 \sigma_A{}^2\\ &= \left[\left(\frac{1}{1000}\right)^2 \times 2000^2 + \left(-\frac{20000}{1000^2}\right)^2 \times 80^2\right](\mathrm{MPa})^2\\ &= 6.56(\mathrm{MPa})^2\end{aligned}$$

由此得

$$\sigma_S=\sqrt{\mathrm{Var}(S)}=\sqrt{6.56}\mathrm{MPa}=2.561\mathrm{MPa}$$

3. 蒙特卡罗（Monte Carlo）法

蒙特卡罗法（Monte Carlo Method，MCM）也称为统计模拟试验法或随机抽样方法：以统计抽样理论为基础，以计算机计算为手段，通过对随机变量进行统计抽样或随机模拟，从而估计和描述函数的统计量，以求解工程实际问题。因其方法简单、便于编程且适用于各种分布，所以在工程中应用十分广泛。

蒙特卡罗法的基本思路与解题步骤如下：

1）构造概率模型。

2）定义随机变量。

3）通过模拟获得子样，通过计算机应用程序实现。

4）统计计算，得到概率分布与数字特征。

例题 3-5 用蒙特卡罗法求例题 3-2。

解 考虑到

$$y=\pi R^2, R=10\mathrm{mm}, \sigma_R=0.5\mathrm{mm}$$

不妨设样本数为 $n=1000000$，则半径 $r=10\mathrm{mm}+0.5\mathrm{mm}\times\mathrm{randn}(n)$，其中的 $\mathrm{randn}(n)$ 是一个随机数，由 MATLAB 系统随机产生。因此，可以据此计算出面积 A。

不难看出，我们对总共有 n 个数据的面积 A，执行求解平均值、标准差即可。所采用的程序代码如下：

【MATLAB 求解】

Code

```
t1=cputime;
k=6;
n=1e+k;% define n by youself, now k=6;n=10^k;
miu=10;
sgma=0.5;
sj=randn(n,1);
r=miu +sgma * sj;
A=pi * r.^2
aa=mean(A)
b1=var(A,1);
b2=std(A,1)
t2=cputime;
t=t2-t1
```


Run

```
aa=314.9739
b2= 31.4274
t=9.2821
```

这里请注意 mean、var、std 的用法，其中 cputime 是计算机系统的时间，通过 $t=t_2-t_1$ 可以计算出程序运行的时间，以考察 PC 系统的计算效率。

有必要指出的是，需要对蒙特卡罗法中的虚拟数 n 的取值范围进行研究，以便发现 n 对蒙特卡罗法计算精度与计算效率的影响。基于例题 3-5 中的程序代码，考虑 $k=1, 2, \cdots, 8$ 的情况，对其均值进行计算，见表 3-2 和如图 3-4 所示，$n=10^k$。

表 3-2　k 与均值、标准差之间的关系

$n=10^k$	$k=1$	$k=2$	$k=3$	$k=4$	$k=5$	$k=6$	$k=7$	$k=8$
均值	331.4428	315.3237	312.8976	314.9428	315.0298	314.9739	314.9376	314.9414
标准差	23.1091	32.0682	31.8116	31.392	31.4886	31.4274	31.4294	31.4338
t/s	0	0	0	0.1248	0.9204	9.2197	8108537	829.3325

不难看出，当 $k=4$ 或者 $k=5$ 时，计算结果趋于稳定，而此时的计算效率与精度均是最佳的。特别地，当 $k>6$ 时，计算时间会呈几何级数增加，造成计算效率低下，而此时的计算结果与前面保持一致。由此可见，虚拟数 n 或者说 k 的取值，并不是越大越好，一般 $n=10^4\sim10^6$ 即可。请读者自行总结。

例题 3-6　用蒙特卡罗法求例题 3-1。

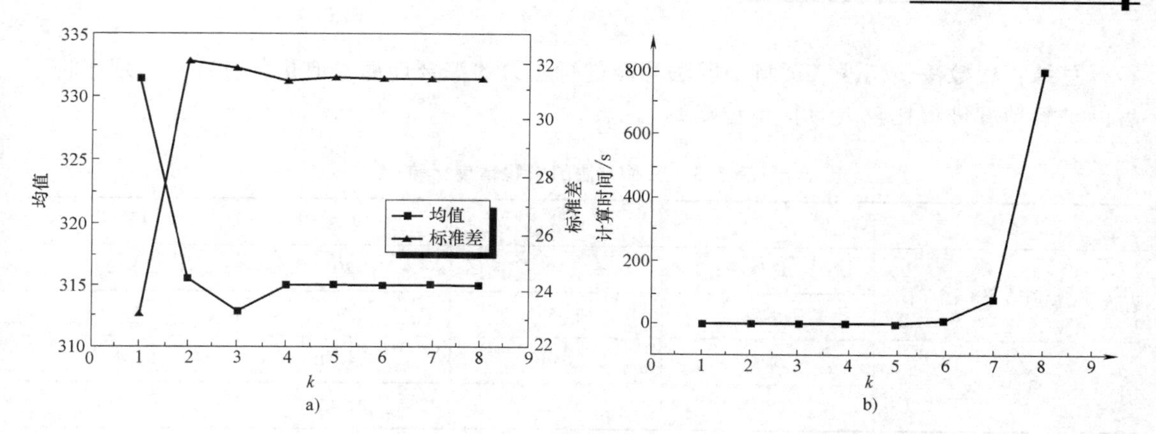

图 3-4　k 的取值范围讨论

a）k 取值与均值、标准差之间的关系　b）k 取值与计算时间（效率）之间的关系

解　用 MATLAB 软件进行编程计算。

求解思路：设定样本数 $n=100000$，则有以下计算公式成立：

外力：$A_1 = 20000\text{N}+2000\text{N}\times\text{randn}(n)$

截面面积：$A_2 = 1000\text{mm}^2+80\text{mm}^2\times\text{randn}(n)$

应力为

$$S=\frac{A_1}{A_2}=\frac{20000\text{N}+2000\text{N}\times\text{randn}(n)}{1000\text{mm}^2+80\text{mm}^2\times\text{randn}(n)}$$

依照上述思路，即可编写程序求解。

【MATLAB 求解】

Code

```
n=100000;
A1=20000;A11=2000;
A2=1000;A22=80;
sj=randn(n,2);
B1=A1+A11 *  sj(:,1);
B2=A2+A22 *  sj(:,2);
C=B1./B2
CC=mean(C)
C1=var(C,1);
C2=std(C,1)
```

Run

```
CC=20.1200
C2=2.6052
```

总结：代数法、矩法、蒙特卡罗法均能进行应力的综合计算，但是各有特点。现在将三者的求解精度进行比较（具体单位略），见表3-3。

表3-3　三种方法的求解精度比较

题号		代数法	矩法	蒙特卡罗法
例题3-1	均值	20	20	20.12
	标准差	2.5531	2.561	2.6052
例题3-2	均值	314	314.945	314.9645
	标准差	31.4	31.42	31.4261

说明：当变量的个数达到5个，甚至50个乃至更多时，特别地，如果计算公式中存在分式、幂指数之类的问题，运用代数法来计算则会显得异常复杂，容易出错；运用一阶矩法和二阶矩法来处理，则需要计算大量的（一阶与二阶）导数，工作量也是巨大且烦琐。显而易见，使用蒙特卡罗法来计算则会显得简便、轻松。关于蒙特卡罗法的计算精度与效率问题，感兴趣的读者可以进一步研究与探索，例如将蒙特卡罗法与粒子群算法（Particle Swarm Optimization，PSO）结合起来等。

3.3　强度分布的确定

为了计算机械零件的可靠度，首先需要确定应力分布。此外，还需要确定强度分布，然后根据应力-强度分布干涉理论来确定零件的可靠度。

3.3.1　确定强度分布的步骤

1. 确定强度判据

它应与确定应力分布时所用的失效判据相一致。常用的强度判据有：最大正应力强度判据、最大剪应力强度判据、最大变形能强度判据、复合疲劳应力下的最大变形能强度判据等。

2. 确定名义强度分布

名义强度是指在**标准试验条件下**确定的试件强度，如强度极限、屈服强度、有限寿命疲劳强度、无限寿命疲劳强度、疲劳失效循环次数、变形、变形能、压杆失稳、疲劳下的复合强度、蠕变、腐蚀、磨损、振幅、噪声和温度等。需要进行大量的试验研究才能得到这些名义强度的分布。

3. 修正名义强度分布

零件的强度与试件的名义强度是有区别的。因此，需要用适当的强度系数去修正名义强度，以得到零件的强度。例如尺寸系数ε、表面质量系数β、应力集中系数K_σ、温度系数k_d、时间系数k_e等。在疲劳强度的可靠性设计中，必须考虑这些系数并关注其分散性。当然，如果用零部件做试验得到的数据，就可以不经修正，而直接用到可靠性设计之中。对于常见的几个强度修正系数，一般都假定为正态分布。

4. 确定强度公式中每一参数和强度修正系数的分布

确定这些分布，需要进行大量的试验研究。

5. 确定强度分布

根据前面介绍的综合应力分布的三种方法，来综合强度分布。但实际零件的强度分布最好是通过可靠性试验来获得。

3.3.2 用代数法综合强度分布

方法与上节代数法综合应力分布的方法相同，只需将应力改为强度即可。

例题 3-7 一仅承受弯矩载荷的轴，目标寿命为 5×10^4 次，已知试件的耐久极限 σ'_{-1} 的均值与标准差分别为 $\mu_{\sigma'_{-1}}=560\text{MPa}$，$\sigma_{\sigma'_{-1}}=42\text{MPa}$，若仅考虑尺寸系数 ε、表面质量系数 β 和疲劳应力集中系数 K_σ 的影响，设它们均呈正态分布且分布参数为：$\mu_\varepsilon=0.856$，$\sigma_\varepsilon=0.0889$；$\mu_\beta=0.7933$，$\sigma_\beta=0.0357$；$\mu_{K_\sigma}=1.692$，$\sigma_{K_\sigma}=0.0768$。试求此轴的强度分布。

解 零件的疲劳耐久极限可由试件的数据经过修正而得到，修正公式为

$$\sigma_{-1}=\sigma'_{-1}\frac{\varepsilon\beta}{K_\sigma}k_d k_e$$

这里，不考虑 k_d、k_e 的影响，并且已知 ε、β、K_σ 及其标准差，因此有

$$(\mu_{\sigma_{-1}},\sigma_{\sigma_{-1}})=(\mu_{\sigma'_{-1}},\sigma_{\sigma'_{-1}})\frac{(\mu_\varepsilon,\sigma_\varepsilon)(\mu_\beta,\sigma_\beta)}{(\mu_{K_\sigma},\sigma_{K_\sigma})}$$

首先综合 μ_ε、μ_β

$$\mu_\varepsilon\mu_\beta=0.856\times0.7933=0.6791$$

$$\begin{aligned}\sigma_{\varepsilon\beta}&=\sqrt{\mu_\varepsilon^2\sigma_\beta^2+\mu_\beta^2\sigma_\varepsilon^2+\sigma_\varepsilon^2\sigma_\beta^2}\\&=\sqrt{0.856^2+0.0357^2+0.7933^2\times0.0889^2+0.0889^2\times0.0357^2}\\&=0.07693\end{aligned}$$

然后，综合 $\mu_{\sigma'_{-1}}$、μ_ε、μ_β

$$\mu_{\sigma'_{-1}}\mu_\varepsilon\mu_\beta=560\times0.6791=380.296$$

$$\begin{aligned}\sigma_{\sigma'_{-1}}\varepsilon\beta&=\sqrt{(\mu_\varepsilon\mu_\beta)^2\sigma_{\sigma'_{-1}}^2+\mu_{\sigma'_{-1}}^2\sigma_{\varepsilon\beta}^2+\sigma_{\sigma'_{-1}}^2\sigma_{\varepsilon\beta}^2}\\&=\sqrt{0.6791^2\times42^2+560^2\times0.07693^2+42^2\times0.07693^2}=51.7679\end{aligned}$$

最后综合 σ_{-1}

$$\mu_{\sigma'_{-1}}\mu_\varepsilon\mu_\beta/K_\sigma=\sigma_{-1}=560\times0.6791/1.692=224.761$$

$$\begin{aligned}\sigma_{(\sigma'_{-1}\varepsilon\beta/K_\sigma)}=\sigma_{\sigma_{-1}}&=\frac{1}{K_\sigma}\sqrt{\frac{(\mu_{\sigma'_{-1}}\mu_\varepsilon\mu_\beta)^2(\sigma_{K_\sigma})^2+K_\sigma^2(\sigma_{\sigma'_{-1}\varepsilon\beta})^2}{K_\sigma^2+(\sigma_{K_\sigma})^2}}\\&=\frac{1}{1.692}\sqrt{\frac{380.296^2\times0.0768^2+1.692^2\times51.7679^2}{1.692^2+0.0768^2}}=32.2186\end{aligned}$$

故该轴的强度分布为

$$\sigma_{-1}(\mu_{\sigma_{-1}},\sigma_{\sigma_{-1}})=(224.761,32.2186)\text{ MPa}$$

3.3.3 用矩法综合强度分布

方法与上节矩法综合应力分布的方法相同，只需将应力改为强度即可。

例题 3-8 用矩法求解例题 3-7。

解 根据矩法的泰勒级数展开公式

$$
\begin{aligned}
E(\sigma_{-1}) &= f(\sigma'_{-1},\varepsilon,\beta,K_\sigma)+\frac{1}{2}\sum_{i=1}^{4}\left(\frac{\partial^2\sigma_{-1}}{\partial X_i^2}\right)\mathrm{Var}(X_i)\\
&=\frac{\sigma'_{-1}\varepsilon\beta}{K_\sigma}+\frac{1}{2}\frac{\partial^2\sigma_{-1}}{\partial\varepsilon^2}\mathrm{Var}(\varepsilon)+\frac{1}{2}\frac{\partial^2\sigma_{-1}}{\partial\sigma'_{-1}}\mathrm{Var}(\sigma'_{-1})+\frac{1}{2}\frac{\partial^2\sigma_{-1}}{\partial\beta^2}\mathrm{Var}(\beta)+\\
&\quad\frac{1}{2}\frac{\partial^2\sigma_{-1}}{\partial K_\sigma^2}\mathrm{Var}(K_\sigma)\\
&=\frac{\sigma'_{-1}\varepsilon\beta}{K_\sigma}+0+0+0+\frac{1}{2}\frac{\partial^2\sigma_{-1}}{\partial K_\sigma^2}\mathrm{Var}(K_\sigma)\\
&=\frac{\sigma'_{-1}\varepsilon\beta}{K_\sigma}+\frac{1}{2}\frac{2\sigma'_{-1}\varepsilon\beta}{K_\sigma^3}\mathrm{Var}(K_\sigma)\\
&=\frac{560\times0.856\times0.7933}{1.692}\mathrm{MPa}+\frac{560\times0.856\times0.7933}{1.692^3}\times0.0768^2\mathrm{MPa}\\
&=225.2126\mathrm{MPa}
\end{aligned}
$$

同理

$$
\begin{aligned}
\mathrm{Var}(\sigma_{-1}) &= \sum_{i=1}^{4}\left[\left(\frac{\partial\sigma_{-1}}{\partial X_i}\right)^2\mathrm{Var}(X_i)\right]\\
&=\left(\frac{\partial\sigma_{-1}}{\partial\sigma'_{-1}}\right)^2\mathrm{Var}(\sigma'_{-1})+\left(\frac{\partial\sigma_{-1}}{\partial\varepsilon}\right)^2\mathrm{Var}(\varepsilon)+\\
&\quad\left(\frac{\partial\sigma_{-1}}{\partial\beta}\right)^2\mathrm{Var}(\beta)+\left(\frac{\partial\sigma_{-1}}{\partial K_\sigma}\right)^2\mathrm{Var}(K_\sigma)\\
&=\left(\frac{\varepsilon\beta}{K_\sigma}\right)^2\mathrm{Var}(\sigma'_{-1})+\left(\frac{\sigma'_{-1}\beta}{K_\sigma}\right)^2\mathrm{Var}(\varepsilon)+\\
&\quad\left(\frac{\sigma'_{-1}\varepsilon}{K_\sigma}\right)^2\mathrm{Var}(\beta)+\left(-\frac{\sigma'_{-1}\varepsilon\beta}{K_\sigma^2}\right)^2\mathrm{Var}(K_\sigma)\\
&=\left(\frac{0.856\times0.7933}{1.692}\right)^2\times42^2\mathrm{MPa}^2+\left(\frac{560\times0.7933}{1.692}\right)^2\times0.0889^2\mathrm{MPa}^2\\
&\quad+\left(\frac{560\times0.856}{1.692}\right)^2\times0.0357^2\mathrm{MPa}^2\\
&\quad+\left(-\frac{560\times0.856\times0.7933}{1.692^2}\right)^2\times0.0768^2\mathrm{MPa}^2\\
&=1035.3177\mathrm{MPa}^2=\sigma_{\sigma_{-1}}^2
\end{aligned}
$$

所以

$$\sigma_{\sigma_{-1}}=\sqrt{\mathrm{Var}(\sigma_{-1})}=\sqrt{1035.3177}\,\mathrm{MPa}=32.1764\mathrm{MPa}$$

这就说明，通过矩法求得的该轴强度分布为

$$(\mu_{\sigma_{-1}},\sigma_{\sigma_{-1}})=(225.2126,32.1764)\ \mathrm{MPa}$$

3.3.4 用蒙特卡罗法综合强度分布

方法与上节蒙特卡罗法综合应力分布的思路相同，只需将应力改为强度即可。

考察已知公式

$$(\mu_{\sigma_{-1}},\sigma_{\sigma_{-1}})=(\mu_{\sigma'_{-1}},\sigma_{\sigma'_{-1}})\frac{(\mu_\varepsilon\sigma_\varepsilon)(\mu_\beta,\sigma_\beta)}{(\mu_{K_\sigma},\sigma_{K_\sigma})}$$

设定样本数 $n=100000$，现在已知

$$\begin{cases}A_1=\sigma'_{-1}=560\mathrm{MPa}\\A_{11}=\sigma_{\sigma'_{-1}}=42\mathrm{MPa}\\A_2=\varepsilon=0.856\\A_{22}=\sigma_\varepsilon=0.0889\\A_3=\beta=0.7933\\A_{33}=\sigma_\beta=0.0357\\A_4=K_\sigma=1.692\\A_{44}=\sigma_{K_\sigma}=0.0768\end{cases}$$

则有

$$\begin{cases}B_i=A_i+A_{ii}\mathrm{randn}(i)\quad(i=1,2,3,4)\\C=\dfrac{B_1B_2B_3}{B_4}\end{cases}$$

至此，对 C 求均值、方差、标准差，问题即可求解。本题的 MATLAB 程序代码如下。

【MATLAB 求解】

Code

```
n=100000;
A1=560;A11=42;
A2=0.856;A22=0.0889;
A3=0.7933;A33=0.0357;
A4=1.6920;A44=0.0768;
sj=randn(n,4);
B1=A1+A11 * sj(:,1);
B2=A2+A22 * sj(:,2);
```

```
B3=A3+A33 * sj(:,3);
B4=A4+A44 * sj(:,4);
C=B1.* B2.* B3./B4
CC=mean(C)
C1=var(C,1);
C2=std(C,1)
```

Run

```
CC=225.2101
C2= 32.2339
```


3.3.5 三种计算方法的特点及其精度比较

代数法、矩法、蒙特卡罗法均能进行强度的综合计算，三者的求解精度见表 3-4。

表 3-4 三种计算方法的求解精度比较

计算方法	代数法	矩法	蒙特卡罗法
均值	224.761	225.2126	225.2101
标准差	32.2186	32.1764	32.2339

请读者自行总结三种求解方法的优劣之处。

3.4 可靠度计算

3.4.1 应力与强度均呈正态分布时的可靠度计算

当应力与强度均呈正态分布时，可靠度的计算便可大大简化，可以利用联结方程求出可靠度联结系数 z_R，然后利用工程计算软件 MATLAB 或者标准正态分布表（本书没有列出，请参阅相关文献）来求出可靠度。

当应力 S 和强度 δ 均呈正态分布时，这些随机变量的概率密度函数可分别表达为

$$f(S)=\frac{1}{\sigma_S\sqrt{2\pi}}\exp\left[-\frac{1}{2}\left(\frac{S-\mu_S}{\sigma_S}\right)^2\right]\quad(-\infty<S<\infty)\tag{3-18}$$

$$g(\delta)=\frac{1}{\sigma_\delta\sqrt{2\pi}}\exp\left[-\frac{1}{2}\left(\frac{\delta-\mu_\delta}{\sigma_\delta}\right)^2\right]\quad(-\infty<\delta<\infty)\tag{3-19}$$

式中　μ_S、μ_δ与σ_S、σ_δ——应力 S 及强度 δ 的均值和标准差。

令 $y=\delta-S$，则根据前述公式可知，随机变量 y 也是正态分布的，且其均值μ_y与标准差σ_y分别为

$$\mu_y=\mu_\delta-\mu_S\tag{3-20}$$

$$\sigma_y=\sqrt{\sigma_S^2+\sigma_\delta^2} \tag{3-21}$$

而随机变量 y 的概率密度函数则为

$$h(y)=\frac{1}{\sigma_y\sqrt{2\pi}}\exp\left[-\frac{1}{2}\left(\frac{y-\mu_y}{\sigma_y}\right)^2\right]\quad(-\infty<y<\infty) \tag{3-22}$$

当 $\delta>S$ 或 $y=\delta-S>0$ 时产品可靠，故可靠度 R 可表达为

$$R=P(y>0)=\int_0^\infty h(y)\mathrm{d}y=\int_0^\infty\frac{1}{\sigma_y\sqrt{2\pi}}\exp\left[-\frac{1}{2}\left(\frac{y-\mu_y}{\sigma_y}\right)^2\mathrm{d}y\right] \tag{3-23}$$

令

$$z=\frac{y-\mu_y}{\sigma_y} \tag{3-24}$$

则 $\mathrm{d}y=\sigma_y\mathrm{d}z$，当 $y=0$ 时，z 的下限为

$$z_0=\frac{0-\mu_y}{\sigma_y}=-\frac{\mu_\delta-\mu_S}{\sqrt{\sigma_\delta^2+\sigma_S^2}} \tag{3-25}$$

当 $y\to+\infty$ 时，z 的上限也是$+\infty$，即 $z\to+\infty$，将上述关系代入式（3-23），得

$$R=\frac{1}{2\pi}\int_{-\frac{\mu_\delta-\mu_S}{\sqrt{\sigma_\delta^2+\sigma_S^2}}}^{\infty}\exp\left(-\frac{1}{2}z^2\right)\mathrm{d}z=\frac{1}{2\pi}\int_{-\frac{\mu_y}{\sigma_y}}^{\infty}\exp\left(-\frac{1}{2}z^2\right)\mathrm{d}z \tag{3-26}$$

显然，随机变量 $z=(y-\mu_y)/\sigma_y$ 是标准正态分布变量，而上式所表达的可靠度 R 则可通过工程计算软件 MATLAB 或者查阅标准正态分布表的分布函数 $\Phi(z)$ 值求得（下同，不再重复说明），由式（3-25）及式（3-26）可知

$$R=1-\Phi(z)=1-\Phi\left(-\frac{\mu_\delta-\mu_S}{\sqrt{\sigma_\delta^2+\sigma_S^2}}\right)=\Phi\left(\frac{\mu_\delta-\mu_S}{\sqrt{\sigma_\delta^2+\sigma_S^2}}\right)=\Phi(z_R) \tag{3-27}$$

式（3-27）实际上是将应力分布参数、强度分布参数和可靠度三者联系起来，称为“联结方程”或称为“耦合方程”，$z_R=-z=(\mu_\delta-\mu_S)\Big/\sqrt{\sigma_\delta^2+\sigma_S^2}$ 称为可靠度系数或可靠度指数，是可靠性设计的基本公式。

由于标准正态分布的对称性，还可将式（3-26）改写为

$$R=\frac{1}{2\pi}\int_{-\infty}^{+\frac{\mu_\delta-\mu_S}{\sqrt{\sigma_\delta^2+\sigma_S^2}}}\exp\left(-\frac{1}{2}z^2\right)\mathrm{d}z=\frac{1}{2\pi}\int_{-\infty}^{z_R}\exp\left(-\frac{1}{2}z^2\right)\mathrm{d}z \tag{3-28}$$

已知可靠度联结系数 z_R 值时，可以得到可靠度 R 值；反过来也可以给定 R 值来求可靠度联结系数 z_R 值。

下面讨论应力、强度均呈正态分布时的几种干涉情况。

（1）当 $\mu_\delta>\mu_S$ 时　干涉概率或失效概率 $F<50\%$。当 $\mu_\delta-\mu_S=\text{const}$，$\sigma_\delta^2+\sigma_S^2$ 越大，F 就越大。

（2）当 $\mu_\delta=\mu_S$ 时　因为 $\mu_y=\mu_\delta-\mu_S=0$，所以干涉概率或失效概率 $F=50\%$，且与 σ_δ^2、σ_S^2 无关。

（3）当 $\mu_\delta<\mu_S$ 时　因为 $\mu_y=\mu_\delta-\mu_S<0$，所以干涉概率或失效概率 $F>50\%$，即可靠度小于 50%。

显然，在实际设计中，后两种情况不允许出现。在一般情况下，应根据具体情况确定一个最经济的可靠度，即允许应力、强度两种分布曲线在适当范围内有干涉发生。为减小干涉区域，则应提高强度，例如从材料、工艺和尺寸上采取强化措施，但这要以增加产品的成本为代价，也可采取减小应力和强度的偏差即标准差σ_S、σ_δ的途径来提高可靠度。

例题 3-9 已知某零件的工作应力及材料强度服从正态分布，应力的均值与标准差分别为380MPa、42MPa；强度的均值与标准差分别为850MPa、81MPa。试确定零件的可靠度。若强度的标准差增为120MPa，其可靠度又如何？

解 本题是在已知应力与强度的均值与标准差的情况下，求解可靠度。首先利用联结方程：

$$z_R=\frac{\mu_\delta-\mu_S}{\sqrt{\sigma_\delta^2+\sigma_S^2}}=\frac{(850-380)\,\text{MPa}}{\sqrt{81^2+42^2}\,\text{MPa}}=\frac{470}{91.2414}=5.1512$$

查标准正态分布表

$$R=\Phi(z_R)=\Phi(5.1512)=0.9999999=0.9^7$$

注：在可靠度设计领域，0.9^7一般表示小数点后面有 7 个 9，而并不是 0.9 的 7 次方。

当$\sigma_\delta=120\text{MPa}$时

$$z_R=\frac{\mu_\delta-\mu_S}{\sqrt{\sigma_\delta^2+\sigma_S^2}}=\frac{(850-380)\,\text{MPa}}{\sqrt{120^2+42^2}\,\text{MPa}}=\frac{470}{127.1377}=3.6968$$

查标准正态分布表

$$R=\Phi(z_R)=\Phi(3.6968)=0.9998922$$

说明：为了避免查表的麻烦，建议读者采用如下的程序代码进行计算，其中的关键词是normcdf。当然，查询标准的正态分布表，也可得到相同的计算结果。

【MATLAB 求解】

Code

```
format long
S=380;sgmS=42;
D=850;sgmD=81;
AA=D-S;
BB=sqrt(sgmS^2+sgmD^2);
zr=AA/BB
sgmD1=120;
BB1=sqrt(sgmS^2+sgmD1^2);
zr1=AA/BB1
R=normcdf(zr)
R1=normcdf(zr1)
```

Run

```
zr= 5.151168268901195
zr1= 3.696778562433568
R= 0.999999870565604
R1= 0.999890823678075
```

注意：这里的normcdf，相当于查询标准的正态分布表。

例题3-10 某零件的工作应力服从正态分布，其均值与标准差分别为352MPa、40.2MPa；制造时产生的残余压应力也服从正态分布，均值与标准差分别为100MPa、16MPa。零件的强度认为也服从正态分布，均值为502MPa，但方差尚不清楚。为保证可靠度$R>0.999$，强度的标准差的最大值是多少？

解 本题也是利用应力$S(\mu_S,\ \sigma_S)$、强度$\delta(\mu_\delta,\ \sigma_\delta)$、可靠度联结系数($z_R$)三者之间的关系求解实际问题。与上题略有不同的是，工作应力需要综合；同时，在已知可靠度的条件下，求解强度偏差，这是一个反问题。

已知拉应力与残余压应力分别服从正态分布：

$$\begin{cases} S_1 \sim N(352, 40.2) \\ S_y \sim N(100, 16) \end{cases}$$

则有效应力的均值μ_S及标准差σ_S根据代数法可分别求出：

$$\begin{cases} \mu_S = (352-100)\text{MPa} = 252\text{MPa} \\ \sigma_S = \sqrt{40.2^2+16^2}\text{MPa} = 43.2671\text{MPa} \end{cases}$$

因给定$R=0.999$，由正态分布表查得相应的$z_R=3.10$，代入联结方程式：

$$z_R = \frac{\mu_\delta - \mu_S}{\sqrt{\sigma_\delta^2+\sigma_S^2}}$$

$$3.10 = \frac{(502-252)\text{MPa}}{\sqrt{\sigma_\delta^2+(43.2671\text{MPa})^2}}$$

求解方程，得

$$\sigma_\delta = \sqrt{\left(\frac{\mu_\delta-\mu_S}{z_R}\right)^2 - \sigma_S^2} = \sqrt{\left(\frac{502-252}{3.10}\right)^2 - 43.2671^2}\text{MPa} = 68.0559\text{MPa}$$

【MATLAB求解】

Code

```
format long
S1=352;sgmS1=40.2;
```

```
S2=100;sgmS2=16;
D=502;
S=S1-S2;
sgmS=sqrt(sgmS1^2 +sgmS2^2);
R=0.999;
zr=norminv(R)
sgmD=sqrt(((D-S)/zr)^2-sgmS^2)
```

Run

```
zr=3.090232306167814
sgmD=68.357741393554122
```


请思考：本题的可靠度要求为 0.999，即 3 个 9（也有文献记作0.9^3），现在如果要求可靠度为 4 个 9、5 个 9、6 个 9、7 个 9 呢（0.9^4，0.9^5，0.9^6，0.9^7），该怎么求解？

这里请注意 zr=norminv(R) 的用法，并与前述 normcdf(zr) 进行比较。通过手工计算和查表的方法求解，就显得比较麻烦。这时 CAD 工程计算应用软件的优越性就体现出来了，下面是 MATLAB 求解程序。

补充问题：已知条件同前述例题 3-10，如果要求可靠度依次为 $R=0.9^1$，0.9^2，0.9^3，0.9^4，0.9^5，0.9^6，0.9^7，0.9^8，试求强度的标准差。

【MATLAB 求解】

Code

```
clear,clc
format long
S1=352;sgmS1=40.2;
S2=100;sgmS2=16;
D=502;
S=S1-S2;
sgmS=sqrt(sgmS1^2 +sgmS2^2);
R=[0.9;0.99;0.999;0.9999;0.99999;0.999999;0.9999999;0.99999999];
zr=norminv(R)
sgmD=sqrt(((D-S)./zr).^2-sgmS^2)
```

Run

```
zr=
  1.281551565544601
  2.326347874040841
```

```
   3.090232306167814
   3.719016485455709
   4.264890793923841
   4.753424308817088
   5.199337582290661
   5.612001243305505
sgmD=
   1.0e+002 *
   1.902172968570657
   0.983696915296135
   0.683577413935541
   0.514467412235324
   0.395480376439897
   0.299007269473678
   0.209747355649774
   0.106032932505891
```


上述程序代码的计算结果说明，在其他条件不变的情况下，当可靠度要求依次为0.9^1、0.9^2、0.9^3、0.9^4、0.9^5、0.9^6、0.9^7、0.9^8时，强度标准差最大值依次为190、98、68、51、40、30、21、11。由此可见，可靠度要求越高，强度的偏差数值越小。

说明：上面的强度标准差求解问题，可以得到一个解析的表达式，因此显得比较容易；反之，如果不能用解析式来表达，就会涉及数值解。这个问题在后面会有所提及。

读者根据联结公式，也可以对其他参数的变化取值进行研究探讨。图3-5所示为可靠度与可靠度联结系数、强度标准差之间的变化关系，建议读者自行调试和总结。

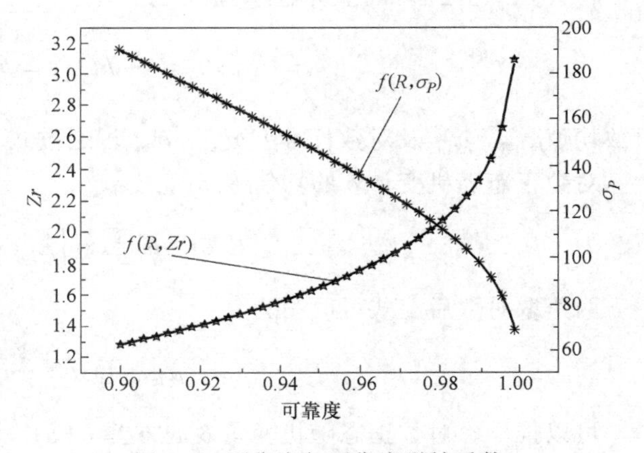

图3-5 可靠度与可靠度联结系数、强度标准差之间的关系

3.4.2 应力和强度均为对数正态分布时的可靠度计算

当X是一个随机变量，且$\ln X$服从正态分布，即$\ln X \sim N(\mu_{\ln X}, \sigma_{\ln X}^2)$时，则称$X$是一个对数正态随机变量，服从对数正态分布，其概率密度函数与分布函数如下。

$$f(x)=\frac{1}{\sqrt{2\pi}\sigma x}\exp\left[-\frac{1}{2}\left(\frac{\ln x-\mu}{\sigma}\right)^2\right]$$

$$F(x)=P\{X\leqslant x\}=\int_0^x \frac{1}{\sqrt{2\pi}\sigma x}\exp\left[-\frac{1}{2}\left(\frac{\ln x-\mu}{\sigma}\right)^2\right]\mathrm{d}x$$

这里的$\mu_{\ln x}$和$\sigma_{\ln x}^2$既不是对数正态分布的位置参数和尺度参数，也不是其均值和标准差，而是它的“对数均值”和“对数标准差”。

应力 S 和强度 δ 均呈对数正态分布时，其对数值 $\ln S$ 和 $\ln\delta$ 服从正态分布。即

$$\begin{cases}\ln(S)\sim N(\mu_{\ln(S)},\sigma_{\ln(S)}^2)\\ \ln(\delta)\sim N(\mu_{\ln(\delta)},\sigma_{\ln(\delta)}^2)\end{cases}$$

令

$$y=\ln\delta-\ln S=\ln\frac{\delta}{S}$$

则 y 也为正态分布的随机变量，由式（3-20）、式（3-21）知，其均值和标准差分别为

$$\begin{cases}\mu_y=\mu_{\ln\delta}-\mu_{\ln S}\\ \sigma_y=\sqrt{\sigma_{\ln\delta}^2+\sigma_{\ln S}^2}\end{cases}\tag{3-29}$$

这样，随机变量 y 的概率密度函数的表达式与式（3-22）相同；可靠度 R 的表达式也与前述式（3-23）相同，只是联结方程或耦合方程应改为

$$z_0=-\frac{\mu_y}{\sigma_y}=-\frac{\mu_{\ln\delta}-\mu_{\ln S}}{\sqrt{\sigma_{\ln\delta}^2+\sigma_{\ln S}^2}}\tag{3-30}$$

代入式（3-27）可得可靠度为

$$R=P(y>0)=1-\Phi(z_0)=\Phi\left(\frac{\mu_{\ln\delta}-\mu_{\ln S}}{\sqrt{\sigma_{\ln\delta}^2+\sigma_{\ln S}^2}}\right)\tag{3-31}$$

对数均值$\mu_{\ln\delta}$、$\mu_{\ln S}$及对数标准差$\sigma_{\ln\delta}$、$\sigma_{\ln S}$可通过式（2-63）、式（2-64）求得。

对数正态随机变量 δ 的均值 $E(\delta)$ 为

$$E(\delta)=\mu_\delta=\exp\left(\mu_{\ln\delta}+\frac{1}{2}\sigma_{\ln\delta}^2\right)$$

两边取对数后上式可改写为

$$\mu_{\ln\delta}=\ln\mu_\delta-\frac{1}{2}\sigma_{\ln\delta}^2\tag{3-32}$$

可以推导，对数正态随机变量 δ 的方差 $D(\delta)$ 为

$$D(\delta)=\sigma_{\ln\delta}^2=\ln\left[\left(\frac{\sigma_\delta}{\mu_\delta}\right)^2+1\right]\approx C_\delta^2\tag{3-33}$$

同样可得到

$$\begin{cases}\mu_{\ln S}=\ln\mu_S-\frac{1}{2}\sigma_{\ln S}^2\\ D(S)=\sigma_{\ln S}^2=\ln\left[\left(\frac{\sigma_S}{\mu_S}\right)^2+1\right]\approx C_S^2\end{cases}\tag{3-34}$$

这样，如果已知对数正态随机变量 S 及 δ 的均值μ_S、μ_δ及标准差σ_S、σ_δ，则可求出其对

数均值和对数标准差，代入式（3-31），则可求出可靠度。

例题 3-11 某零件的工作应力和强度均服从对数正态分布，其均值与标准差分别为60MPa、10MPa；100MPa、10MPa。试计算该零件的可靠度。

解 按式（3-32）~式（3-34）分别求出

$$\sigma_{\ln\delta}^2=\ln\left[\left(\frac{\sigma_\delta}{\mu_\delta}\right)^2+1\right]=\ln\left[\left(\frac{10}{100}\right)^2+1\right]=0.00995$$

$$\mu_{\ln\delta}=\ln\mu_\delta-\frac{1}{2}\sigma_{\ln\delta}^2=\left(\ln100-\frac{1}{2}\times0.00995\right)\text{lnMPa}=4.6002\text{lnMPa}$$

$$\sigma_{\ln S}^2=\ln\left[\left(\frac{\sigma_S}{\mu_S}\right)^2+1\right]=\ln\left[\left(\frac{10}{60}\right)^2+1\right]=0.0274$$

$$\mu_{\ln S}=\ln\mu_S-\frac{1}{2}\sigma_{\ln S}^2=\left(\ln60-\frac{1}{2}\times0.0274\right)\text{lnMPa}=4.0806\text{lnMPa}$$

将结果代入式（3-31）得

$$R=\Phi\left(\frac{\mu_{\ln\delta}-\mu_{\ln S}}{\sqrt{\sigma_{\ln\delta}^2+\sigma_{\ln S}^2}}\right)=\Phi\left(\frac{4.6002-4.0806}{\sqrt{0.00995+0.0274}}\right)=\Phi(2.6886)=0.9964$$

【MATLAB 求解】

Code

```
format long
S=60;sgmS=10;
D=100;sgmD=10;
sgmaDp=log((sgmD/D)^2+1);
sgmaSp=log((sgmS/S)^2+1);
miuD=log(D)-sgmaDp/2;
miuS=log(S)-sgmaSp/2;
zr=(miuD-miuS)/sqrt(sgmaDp+sgmaSp)
R=normcdf(zr)
```

Run

```
zr=2.688351432594872
R=0.996409710965125
```

3.4.3 应力和强度均为指数分布时的可靠度计算

当应力 S 与强度 δ 均呈指数分布时，它们分别有概率密度函数为

$$\begin{cases}f(S)=\lambda_S e^{-\lambda_S S}=\lambda_S\exp(-\lambda_S S) & (0\leqslant S\leqslant\infty)\\ f(\delta)=\lambda_\delta e^{-\lambda_\delta S}=\lambda_\delta\exp(-\lambda_\delta S) & (0\leqslant\delta\leqslant\infty)\end{cases}$$

因此，根据应力-强度分布理论，有

$$R=P(\delta>S)=\int_0^{\infty} f(S)\left[\int_S^{\infty} g(\delta)\,\mathrm{d}\delta\right]\mathrm{d}S=\int_0^{\infty}\lambda_S\exp(-\lambda_S S)\,[\exp(-\lambda_\delta S)]\,\mathrm{d}S$$

$$=\int_0^{\infty}\lambda_S\exp[-(\lambda_S+\lambda_\delta)S]\,\mathrm{d}S$$

$$=\frac{\lambda_S}{\lambda_S+\lambda_\delta}\int_0^{\infty}(\lambda_S+\lambda_\delta)\exp[-(\lambda_S+\lambda_\delta)S]\,\mathrm{d}S=\frac{\lambda_S}{\lambda_S+\lambda_\delta}\tag{3-35}$$

又因为

$$E(S)=\mu_S=\frac{1}{\lambda_S}$$

$$E(\delta)=\mu_\delta=\frac{1}{\lambda_\delta}$$

则可靠度 R 为

$$R=\frac{\lambda_S}{\lambda_S+\lambda_\delta}=\frac{\frac{1}{\mu_S}}{\frac{1}{\mu_S}+\frac{1}{\mu_\delta}}=\frac{\mu_\delta}{\mu_\delta+\mu_S}\tag{3-36}$$

式中　μ_S——应力的均值；

μ_δ——强度的均值。

这就是当压力与强度均为指数分布时，可靠度的计算公式。

3.4.4　应力呈指数（正态）分布而强度呈正态（指数）分布时的可靠度计算

应力 S 呈指数分布，有概率密度函数为

$$f(S)=\lambda_S e^{-\lambda_S S}=\lambda_S\exp(-\lambda_S S)\quad(S\geqslant 0)$$

有

$$\mu_S=E(S)=\frac{1}{\lambda_S},D(S)=\frac{1}{\lambda_S^2},\sigma_S=\sqrt{D(S)}=\frac{1}{\lambda_S}$$

强度 δ 呈正态分布，有概率密度函数为

$$g(\delta)=\frac{1}{\sigma_\delta\sqrt{2\pi}}\exp\left[-\frac{1}{2}\left(\frac{\delta-\mu_\delta}{\sigma_\delta}\right)^2\right]\quad(-\infty<\delta<+\infty)$$

同理，可以推导出

$$R=1-\Phi\left(-\frac{\mu_\delta}{\sigma_\delta}\right)-\left[1-\Phi\left(-\frac{\mu_\delta-\lambda_S\sigma_\delta^2}{\sigma_\delta}\right)\right]\exp\left[-\frac{1}{2}(2\mu_\delta\lambda_S-\lambda_S^2\sigma_\delta^2)\right]\tag{3-37}$$

令

$$A=1-\Phi\left(-\frac{\mu_\delta}{\sigma_\delta}\right)$$

$$B=\left[1-\Phi\left(-\frac{\mu_\delta-\lambda_S\sigma_\delta^2}{\sigma_\delta}\right)\right]\exp\left[-\frac{1}{2}(2\mu_\delta\lambda_S-\lambda_S^2\sigma_\delta^2)\right]$$

则有

$$R=A-B$$

这就说明，当已知应力（指数分布）以及强度（正态分布）的条件下，可以求得其可靠度，具体推导过程略，感兴趣的读者可以参看相关书籍。

相反，当已知应力（正态分布）以及强度（指数分布）的情况下，则概率密度函数分别为

$$f(S)=\frac{1}{\sigma_S\sqrt{2\pi}}\exp\left[-\frac{1}{2}\left(\frac{S-\mu_S}{\sigma_S}\right)^2\right]\quad(-\infty<S<+\infty)$$

$$g(\delta)=\lambda_\delta e^{-\lambda_\delta\delta}=\lambda_\delta\exp(-\lambda_\delta\delta)\quad(\delta\geqslant0)$$

同样，可以得到可靠度计算公式

$$R=\left[1-\Phi\left(-\frac{\mu_S-\lambda_\delta\sigma_S^2}{\sigma_S}\right)\right]\exp\left[-\frac{1}{2}(2\mu_S\lambda_\delta-\lambda_\delta^2\sigma_S^2)\right]\tag{3-38}$$

上述两种情况表明，当应力正态分布、强度指数分布，或者应力指数分布、强度正态分布的情况下，运用式（3-37）、式（3-38）均可以直接求出其可靠度。

有必要指出的是，在应力与强度分布情况已知的情况下求解可靠度，这是一个正问题。反过来，如果已知可靠度，需要求解应力与强度分布参数，就属于反问题了。例如：应力与强度均服从正态分布，在可靠度联结系数求解公式的五个参数(z_R，S，δ，σ_S，σ_δ)中，在可靠度联结系数(z_R)已知的情况下，求解其余四个(S，δ，σ_S，σ_δ)任意一个参数。不难发现，应力与强度均服从正态分布的情况，反问题的求解相对容易一些；如果应力与强度之中的一个或者全部均不服从正态分布的情况，此时的反问题求解，就会比较麻烦，甚至异常困难！其中会涉及一些技巧与算法，读者需要通过一些习题加以总结。

例题 3-12 某零件的强度服从正态分布，其均值与标准差为200MPa、20MPa；工作应力服从指数分布，均值100MPa。试计算该零件的可靠度。

解 这是一个正问题，已知应力与强度。

按式（3-37）

$$\lambda_S=\frac{1}{\mu_S}=\frac{1}{100}$$

$$A=1-\Phi\left(-\frac{\mu_\delta}{\sigma_\delta}\right)=1-\Phi\left(-\frac{200}{20}\right)=1-\Phi(-10)=1$$

$$\begin{aligned}B&=\left[1-\Phi\left(-\frac{\mu_\delta-\lambda_S\sigma_\delta^2}{\sigma_\delta}\right)\right]\exp\left[-\frac{1}{2}(2\mu_\delta\lambda_S-\lambda_S^2\sigma_\delta^2)\right]\\&=\left[1-\Phi\left(-\frac{200-0.01\times20^2}{20}\right)\right]\exp\left[-\frac{1}{2}(2\times200\times0.01-0.01^2\times20^2)\right]\end{aligned}$$

$$=[1-\Phi(-9.8)]\exp(-1.98)=0.1381$$

$$R=A-B=1-0.1381=0.8619$$

【MATLAB 求解】

Code

```
clear all
format long
miuS=100;lamdS=1/miuS;
D=200;sgmD=20;
zrA=-D/sgmD;
A=1-normcdf(zrA)
B=[1-normcdf(-(D-lamdS* sgmD^2)/sgmD)]
* exp(-(2* D* lamdS-lamdS^2* sgmD^2)/2)
R=A-B
```


Run

```
A=1
B=0.138069237310893
R=0.861930762689107
```

3.4.5 应力与强度均为伽马（Γ）分布时的可靠度计算

如果应力（S）与强度（δ）均呈伽马（Γ）分布时，其概率密度函数分别为

$$f(S)=\frac{\lambda_S^n}{\Gamma(n)}S^{n-1}\mathrm{e}^{-\lambda_S S}\quad(0\leqslant S<\infty,\lambda_S>0,n>0)$$

$$g(\delta)=\frac{\lambda_\delta^n}{\Gamma(m)}S^{n-1}\mathrm{e}^{-\lambda_\delta S}\quad(0\leqslant \delta<\infty,\lambda_\delta>0,m>0)$$

式中　λ_S、λ_δ——尺度参数；

m、n——形状参数。

（1）$\lambda_S=\lambda_\delta=1$　可以推导出可靠度的计算公式为

$$R=\frac{\Gamma(m+n)}{\Gamma(m)\Gamma(n)}B_{1/2}(m,n)$$

式中　$B_{1/2}(m,\ n)$——不完全的贝塔函数。

例如：$m=1.2$，$n=1.3$，$\lambda_S=\lambda_\delta=1$，则有

$$R=\frac{\Gamma(m+n)}{\Gamma(m)\Gamma(n)}B_{1/2}(m,n)=\frac{1.3293}{0.9182\times0.8975}\times0.5298=0.8547$$

伽马分布与贝塔函数的取值，可以查阅相关分布表，也可以通过 MATLAB 程序求出。

【MATLAB 求解】

```
Code
m=1.2;n=1.3;
x=1/2;
gm=gamma(m)
gn=gamma(n)
gmn=gamma(m+n)
b12=betainc(x,m,n)
R=b12* gmn/gm/gn
```


（2）$\lambda_S \neq 1$，$\lambda_\delta \neq 1$　此时，也可以推导出可靠度的计算公式为

$$R=\frac{\Gamma(m+n)}{\Gamma(m)\Gamma(n)}B_{r/(r+1)}(m,n)$$

式中　$B_{r/(r+1)}(m, n)$——不完全的贝塔函数，$r=\lambda_S/\lambda_\delta$。

同样，例如：$m=1.2$，$n=1.3$，$r=\lambda_S/\lambda_\delta=0.8$，则有

$$r/(r+1)=\frac{0.8}{1+0.8}=0.4444$$

$$B_{r/(r+1)}(m,n)=0.4661$$

$$R=\frac{\Gamma(m+n)}{\Gamma(m)\Gamma(n)}B_{r/(r+1)}(m,n)=\frac{1.3293}{0.9182\times0.8975}\times0.4661=0.7520$$

【MATLAB 求解】

```
Code
m=1.2;n=1.3;
r=0.8
x=r/(1+r)
gm=gamma(m)
gn=gamma(n)
gmn=gamma(m+n)
b1r=betainc(x,m,n)
R=b12* gmn/gm/gn
```

（3）讨论以下两种情况

1）如果 $m=n=1$，则此时的伽马函数转变为指数函数，可靠度计算公式为

$$R=\frac{r}{1+r}=\frac{\lambda_S}{\lambda_S+\lambda_\delta}$$

2）如果 m、n 不同时为 1，即 $m\neq1$，$n=1$，或者 $m=1$，$n\neq1$，这两种情况即属于应力为指数分布而强度为伽马分布，或者应力为伽马分布而强度为指数分布的情况，下面分别进行讨论。

3.4.6 应力为指数（伽马）而强度为伽马（指数）分布时的可靠度计算

1）当应力呈指数分布而强度为伽马分布时，有 $m\neq1$，$n=1$，可以推导出

$$R=1-\left(\frac{1}{1+r}\right)^m=1-\left(\frac{\lambda_\delta}{\lambda_S+\lambda_\delta}\right)^m$$

其中，$r=\lambda_S/\lambda_\delta$。

2）当应力呈伽马分布而强度为指数分布时，有 $m=1$，$n\neq1$，可以推导出

$$R=\left(\frac{r}{1+r}\right)^m=1-\left(\frac{\lambda_S}{\lambda_S+\lambda_\delta}\right)^m$$

其中，$r=\lambda_S/\lambda_\delta$。

3.4.7 应力为正态分布、强度为威布尔分布时的可靠度计算

应力 S 呈正态分布时的概率密度函数为

$$f(S)=\frac{1}{\sigma_S\sqrt{2\pi}}\exp\left[-\frac{1}{2}\left(\frac{S-\mu_S}{\sigma_S}\right)^2\right]\quad(-\infty<S<+\infty)$$

强度 δ 呈威布尔分布时的概率密度函数为

$$g(\delta)=\frac{m}{\theta-\delta_0}\left(\frac{\delta-\delta_0}{\theta-\delta_0}\right)^{m-1}\exp\left(\frac{\delta-\delta_0}{\theta-\delta_0}\right)^m\quad(\delta\geqslant\delta_0\geqslant0)$$

式中 m——形状参数；

$(\theta-\delta_0)$——尺度参数；

δ_0——位置参数或称截尾参数、最小强度参数，强度低于它的事件的概率为零。

强度 δ 的累积分布函数可表达为

$$G(\delta)=1-\exp\left[-\left(\frac{\delta-\delta_0}{\theta-\delta_0}\right)^m\right]$$

强度 δ 的均值和方差可表达为

$$\mu_\delta=\delta_0+(\theta-\delta_0)\,\Gamma\left(1+\frac{1}{m}\right)$$

$$\sigma_\delta^2=(\theta-\delta_0)^2\left\{\Gamma\left(1+\frac{2}{m}\right)-\left[\Gamma\left(1+\frac{1}{m}\right)\right]^2\right\}$$

三参数（形状参数、尺度参数与位置参数）威布尔分布极为灵活，改变 m 值可以使分布曲线呈现不同形状。当 $m=1$ 时即成为指数分布。

可以推导，失效率为

$$F=\int_{-\infty}^{\infty}G_\delta(S)\,f(S)\,\mathrm{d}S=\int_{\delta_0}^{\infty}\frac{1}{\sigma_\delta\sqrt{2\pi}}\exp\left[-\frac{1}{2}\left(\frac{S-\mu_S}{\sigma_S}\right)^2\right]\left\{1-\exp\left[-\left(\frac{S-\delta_0}{\theta-\delta_0}\right)^m\right]\right\}\mathrm{d}S$$

$$=\int_{\delta_0}^{\infty}\frac{1}{\sigma_\delta\sqrt{2\pi}}\exp\left[-\frac{1}{2}\left(\frac{S-\mu_S}{\sigma_S}\right)^2\right]\mathrm{d}S-\int_{\delta_0}^{\infty}\frac{1}{\sigma_\delta\sqrt{2\pi}}\exp\left[-\frac{1}{2}\left(\frac{S-\mu_S}{\sigma_S}\right)^2-\left(\frac{S-\delta_0}{\theta-\delta_0}\right)^m\right]\mathrm{d}S\tag{3-39}$$

令 $z=\dfrac{S-\mu_S}{\sigma_S}$，则上式第一项积分是标准正态密度曲线下从 $z=\dfrac{S-\mu_S}{\sigma_S}$ 到 $+\infty$ 的面积，可用 $\left[1-\Phi\left(\dfrac{\delta_0-\mu_S}{\sigma_S}\right)\right]$ 表示。

而对于上式第二项积分，令 $y=\dfrac{S-\delta_0}{\theta-\delta_0}$，则

$$\mathrm{d}y=\frac{1}{\theta-\delta_0}\mathrm{d}S$$

$$S=y(\theta-\delta_0)+\delta_0$$

$$\frac{S-\mu_S}{\sigma_S}=\frac{y(\theta-\delta_0)+\delta_0-\mu_S}{\sigma_S}=\left(\frac{\theta-\delta_0}{\sigma_S}\right)y+\frac{\delta_0-\mu_S}{\sigma_S}$$

于是，式（3-39）可改写为

$$F=P(\delta\leqslant S)=1-\Phi\left(\frac{\delta_0-\mu_S}{\sigma_S}\right)-\frac{1}{\sqrt{2\pi}}\left(\frac{\theta-\delta_0}{\sigma_S}\right)\int_0^{\infty}\exp\left\{-\frac{1}{2}\left[\left(\frac{\theta-\delta_0}{\sigma_S}\right)y+\frac{\delta_0-\mu_S}{\sigma_S}\right]^2-y^m\right\}\mathrm{d}y \qquad (3\text{-}40\text{a})$$

令

$$C=\frac{\theta-\delta_0}{\sigma_S}$$

$$A=\frac{\delta_0-\mu_S}{\sigma_S}$$

则根据式（3-40a），可以得到

$$F=P(\delta\leqslant S)=1-\Phi(A)-\frac{1}{\sqrt{2\pi}}C\int_0^{\infty}\exp\left[-\frac{1}{2}(Cy+A)^2-y^m\right]\mathrm{d}y \qquad (3\text{-}40\text{b})$$

这就是应力服从正态分布，强度为威布尔分布情况下失效率的计算公式。对于式（3-40b）的求解，可通过查阅相关资料解决，也可以通过 MATLAB 程序代码（积分）得以解决。

例如，已知威布尔强度参数 $\delta_0=100$，$m=3$，$\theta=130$，应力正态分布参数为 $S=95$，$\sigma_S=9.5$，则可以直接计算其失效率或可靠度。

【MATLAB 求解】

Code

```
clear
syms y
dlta0=100;
```

```
m=3;
sita=130;
miuS=95;
sgmaS=0.1* miuS;
C=(sita-dlta0)/sgmaS
A=(dlta0-miuS)/sgmaS
ft=exp((-1/2)* (C* y+A)^2-y^m)
k1=vpa(int((ft),0,inf))
k2=k1* C/sqrt(2* pi)
k3=normcdf(A)
F=1-k3-k2;
R=1-F
```


Run

```
C=3.1579
A=0.5263
ft=exp(1-((60* y) /19+10/19) ^2/2-y^3)
k1=0. 23130736551277382703987768889965
k2=0. 29140511959362222457826032940564
k3=0. 7007
R=0. 99207071246473962875057009103974
```

例题 3-13 要求按失效概率为$F=10^{-4}$对某一弹簧进行设计，若弹簧材料强度数据有如下威布尔参数：$\delta_0=100\text{MPa}$，$m=3$，$\theta=130\text{MPa}$，作用在弹簧的载荷可认为是正态分布，且具有$\sigma_S/\mu_S=0.1$。求满足给定可靠度条件下的正态应力参数μ_S及σ_S值。

解 本题属于反问题。已知强度分布指标（$\delta_0=100\text{MPa}$，$m=3$，$\theta=130\text{MPa}$）、可靠度指标（$R=1-F=1-10^{-4}$），要求计算正态应力分布（μ_S、σ_S）。

先计算两个参数：

$$C=\frac{\theta-\delta_0}{\sigma_S}=\frac{(130-100)\text{MPa}}{\sigma_S}=\frac{30\text{MPa}}{\sigma_S}$$

$$A=\frac{\delta_0-\mu_S}{\sigma_S}=\frac{100\text{MPa}-\sigma_S/0.1}{\sigma_S}=\frac{100\text{MPa}-10\,\sigma_S}{\sigma_S}=\frac{100\text{MPa}}{\sigma_S}-10=\frac{100\text{MPa}}{30\text{MPa}/C}-10=\frac{10\text{MPa}}{3\text{MPa}}C-10$$

或者

$$C=3\times\left(1+\frac{A}{10}\right)=3+0.3A$$

代入

$$F = P(\delta \leqslant S) = 1 - \Phi(A) - \frac{1}{\sqrt{2\pi}} C \int_0^{\infty} \exp\left[-\frac{1}{2}(Cy + A)^2 - y^m \right] \mathrm{d}y$$ 中

有

$$F = 1 - \Phi(A) - \frac{0.3A + 3}{\sqrt{2\pi}} \int_0^{\infty} \exp\left\{ -\frac{1}{2} [(0.3A + 3)y + A]^2 - y^3 \right\} \mathrm{d}y$$

即

$$1 - F = \Phi(A) + \frac{0.3A + 3}{\sqrt{2\pi}} \int_0^{\infty} \exp\left\{ -\frac{1}{2} [(0.3A + 3)y + A]^2 - y^3 \right\} \mathrm{d}y = R \geqslant 0.9999$$

也就是，求解下面关于参数 A 的不等式，其中还包含了 y 变量的积分函数。

$$\Phi(A) + \frac{0.3A + 3}{\sqrt{2\pi}} \int_0^{\infty} \exp\left\{ -\frac{1}{2} [(0.3A + 3)y + A]^2 - y^3 \right\} \mathrm{d}y - 0.9999 \geqslant 0$$

一般来说，上式不等式（含有指数积分）的解析法求解是非常困难的！这里采用数值求解算法实现。首先根据正问题的求解思路，针对本问题，给定应力的变化范围，即可求解出相应条件下的失效概率；然后根据失效概率阈值的变化情况，找出符合题目给定条件下的失效概率数值对应的应力值即可。

【MATLAB 求解】

Code

```
clear
syms y
T1=cputime;
dlta0=100;
m=3;
sita=130;
miuS=50;
counter=0;
t=1;
for i=1:t:dlta0-miuS;
miuS=miuS+t;
sgmaS=0.1* miuS;
C=(sita-dlta0)/sgmaS;
A=(dlta0-miuS)/sgmaS;
    ft=exp((-1/2) *  (C *  y+A)^2-y^m);
    k1=vpa(int((ft),0,inf));
    k2=k1 * C/sqrt(2* pi);
    k3=normcdf(A);
    F=1-k3-k2;
```

```
    counter=counter+1
    dF(counter,1)=F
    dmiuS(counter,1)=miuS;
end
n=find(dF > 0.0001,1,'first');n=n-1
dF(n,1)
miuS=dmiuS(n,1)
T2=cputime;
T=T2-T1
```


Run

```
counter=50
dF=-0.0000000000000000000037041151139564991174683026887236
     -0.00000000000000000013434279051345140545725716164581
     -0.0000000000000000003725931610958820922959939137740 9
     -0.0000000000000000807995257647762126205030190614 89
     -0.000000000000000287657189717167230235118031668 1
      0.00000000000000033566869389516749528868785319992
     -0.00000000000000051645162510154744818903277285427
     -0.0000000000000000585827786961279741283295165160 65
      0.00000000000000195112148507099284803913208 66721
      0.00000000000000182095898424433981263651446613 42
      0.0000000000000128358301762873221705669231843 64
      0.000000000000823517878185781630345543577462 53
      0.00000000000467251881020379159143579053035 71
      0.00000000000237373870826997916039803429945 08
      0.0000000000108801193135080820398640140948 04
      0.0000000000453272239274086376492866582151 14
      0.000000000172796916182831299652036017671 23
      0.000000000606555804739121610740245719354 05
      0.00000000197177312630889695197430665907 88
      0.00000000596752135936190978468778072553 28
      0.0000000168968059231712080984506747531 47
      0.0000000449624760193259965206973110691 61
      0.000000112913172722515433908897535491 75
      0.000000268637425010066711026585273372 41
      0.000000607674193880174753058725890486 69
      0.00000131112895232637972146982998661 498
```

```
                    0.0000027076126713239114108317304887851
                    0.0000053650660605018957921132109498236
                    0.000010228595718035540004129350042335
                    0.00001880959386494450136709825351004
                    0.000033439505989095378380894010671378
                    0.000057594642784122116045856616769188
                    0.000096295571516651156263211262775621
                    0.00015657877810806086471659142795564
                    0.00024803145304171554439027869189863
                    0.00038337285297619084076486719733249
                    0.00057905845143552990564637995819705
                    0.00085587677742084328215669805653962
                    0.0012395041448110686566424472094828
                    0.0017609799379772441227017742622484
                    0.0024570650654889506939949361461123
                    0.0033704487088994714097894715662229
                    0.0045497734289576689715832045333246
                    0.0060494557003533458682920840976222
                    0.0079292875352603712494299089602635
                    0.010253814446336183586773379643042
                    0.013091494984449608875950236622985
                    0.016513656880766457807706934982986
                    0.020593273903449469875305624610021
                    0.025403595469428130904780484033601
n=33
ans=0.000096295571516651156263211262775621
miuS=83
T=8.2525
```

本题求解思路：给定工作应力的一个求解范围，不停地迭代，依次求出相应的失效概率，寻找符合题目给定条件下的最佳答案。程序运行结果表明，当应力变化在 $\mu_S=50\sim100$MPa 之间变化时，失效概率的变化范围为 $F=5.36\times10^{-14}\sim1.35\times10^{-3}$。特别地，当迭代次数 $n=43$ 时，失效概率为 $F=0.0000744$；而当 $n=44$ 时，失效概率则为 $F=0.0001134897$。这就说明，只有当应力为$\mu_S\leqslant93$MPa 时，才能满足题目给定（$F\leqslant0.0001$）的预设要求。

不难发现，可以通过缩小应力迭代增量的方式来增加迭代次数，从而达到提高计算精度的目的，但是必须以牺牲计算效率为代价。例如：设 T 为系统计算时间，$\mu_S=\mu_S+1$（即 miuS=miuS+1，参看源代码）时，有 $n=43$，$\mu_S=93$，$T=10.0621$；当应力步长变化为 $\mu_S=\mu_S+1/10$ 时，$n=437$，$\mu_S=93.7$，$T=228.6975$。

图3-6是应力变化范围与失效概率之间的关系，可以看到，当应力$\mu_S \geq 95$时，失效概率急剧上升。

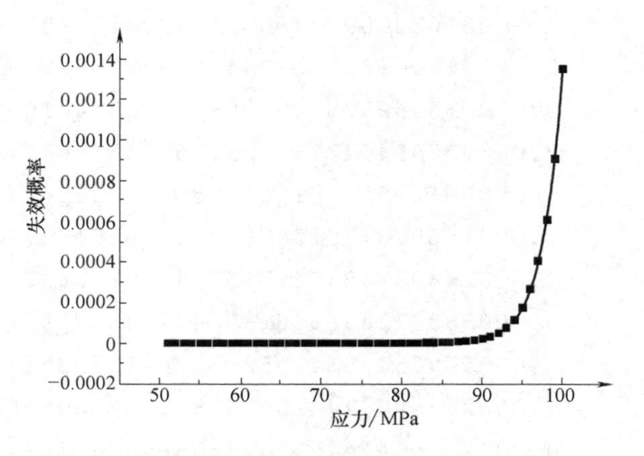

图3-6　应力变化范围与失效概率之间的关系

3.4.8　应力与强度均为威布尔分布时的可靠度计算

应力S与强度δ均呈威布尔分布时的概率密度函数分别为

$$\begin{cases} f(S)=\dfrac{m_S}{\theta_S-S_0}\left(\dfrac{S-S_0}{\theta_S-S_0}\right)^{m_S-1}\exp\left(\dfrac{S-S_0}{\theta_S-S_0}\right)^{m_S} & (S_0\leqslant S\leqslant\infty) \\ g(\delta)=\dfrac{m_\delta}{\theta_\delta-\delta_0}\left(\dfrac{\delta-\delta_0}{\theta_\delta-\delta_0}\right)^{m_\delta-1}\exp\left(\dfrac{\delta-\delta_0}{\theta_\delta-\delta_0}\right)^{m_\delta} & (\delta_0\leqslant\delta\leqslant\infty) \end{cases}$$

令

$$\eta_S=\theta_S-S_0$$
$$\eta_\delta=\theta_\delta-\delta_0$$

则上式也可表达成以下形式，即

$$\begin{cases} f(S)=\dfrac{m_S}{\eta_S}\left(\dfrac{S-S_0}{\eta_S}\right)^{m_S-1}\exp\left(\dfrac{S-S_0}{\eta_S}\right)^{m_S} & (S_0\leqslant S\leqslant\infty) \\ g(\delta)=\dfrac{m_\delta}{\eta_\delta}\left(\dfrac{\delta-\delta_0}{\eta_\delta}\right)^{m_\delta-1}\exp\left(\dfrac{\delta-\delta_0}{\eta_\delta}\right)^{m_\delta} & (\delta_0\leqslant\delta\leqslant\infty) \end{cases}$$

因此，失效概率为

$$\begin{aligned} F=P(\delta\leqslant S) &= \int_{-\infty}^{\infty}[1-F_S(\delta)]\,g(\delta)\,\mathrm{d}\delta \\ &= \int_{\delta_0}^{\infty}\exp\left[-\left(\frac{S-\delta_0}{\eta_\delta}\right)^{m_S}\right]\frac{m_\delta}{\eta_\delta}\left(\frac{\delta-\delta_0}{\eta_S}\right)^{m_\delta-1}\exp\left[-\left(\frac{\delta-\delta_0}{\eta_\delta}\right)^{m_\delta}\right]\mathrm{d}\delta \end{aligned}$$

令

$$y=\left(\frac{\delta-\delta_0}{\eta_\delta}\right)^{m_\delta}$$

则

$$dy=\frac{m_\delta}{\eta_\delta}\left(\frac{\delta-\delta_0}{\eta_\delta}\right)^{m_\delta-1}d\delta$$

$$\delta=y^{\frac{1}{m_\delta}}\eta_\delta+\delta_0$$

因此上式又可写成

$$F=P(\delta\leqslant S)=\int_0^\infty \exp\left[-y-\left(\frac{\eta_\delta}{\eta_S}y^{\frac{1}{m_\delta}}+\frac{\delta_0-S_0}{\eta_S}\right)^{m_S}\right]dy \tag{3-41}$$

如果采用数值积分的方法对上式进行积分，就可以得到不同强度和应力参数下的失效率和可靠度。

$$R=1-F$$

例如：应力与强度的分布情况已知，分别为：$m_S=2$，$S_0=100\text{MPa}$，$\theta_S=350\text{MPa}$；$m_\delta=3$，$\delta_0=120\text{MPa}$，$\theta_\delta=800\text{MPa}$，则$\eta_S=\theta_S-S_0=(350-100)\text{MPa}=250\text{MPa}$

$$\eta_\delta=\theta_\delta-\delta_0=(800-120)\text{MPa}=680\text{MPa}$$

$$\begin{aligned}F=P(\delta\leqslant S)&=\int_0^\infty \exp\left[-y-\left(\frac{\eta_\delta}{\eta_S}y^{\frac{1}{m_\delta}}+\frac{\delta_0-S_0}{\eta_S}\right)^{m_S}\right]dy\\&=\int_0^\infty \exp\left[-y-\left(\frac{680}{250}y^{\frac{1}{3}}+\frac{120-100}{250}\right)^{2}\right]dy\end{aligned}$$

上式，可以通过编写程序直接求解。

【MATLAB 求解】

Code

```
clear
syms y
% % ***************************************************
S0=100;
mS=2;
sitaS=350;
D0=120;
sitaD=800;
mD=3;
yetaS=sitaS-S0;
yetaD=sitaD-D0;
% % >>>>>>>>>>>>>>>>>>>>>>>>>>>>>>>>>>>>>>>>>>>>>>>>>>>>>
ft=exp(-y-(yetaD/yetaS* y^(1/mD)+(D0-S0)/yetaS)^mS);
F=vpa(int((ft),0,inf))
R=1-F
```

Run

```
F=0.049954793247253370351625840298642
R=0.95004520675274662964837415970136
```

3.4.9※ 应力与强度为伽马（Γ）分布、指数分布情况的可靠度计算

设定应力与强度均为伽马（Γ）分布的情况，此时

应力分布函数

$$f(S)=\frac{\lambda_S^n}{\Gamma(n)}S^{n-1}\mathrm{e}^{-\lambda_S S}\quad(0\leqslant S<\infty,\lambda_S>0,n>0)$$

强度分布函数

$$f(\delta)=\frac{\lambda_\delta^n}{\Gamma(n)}\delta^{n-1}\mathrm{e}^{-\lambda_\delta \delta}\quad(0\leqslant \delta<\infty,\lambda_\delta>0,m>0)$$

式中 λ_S、λ_δ——尺度参数；

m、n——形状参数。

1）当$\lambda_S=\lambda_\delta=1$时，可以推导出可靠度计算公式，此处推导过程略。

$$R=\frac{\Gamma(m+n)}{\Gamma(m)\Gamma(n)}B_{1/2}(m,n)$$

其中，$\Gamma(m+n)$、$\Gamma(m)$、$\Gamma(n)$为伽马函数，$B_{1/2}(m,n)$为不完全的贝塔函数，其计算代码依次为：gamma(m+n)、gamma(m)、gamma(n)、betainc(0.5, m, n)。如果已知形状参数m、n，则可以求出可靠度R。

2）当$\lambda_S\neq1$，$\lambda_\delta\neq1$时，设$r=\lambda_S/\lambda_\delta$，则同样可以推导出可靠度的计算公式为

$$R=\frac{\Gamma(m+n)}{\Gamma(m)\Gamma(n)}B_{r/(1+r)}(m,n)$$

式中 $B_{r/(1+r)}(m,n)$——不完全的贝塔函数，$r=1$则为$B_{1/2}(m,n)$。其 MATLAB 计算代码依次为：betainc（r，m，n）。

3）如果$m=1$，$n=1$，则可靠度

$$R=\frac{\Gamma(m+n)}{\Gamma(m)\Gamma(n)}B_{r/(1+r)}(m,n)=\frac{\Gamma(2)}{\Gamma(1)\Gamma(1)}\int_0^{r/(1+r)}\mathrm{d}u=\frac{r}{1+r}=\frac{\lambda_S}{\lambda_S+\lambda_\delta}$$

这时，就转化为了指数分布的情况。

4）如果$m=1$，$n\neq1$，则可靠度

$$R=\frac{\Gamma(m+n)}{\Gamma(m)\Gamma(n)}B_{r/(1+r)}(m,n)=\frac{\Gamma(1+n)}{\Gamma(1)\Gamma(n)}\int_0^{r/(1+r)}u^{n-1}\mathrm{d}u=\frac{n\Gamma(n)}{\Gamma(n)}\left(\frac{r}{1+r}\right)^n\frac{1}{n}$$

$$=\left(\frac{r}{1+r}\right)^n=\left(\frac{\lambda_S}{\lambda_S+\lambda_\delta}\right)^n$$

此时，强度呈指数分布，而应力为伽马分布。

5）如果$m\neq1$，$n=1$，则可靠度

$$R=\frac{\Gamma(m+n)}{\Gamma(m)\Gamma(n)}B_{r/(1+r)}(m,n)=\frac{\Gamma(m+1)}{\Gamma(m)\Gamma(1)}\int_0^{r/(1+r)}(1-u)^{m-1}\mathrm{d}u$$

$$=1-\left(\frac{1}{1+r}\right)^m=1-\left(\frac{\lambda_\delta}{\lambda_S+\lambda_\delta}\right)^m$$

此时，应力呈指数分布，而强度为伽马分布。

3.5 综合可靠度算例

例题3-14 某连杆机构中，工作时连杆受拉力 $F\sim N(120,\ 12)$ kN，连杆材料为Q275钢，强度极限 $\sigma_b\sim N(238,\ 19.04)$ MPa，连杆的截面为圆形，要求具有90%的可靠度，试确定该连杆的半径 r。

解 这是一个反问题。

已知强度［$\sigma_b\sim N(238,\ 19.04)$ MPa］与可靠度（90%），需要求连杆（$A=\pi r^2$）半径的值。这其中，工作应力的计算公式中包含连杆半径，故也是属于求解工作应力的问题。设连杆的截面面积为 $A(\text{mm}^2)$。

$$z_R=\Phi^{-1}(R)=\Phi^{-1}(0.9)=1.282$$

$$z_R=\frac{\mu_{\sigma_b}-\mu_{\sigma_S}}{\sqrt{\sigma_{\sigma_b}^2+\sigma_{\sigma_S}^2}}=\frac{238\text{MPa}-120\times10^3N/A}{\sqrt{(19.04\text{MPa})^2+(12\times10^3N/A)^2}}=1.282$$

解方程求出 A，进而有

$$r=\sqrt{A/\pi}=13.74\text{mm}$$

可取，$r=14$mm。

【MATLAB求解】

Code

```
clear all
R=0.90;
D1=238;
D1a=19.04;
N1=120000;
N1a=12000;
zr=norminv(R);
A=subs (solve('D1-N1/A-zr * sqrt(D1a^2+(N1a/A)^2) ','A'))
r=sqrt(A/vpa(pi))
```

Run

```
A=592.9173
426.1982
r=13.7379556230968853259467823108773
11.6474507547387514914342071734772
```

【注】：①舍掉11.65，保留13.74，四舍五入取 $r=14$mm；②如果对以上变量的取值进行修改，将会得到不同的计算结果。

例题 3-15 某连杆机构中，工作时连杆受拉力 $F\sim N(120, 12)$ kN，连杆材料为 Q275 钢，强度极限 $\sigma_b\sim N(238, 19.04)$ MPa，连杆的截面为圆形，半径 $r=(14\pm0.06)$ mm，且服从正态分布。计算连杆的工作可靠度 R。

解 根据应力-强度的可靠性知识，有

$$g(x)=\sigma_b-\frac{F}{\pi r^2}$$

其中σ_b、F、r 为基本随机变量。

$$g_\mu=238\text{MPa}-\frac{120\times10^3}{\pi\times14^2}\text{MPa}=43.116\text{MPa}$$

$$\begin{cases}\left(\dfrac{\partial g}{\partial r}\right)_\mu=\dfrac{120\times10^3\times2}{\pi\times14^3}=27.84\\ \left(\dfrac{\partial g}{\partial F}\right)_\mu=-\dfrac{1}{\pi\times14^2}=-1.624\times10^{-3}\\ \left(\dfrac{\partial g}{\partial \sigma_b}\right)_\mu=1\end{cases}$$

$$\begin{aligned}\sigma_g^2&=\left(\frac{\partial g}{\partial \sigma_b}\right)_\mu^2\sigma_b^2+\left(\frac{\partial g}{\partial F}\right)_\mu^2\sigma_F^2+\left(\frac{\partial g}{\partial r}\right)_\mu^2\sigma_r^2\\&=[1^2\times19.04^2+(-1.624\times10^{-3})^2\times12000^2+27.84^2\times0.02^2]\text{MPa}^2=741.1\text{MPa}^2\end{aligned}$$

所以有

$$R=\Phi\left(\frac{\mu_g}{\sigma_g}\right)=\Phi\left(\frac{43.116}{\sqrt{741.1}}\right)=\Phi(1.5838)=94\%$$

【MATLAB 求解】

Code

```
syms FDr;
% % g(D,F,r)=D-F/(pir^2)
Q1=diff(D-F/(pi* r^2),D)
Q2=diff(D-F/(pi* r^2),F)
Q3=diff(D-F/(pi* r^2),r)
% % zr=norminv(r)
D=238;sgmaD=19.04;
F=120000;sgmaF=12000;
r=14;sgmar=0.02;
g=D-F/(pi* r^2)
% %
dsD=eval(Q1)
```

```
dsF=eval(Q2)
dsr=eval(Q3)
%%
varP=dsD^2* sgmaD^2+dsF^2* sgmaF^2+dsr^2* sgmar^2
sgmag=sqrt(varP)
zr=g/sgmag
RR=normcdf(zr)
```

Run

```
Q1=1
Q2=-1/(pi* r^2)
Q3=(2* F)/(pi* r^3)
g=43.1164
dsD=1
dsF=-0.0016
dsr=27.8405
varP=742.6278
sgmag=27.2512
zr=1.5822
RR=0.9432
```


3.6 本章小结

本章主要介绍了应力与强度的确定方法，包括代数法、矩法、蒙特卡罗法。然后根据应力与强度的概率分布情况（包括正态分布、对数正态分布、指数分布、威布尔分布、伽马分布等），说明了其可靠度的计算方法。

习　　题

习题 3-1

已知圆截面轴的惯性矩 $I=\pi d^4/64$，若轴径 $d=50\text{mm}$，标准差 $\sigma_d=0.02\text{mm}$，试确定惯性矩 I 的均值与标准差。

习题 3-2

已知某弹簧的变形为 $\lambda=\dfrac{8FD^3n}{Gd^4}$，式中各参数为独立随机变量，其均值与方差分别为

$$\begin{cases}(\mu_F,\sigma_F)=(700,35)\ \text{N}\\(\mu_G,\sigma_G)=(8\times10^4,0.24\times10^4)\ \text{MPa}\\(\mu_D,\sigma_D)=(35,0.23)\ \text{mm}\\(\mu_d,\sigma_d)=(5,0.1)\ \text{mm}\\(\mu_n,\sigma_n)=(10.5,0.2)\end{cases}$$

试确定弹簧变形量 λ 的均值和标准差。

习题 3-3

设某零件只受弯矩，设计寿命为 5×10^6 次，其应力、尺寸系数、质量系数的数据如下，且服从正态分布。

$$\begin{cases}\mu_{\sigma'_{-1}}=551.4\text{MPa},\sigma_{\sigma'_{-1}}=44.1\text{MPa}\\ \mu_{\varepsilon}=0.7,\sigma_{\varepsilon}=0.05\\ \mu_{\beta}=0.85,\sigma_{\beta}=0.09\end{cases}$$

试分别用代数法、矩法、蒙特卡罗法，确定该零件强度分布，并加以比较。

习题 3-4

已知某钢丝绳的强度和应力均为正态分布，数据如下，试求其可靠度。

$$\begin{cases}\mu_{\delta}=907200\text{N},\sigma_{\delta}=136000\text{N}\\ \mu_{S}=544300\text{N},\sigma_{S}=113400\text{N}\end{cases}$$

习题 3-5

某压力机的拉紧螺栓所承受的载荷及强度均呈对数正态分布，具体数据如下，试求其可靠度。

$$\begin{cases}\mu_{\delta}=195\text{MPa},\sigma_{\delta}=15\text{MPa}\\ \mu_{S}=161\text{MPa},\sigma_{S}=16\text{MPa}\end{cases}$$

习题 3-6

已知某零件的剪切强度呈正态分布，而其承受的剪切应力则呈指数分布，具体数据如下，试求其可靠度。

$$\begin{cases}\mu_{\delta}=186\text{MPa},\sigma_{\delta}=22\text{MPa}\\ \mu_{S}=\dfrac{1}{\lambda_S}=127\text{MPa}\end{cases}$$

习题 3-7

某零件承受弯曲对称循环应力，由试验得知其强度服从威布尔分布，参数为$\delta_0=50\text{MPa}$，$m=2.65$，$\theta=77.1\text{MPa}$。应力服从正态分布，按测得的应力谱求得当量应力$S_{\text{eq}}=\mu_S=55\text{MPa}$，估计应力变差系数$C_S=0.05$，试计算零件的失效概率。

习题 3-8※

一转动心轴，其弯曲应力服从正态分布，均值$\mu_S=100000\text{kPa}$，标准差$\sigma_S=10000\text{kPa}$。其弯曲疲劳极限呈威布尔分布，参数 $m=2.0$，$\theta=550000\text{kPa}$。要求失效概率 $F\leqslant0.0002$，试计算该轴的最小弯曲疲劳强度δ_0。

习题 3-9※

用变差系数方法求习题 3-2 中的弹簧变形量 λ 的标准差。

第4章

机械静强度可靠性设计

机械强度可靠性设计的核心是应力-强度分布干涉理论，它是本章机械静强度可靠性设计以及第5章机械疲劳强度可靠性设计的基础。为了更好地掌握机械静强度可靠性设计，首先从安全系数及其与可靠度之间的关系开始介绍。

4.1 安全系数与可靠度

4.1.1 传统意义上的安全系数

在传统的机械零件设计中，将安全系数定义为材料的强度与零件的工作应力之比，为一个常数，这只是简单的对于经验的总结，具有一定的实践依据，所以至今仍被机械设计的常规方法所使用。但是随着科学技术的不断发展和机械设计的不断深化，这种简单的安全系数的计算具有很大的盲目性和保守性，尤其对于那些对安全性要求很高的零部件，采用上述安全系数方法进行设计，显然有很多不合理之处。由于材料的强度值和零件的工作应力值存在离散性（随机变量），所以这种计算方法不能反映事物的客观规律。考虑到材料的强度与零件的工作应力的离散性，进而有了平均安全系数与极限应力状态下的安全系数等概念，以求不断改善安全系数计算中的不足。

以强度均值 μ_δ 与应力均值 μ_S 之比的平均安全系数 $\overline{n}$ 的表达式

$$\overline{n}=\frac{\mu_\delta}{\mu_S} \tag{4-1}$$

强度的最小值$\delta_{\min}$和应力的最大值$S_{\max}$之比定义为极限应力与最低强度状态下的最小安全系数 $n_{\min}$，其表达式为

$$n_{\min}=\frac{\delta_{\min}}{S_{\max}} \tag{4-2}$$

常用的安全系数可定义为

$$n=\frac{\mu_\delta}{S_{\max}} \tag{4-3}$$

这些定义虽然有了一些改进，但是都属于传统意义上的安全系数，没有考虑到与可靠性之间的联系。

4.1.2 可靠性意义上的安全系数

将设计变量（应力与强度）的随机性概念引入到传统意义上的安全系数中，就可以得出可靠性意义上的安全系数，它考虑到了离散性的影响，将安全系数与可靠度联系起来。

假设产品的工作应力随机变量为 S，材料的强度随机变量为 δ，则产品的安全系数 $n(=\delta/S)$ 也是随机变量，则有

$$R=P(\delta>S)=P\left(\frac{\delta}{S}>1\right)=P(n>1) \tag{4-4}$$

式（4-4）表明：安全系数大于 1 的概率就是产品的可靠度。

另外，如果把安全系数看作仅与强度与应力的均值有关，如式（4-1）所示，是不能确切反映产品的可靠性的。例如当 $\delta\sim N(\mu_\delta, \sigma_\delta^2)$，$S\sim N(\mu_S, \sigma_S^2)$，则产品的可靠度为

$$R=\Phi\left(\frac{\mu_\delta-\mu_S}{\sqrt{\sigma_\delta^2+\sigma_S^2}}\right)=\Phi\left(\frac{\dfrac{\mu_\delta}{\mu_S}-1}{\dfrac{\sqrt{\sigma_\delta^2+\sigma_S^2}}{\mu_S}}\right)=\Phi\left(\frac{\bar{n}-1}{\dfrac{\sqrt{\sigma_\delta^2+\sigma_S^2}}{\mu_S}}\right)=\Phi(z_R) \tag{4-5}$$

可以看出，即使平均安全系数 $\bar{n}$ 不变，而 μ_δ 和 μ_S 取不同值时，其可靠度也会改变。所以，应当将安全系数与可靠度同时进行研究。

设将强度的最小值 $\delta_{\min}$ 规定为可靠度 $R=R_\delta$ 时的下限值，而工作应力的最大值 $S_{\max}$ 规定为可靠度 $R=R_S$ 时的上限值，即强度 δ 有 $P(\delta>\delta_{\min})=R_\delta$，应力 S 有 $P(S<S_{\max})=R_S$，并记 $\delta_{\min}=\delta_{\min(R_\delta)}$，$S_{\max}=S_{\max(R_S)}$。则可靠性意义下的安全系数可定义为

$$n_R=\frac{\delta_{\min(R_\delta)}}{S_{\max(R_S)}} \tag{4-6}$$

以后简称为可靠性安全系数。

例如，如果强度和应力均服从正态分布，即 $\delta\sim N(\mu_\delta, \sigma_\delta^2)$，$S\sim N(\mu_S, \sigma_S^2)$，若强度的最小值 $\delta_{\min}$ 规定为可靠度 $R=95\%$ 时的下限值，而应力的最大值 $S_{\max}$ 规定为可靠度 $R=99\%$ 的上限值，于是有

$$R_\delta=P(\mu_\delta>\delta_{\min})=\Phi\left(\frac{\mu_\delta-\delta_{\min}}{\sigma_\delta}\right)=\Phi(z_\delta)=0.95$$

$$R_S=P(\mu_S<S_{\max})=\Phi\left(\frac{S_{\max}-\mu_S}{\sigma_S}\right)=\Phi(z_S)=0.99$$

可得

$$z_\delta=\text{norminv}(0.95)=1.65, z_S=\text{norminv}(0.99)=2.33$$

因此

$$\delta_{\min}=\mu_\delta-1.65\sigma_\delta=\left(1-1.65\frac{\sigma_\delta}{\mu_\delta}\right)\mu_\delta=(1-1.65C_\delta)\mu_\delta$$

$$S_{\max}=\mu_S+2.33\sigma_S=\left(1+2.33\frac{\sigma_S}{\mu_S}\right)\mu_S=(1+2.33C_S)\mu_S$$

式中　C_δ、C_S——强度和应力的变差系数。

于是，当强度和应力均为正态分布时，在可靠性安全系数为

$$n_R=n_{\binom{0.95}{0.99}}=\frac{\delta_{\min(R_\delta)}}{S_{\max(R_S)}}=\frac{(1-1.65C_\delta)\mu_\delta}{(1+2.33C_S)\mu_S}=\frac{1-1.65C_\delta}{1+2.33C_S}\frac{\mu_\delta}{\mu_S} \tag{4-7}$$

而任意可靠性安全系数为

$$n_R=\frac{\delta_{\min}}{S_{\max}}=\frac{(1-z_\delta C_\delta)\mu_\delta}{(1+z_SC_S)\mu_S}=\frac{1-z_\delta C_\delta}{1+z_SC_S}\frac{\mu_\delta}{\mu_S} \tag{4-8}$$

式中　z_δ、z_S——强度和应力的标准正态偏量。

$$z_\delta=\frac{\mu_\delta-\delta_{\min}}{\sigma_\delta},z_S=\frac{S_{\max}-\mu_S}{\sigma_S} \tag{4-9}$$

当$R_\delta=R_S=50\%$时，$z_\delta=0$，$z_S=0$，$\mathrm{norminv}(R_\delta)=0$，则有

$$n_{\binom{0.50}{0.50}}=\frac{\delta_{\min(0.5)}}{S_{\max(0.5)}}=\frac{\mu_\delta}{\mu_S}$$

于是平均安全系数是取可靠度$R_\delta=R_S=50\%$时的平均强度与平均应力之比。

由可靠性安全系数可以得出如下结论：

1）当强度和应力的标准差不变时，提高平均安全系数$\bar{n}(=\mu_\delta/\mu_S)$，就会提高可靠度［参看式（4-5）］。

2）当强度和应力的均值μ_δ、μ_S不变，即平均安全系数给定时，缩小它们的离散性，即降低它们的标准差（σ_δ、σ_S），也会提高可靠度。

3）要想得到一个比较好的可靠度预测值，就必须严格控制强度与应力的标准差，这是因为可靠度对标准差（σ_δ、σ_S）很敏感。

读者可以思考一下，这是为什么？

4.1.3　可靠性安全系数与可靠度之间的关系

有了可靠性安全系数，就可以进一步来探讨它与零件的可靠度之间的关系了。下面讨论在给定零件的可靠度时如何求可靠性安全系数n_R。设给定零件的可靠度R，当强度与应力均为正态分布时，有

$$R=\Phi(z_R)=\Phi\left(\frac{\mu_\delta-\mu_S}{\sqrt{\sigma_\delta^2+\sigma_S^2}}\right)$$

由上式得

$$\mu_\delta=\mu_S+z_R\sqrt{\sigma_\delta^2+\sigma_S^2}=\mu_S+z_R\sqrt{(C_\delta\mu_\delta)^2+(C_S\mu_S)^2}$$

$$\frac{\mu_\delta}{\mu_S}=1+z_R\sqrt{C_\delta^2\left(\frac{\mu_\delta}{\mu_S}\right)^2+C_S^2}$$

$$\bar{n}=1+z_R\sqrt{C_\delta^2\bar{n}^2+C_S^2} \tag{4-10}$$

这是一个关于$\bar{n}$的一元二次方程。将式（4-10）移项、两边平方后用二次方程求根的公式，解得

$$\bar{n}=\frac{\mu_\delta}{\mu_S}=\frac{1+z_R\sqrt{C_\delta^2+C_S^2-z_R^2C_\delta^2C_S^2}}{1-z_R^2C_\delta^2} \tag{4-11}$$

这是一个关于强度与应力变差系数（C_δ、C_S）、可靠度联结系数（z_R）的平均安全系数（$\bar{n}$）计算公式。值得注意的是常规的机械设计中的平均安全系数与此处得出的可靠性设计中的平均安全系数概念上有明显差异，常规设计的平均安全系数只用到了一阶原点矩信息，而可靠性设计的平均安全系数还包含了二次矩信息。另外，常规设计的平均安全系数与可靠度没有联系，而可靠性设计的平均安全系数与可靠度直接联系起来，并以可靠度为衡量指标，而可靠度则是比较可靠程度、安全程度的基础。

将式（4-11）代入式（4-8），得到当强度和应力均为正态分布时任意可靠性安全系数 n_R 的另一表达式：

$$n_R=\frac{\delta_{\min}}{S_{\max}}=\frac{1-z_\delta C_\delta}{1+z_SC_S}\frac{\mu_\delta}{\mu_S}=\frac{1-z_\delta C_\delta}{1+z_SC_S}\frac{1+z_R\sqrt{C_\delta^2+C_S^2-z_R^2C_\delta^2C_S^2}}{1-z_R^2C_\delta^2} \tag{4-12}$$

一般情况下，可定义安全系数为

$$n_R=n_{\binom{0.95}{0.99}}=\frac{\delta_{\min(0.95)}}{S_{\max(0.99)}}$$

$$n_{0.95}=\frac{\delta_{\min(0.95)}}{S_{\max(0.95)}}$$

$$n_{0.99}=\frac{\delta_{\min(0.99)}}{S_{\max(0.99)}}$$

$$n_R'=\frac{\delta_{\min(0.50)}}{S_{\max(0.99)}} \tag{4-13}$$

以上四种安全系数为工程中常用的四种安全系数，可根据实际情况选用。

例如，应力与强度的可靠度均考虑为 0.50，则有

$$n_R=n_{0.50}=\frac{\delta_{\min(0.50)}}{S_{\max(0.50)}}$$

且

$$z_\delta=\mathrm{norminv}(pR\_\delta)=\mathrm{norminv}(0.5)=0$$
$$z_S=\mathrm{norminv}(pR\_S)=\mathrm{norminv}(0.5)=0$$

故有

$$n_{0.5}=n_{\binom{0.50}{0.50}}=\frac{\delta_{\min}}{S_{\max}}=\frac{1-z_\delta C_\delta}{1+z_SC_S}\frac{\mu_\delta}{\mu_S}=\frac{1-z_\delta C_\delta}{1+z_SC_S}\frac{1+z_R\sqrt{C_\delta^2+C_S^2-z_R^2C_\delta^2C_S^2}}{1-z_R^2C_\delta^2}$$
$$=\frac{1-0\times C_\delta}{1+0\times C_S}\frac{1+z_R\sqrt{C_\delta^2+C_S^2-z_R^2C_\delta^2C_S^2}}{1-z_R^2C_\delta^2}=\frac{1+z_R\sqrt{C_\delta^2+C_S^2-z_R^2C_\delta^2C_S^2}}{1-z_R^2C_\delta^2}$$

将应力和强度的可靠度均改为0.99，则有

$$n_{\binom{0.99}{0.99}}=n_{0.99}=\frac{\delta_{\min}}{S_{\max}}=\frac{1-z_\delta C_\delta}{1+z_S C_S}\frac{\mu_\delta}{\mu_S}=\frac{1-z_\delta C_\delta}{1+z_S C_S}\frac{1+z_R\sqrt{C_\delta^2+C_S^2-z_R^2C_\delta^2C_S^2}}{1-z_R^2C_\delta^2}$$

$$=\frac{1-3.2364\,C_\delta}{1+3.2364\,C_S}\frac{1+z_R\sqrt{C_\delta^2+C_S^2-z_R^2C_\delta^2C_S^2}}{1-z_R^2C_\delta^2}$$

例题 4-1 某零件的工作应力与强度均服从正态分布，已知其变差系数见表4-1，试求在 $R=0.9999$ 时的安全系数 n_R、$n_{0.50}$、n'_R、$n_{0.95}$。

表4-1 某零件的五组变差系数

序号	应力变差系数 C_S	强度变差系数 C_δ	序号	应力变差系数 C_S	强度变差系数 C_δ
1	0.02	0.05	4	0.03	0.15
2	0.02	0.1			
3	0.03	0.1	5	0.03	0.08

解 分析，本题已知 R、C_S、C_δ，因此 z_R 也已知，以第5组数据为例，由 $R=0.9999$，$C_S=0.03$，$C_\delta=0.08$，得 $z_R=\text{norminv}(0.9999)=3.7190$。

$$n_R=n_{\binom{0.95}{0.99}}=\frac{1-1.65\,C_\delta}{1+2.33\,C_S}\frac{1+z_R\sqrt{C_\delta^2+C_S^2-z_R^2C_\delta^2C_S^2}}{1-z_R^2C_\delta^2}$$

$$=\frac{1-1.65\times0.08}{1+2.33\times0.03}\times\frac{1+3.7190\times\sqrt{0.08^2+0.03^2-3.7190^2\times0.08^2\times0.03^2}}{1-3.7190^2\times0.08^2}=1.1730$$

$$n_{0.50}=\frac{1+z_R\sqrt{C_\delta^2+C_S^2-z_R^2C_\delta^2C_S^2}}{1-z_R^2C_\delta^2}$$

$$=\frac{1+3.7190\times\sqrt{0.08^2+0.03^2-3.7190^2\times0.08^2\times0.03^2}}{1-3.7190^2\times0.08^2}=1.4459$$

$$n'_R=n_{\binom{0.50}{0.99}}=\frac{1}{1+2.33\,C_S}\frac{1+z_R\sqrt{C_\delta^2+C_S^2-z_R^2C_\delta^2C_S^2}}{1-z_R^2C_\delta^2}$$

$$=\frac{1}{1+2.33\times0.03}\times\frac{1+3.7190\times\sqrt{0.08^2+0.03^2-3.7190^2\times0.08^2\times0.03^2}}{1-3.7190^2\times0.08^2}=1.3514$$

$$n_{0.95}=n_{\binom{0.95}{0.95}}=\frac{1-1.65\,C_\delta}{1+1.65\,C_S}\frac{1+z_R\sqrt{C_\delta^2+C_S^2-z_R^2C_\delta^2C_S^2}}{1-z_R^2C_\delta^2}$$

$$=\frac{1-1.65\times0.08}{1+1.65\times0.03}\times\frac{1+3.7190\times\sqrt{0.08^2+0.03^2-3.7190^2\times0.08^2\times0.03^2}}{1-3.7190^2\times0.08^2}=1.1943$$

【MATLAB 求解】

Code

```
format long
R=[0.5 0.95 0.99 0.9999];
ZR=norminv(R);
Cs=[0.02 0.02 0.03 0.03 0.03];
Cdlta=[0.05 0.10 0.10 0.15 0.08];
NR1=1-norminv(R(2))* Cdlta;
NR2=1 +norminv(R(3))* Cs;
NR3=1+ZR(4)* sqrt(Cdlta.^2+Cs.^2-ZR(4)^2 * Cdlta.^2.* Cs.^2);
NR4=1-ZR(4)^2 * Cdlta.^2;
nr=NR1.* NR3./NR2./NR4;
nr=nr'
```

Run

```
nr=
  1.089852910569362
  1.276977073083878
  1.256274775034991
  1.600326277118060
  1.172033196181390
```


另外，计算$n_{0.50}$、n'_R，$n_{0.95}$的程序与上面程序相似，读者可自行总结，分别得到其他 4 组的安全系数。

4.1.4 应力与强度呈对数正态分布的可靠性安全系数

以上讨论的是应力 S 和强度 δ 均呈正态分布时的可靠性设计安全系数，如果应力 S 和强度 δ 均呈对数正态分布，则由

$$z_R=\frac{\mu_{\ln\delta}-\mu_{\ln S}}{\sqrt{\sigma_{\ln\delta}^2+\sigma_{\ln S}^2}}\approx\frac{\ln\mu_\delta-\ln\mu_S}{\sqrt{C_\delta^2+C_S^2}}$$

有

$$\ln\mu_\delta-\ln\mu_S=z_R\sqrt{C_\delta^2+C_S^2}$$

即

$$\ln\frac{\mu_\delta}{\mu_S}=z_R\sqrt{C_\delta^2+C_S^2}$$

因此

$$n=\frac{\mu_\delta}{\mu_S}=\mathrm{e}^{z_R\sqrt{C_\delta^2+C_S^2}}=\exp z_R\sqrt{C_\delta^2+C_S^2} \tag{4-14}$$

当可靠度 R 给定时，可靠度联结系数z_R为定值，由式（4-14）可以看出，应力及强度

的变差系数C_S、C_δ越大（离散性越大），则所需要的平均安全系数 $\bar{n}$ 就越大。

4.2　设计参数数据的统计处理与计算

在机械可靠性设计中，影响应力分布与强度分布的物理参数、几何参数等的设计参数较多。机械可靠性设计认为，所有设计参数都是随机变量，它们应当是经过多次试验测定的试验数据并经过统计检验后得到的统计量。关于这些设计参数的统计数据，尚需做大量的试验测定与统计积累。但在目前，有时可做适当的假设、简化与处理。下面讨论一些主要参数及其数据的统计处理。

4.2.1　载荷的统计分析

载荷的形式很多，根据拉、压、弯、扭、剪切、温度，同时还有磨损、腐蚀等作用方式，静载、动载、冲击、蠕变等作用速度，等幅、变幅、随机（幅值与频率均随时间变化）等载荷幅值，稳定载荷、不稳定载荷、随机载荷等载荷工况进行区分。

机器、零部件由于各种因素的影响，所承受的载荷往往是不稳定的，在某种情况下载荷变动较小，而在另外一种情况下变动较大。例如，汽车在路面上行驶，其车架、悬架、桥壳等的载荷受到路面不平度或路面谱的影响，由于路面不平度的随机性，故其所承受的载荷为随机载荷，需要测定其载荷谱。其他机械类设备的零部件所承受载荷也是如此。

然而，在常规的静强度设计中，却把结构所承受的载荷看成不随时间而变化的常量。这样处理对变化不大的结构来说，抓住了主要矛盾，简化了计算，有些是有效的。但是随着时间的延续，开始暴露出按照常规设计的结构的可靠性问题。分析原因就在于对载荷和强度的变化未予考虑。

金属材料的静态力学性能相对较稳定。但是由于原材料、冶炼、热处理、加工等条件不同，其静态力学性能也不尽相同。而一些复合材料、非金属材料，其静强度的波动就更大，必须经过统计得到其概率分布。

对载荷的统计分析，首先要进行实测，对载荷-时间历程进行记录、计数，得到一系列原始数据，再根据数理统计方法进行统计分析，确定分布类型及参数，建立数学模型，为可靠性设计提供载荷依据。

1. 静载荷与动载荷

载荷作用于零件和系统上会引起应变和变形等效应。若不超过零件的弹性极限，则由静载荷引起的效应通常基本保持不变，而由动载荷引起的效应是随时间而变化的。两种载荷引起的破坏形式也大不一样。

在可靠性设计中，要以载荷统计量代替上述单值载荷，它是根据实际历程的磁带记录来估计的，例如用基于载荷测量值样本的样本概率密度函数来估计，而这些载荷的测量值，描述了特定环境中载荷值的范围和概率。

大量统计表明，静载荷可用正态分布来描述，而一般动载荷可用正态分布或者对数正态分布来描述。

2. 载荷效应及其统计特征

零件在载荷 P 的作用下产生应变和变形，在计算截面上就产生了应力 S，这种应力与应

变和变形一样，都是零件受力的反应，称为载荷效应。最简单的情况是 P 与 S 呈线性关系，即

$$S=kP$$

式中　k——与零件的几何参数及载荷类型相关的参数。

这时，载荷效应的均值和变差系数为

$$\begin{cases}\mu_S=k\mu_P\\C_S=kC_P\end{cases}$$

式中　μ_P、C_P——P 的均值和变差系数。

当结构存在几何非线性或物理非线性时，上面的线性关系便不再存在，这时 S 应该为

$$S=k'BP$$

式中　k'——等效静载荷转化为载荷效应的影响系数；

B——实际变动载荷转换成等效静载荷的模型化系数。

k'、B 均看作随机变量，假定 k'、B、P 相互独立，则有

$$\mu_S=\mu_{k'}\mu_B\mu_P$$

$$C_S=\sqrt{C_{k'}^2+C_B^2+C_P^2}$$

3. 应力分布参数的近似计算

应力作为载荷效应，是在零件计算截面上载荷 P 及截面尺寸 A 的函数，常规的机械强度设计将它看成是确定的量。实际上，因为载荷和截面尺寸都是随机变量，因而应力也是随机变量。大量的统计表明，在一般情况下静载荷和零件尺寸偏差可用正态分布来描述。因此，应力通常服从正态分布，即 $S\sim N(\mu_S,\ \sigma_S^2)$，其概率密度函数与分布函数前面已经讲述，详见第 2 章。

4. 强度分布参数的近似计算

通常，零件的强度（承载能力）也是正态分布情况，即 $\delta\sim N(\mu_\delta,\ \sigma_\delta^2)$，包括抗拉强度和屈服强度，其数据一般通过查阅相关标准或材料试验报告获得。如果资料中仅有一个强度数据，则其标准差一般约为其数学期望的 10%。

4.2.2　材料力学性能的统计分析

强度极限 σ_b、疲劳极限 σ_r、弹性模量 E 等由于冶炼、轧制、机加工、热处理、试验等各个环节的随机因素的影响，都具有变动性和统计本质，都是随机变量，一般呈正态分布，有的则呈对数正态分布和威布尔分布。

1. 材料的静强度指标

金属材料的抗拉强度、屈服强度能较好地符合或近似符合正态分布；多数材料的延伸率符合正态分布；抗剪强度与抗拉强度有近似线性关系，故近似于正态分布。

2. 疲劳强度极限

拉压、弯曲、扭转等疲劳强度极限，大部分服从正态分布或对数正态分布，也有威布尔分布的情况，详见本书第 5 章。

3. 硬度

表 4-2　材料的强度极限的均值与标准差（MPa）

序号	材料名称	屈服强度极限	抗拉强度极限	标准差	硬度名称	硬度均值
1	碳素钢	443	667	25.3		
2	锰钢	418	614	45.8	HRC	46.5
3	钼钢(正火)	830	935	18.75		
	钼钢	1392	1729	169.7		
4	低合金钢,回火温度 370 度	1276	1406	53.9	HRC	37
	低合金钢,回火温度 454 度	1153	1261	42.2	HRC	29.5
	低合金钢,回火温度 538 度	1023	1076	42.2	HRC	26.5
	低合金钢,回火温度 620 度	907	995	50.4	HRB	62
5	洛钼钒钢	1444	1749	84.9		
6	高强度合金钢	1691	1805	99.9	HRC	49.99
7	灰铸铁(HT250)	—	230	30.5		
	灰铸铁(HT350)	—	287	39.7	HBW	186.8
	灰铸铁(HT250&HT350)	—	254	44.7		
	灰铸铁(高中低合计)	—	173	16.7		
8	球墨铸铁(QT400-12)	398	601	67.7		
	球墨铸铁(QT550-6)	536.2	751.2	59.9		
	球墨铸铁(QT600-3/QT700-3)	531.1	847.2	80.5		
9	钛合金,无缺口	—	1141	73.4		
	钛合金,有缺口	—	1396	107.9		

4.3　机械静强度可靠性设计

机械可靠性设计的基本原理和方法就在于如何把应力分布、强度分布和可靠度在概率的意义下联系起来，构成一种设计计算的依据，而之前的“联结方程”或“耦合方程”就是应力与强度分布呈正态分布或对数正态分布情况下的一种概率计算式，在可靠性设计中具有重要的应用价值。而在进行机械强度可靠性设计的开始，就要按照之前的方法，确定应力分布和强度分布。

下面将通过一些典型算例，简要地介绍机械静强度可靠性设计的计算。算例中还进行了某些参数变化对可靠度影响的分析，即进行了敏感度分析，以便在实际设计中注意控制那些影响显著的参数。

4.3.1　受拉零件的静强度可靠性设计

作用在零件上的拉伸载荷 $P(\mu_P, \sigma_P)$、零件的计算截面面积 $A(\mu_A, \sigma_A)$、零件材料的抗拉强度 $\delta(\mu_\delta, \sigma_\delta)$ 均为随机变量，且一般呈正态分布。若载荷的波动较小，则可按静强度问题处理，失效模式为拉断。其静强度可靠性设计步骤如下：

1）选定可靠度 R。

2）计算零件发生破坏的概率 F。

3）通过函数 norminv 计算得到z_R。

4）确定强度分布μ_δ、σ_δ。

5）列出应力 S 的表达式。

6）计算工作应力。

7）列出联结方程

$$z_R=\frac{\mu_\delta-\mu_S}{\sqrt{\sigma_\delta^2+\sigma_S^2}}$$

8）求解。

为了对计算结果进行分析、比较和检验，有时还加进某些参数值的变化对可靠度影响的分析，有时还与常规设计结果进行比较，有时还将联结方程中的μ_S值乘以强度储备系数，以增强强度储备。

例题 4-2 设计一根拉杆，所承受的工作拉力 $P\sim N(\mu_P, \sigma_P^2)$。取 45 钢作为制造材料，求拉杆的截面尺寸。已知$\mu_P=40000\text{N}$，$\sigma_P^2=1200\text{N}$。

解 设拉杆取圆截面，其半径为 r，求μ_r、σ_R。查表 4-2 得 45 钢的抗拉强度数据为$\mu_\delta=667\text{MPa}$，$\sigma_\delta=25.3\text{MPa}$，服从正态分布，解题步骤如下：

1）选定可靠度 $R=0.999$。

2）计算零件发生破坏的失效概率 $F=1-R=0.001$。

3）查标准正态分布表得到 $z_R=3.09$。

4）查表 4-2 得 45 钢的$\mu_\delta=667\text{MPa}$，$\sigma_\delta=25.3\text{MPa}$。

5）列出应力表达式。

$$S=\frac{P}{A}=\frac{P}{\pi r^2}$$

$$\mu_A=\pi\mu_r^2, \sigma_A=2\pi\mu_r\sigma_R$$

取拉杆圆截面半径的公差为 $\Delta r=\pm0.015\mu_r$，则

$$\sigma_R=\Delta r/3=0.005\mu_r$$

$$\sigma_A=2\pi\mu_r\sigma_R=0.01\pi\mu_r^2$$

$$\mu_S=\frac{\mu_P}{\mu_A}=\frac{40000\text{N}}{\pi\mu_r^2}=12732.406\text{N}/\mu_r^2$$

$$\begin{aligned}\sigma_S=\frac{1}{\mu_A^2}\sqrt{\mu_P^2\sigma_A^2+\mu_A^2\sigma_P^2}&=\frac{1}{(\pi\mu_r^2)^2}\sqrt{(40000\text{N})^2\times(0.01\pi\mu_r^2)^2+(\pi\mu_r^2)^2\times(1200\text{N})^2}\\&=\frac{1}{(\pi\mu_r^2)^2}\sqrt{(\pi\mu_r^2)^2[(40000\text{N})^2\times0.01^2+(1200\text{N})^2]}\\&=\frac{1}{\pi\mu_r^2}\sqrt{40000^2\times0.01^2+1200^2}\text{N}=402.634\text{N}/\mu_r^2\end{aligned}$$

6）将应力、强度及z_R代入联结方程。

$$z_R=\frac{\mu_\delta-\mu_S}{\sqrt{\sigma_\delta^2+\sigma_S^2}}=3.09$$

即

$$\frac{667\text{MPa}-12732.406\text{N}/\mu_r^2}{\sqrt{25.3^2\text{MPa}^2+(402.634\text{N}/\mu_r^2)^2}}=3.09$$

解得$\mu_r=4.722\text{mm}$，或者$\mu_r=4.050\text{mm}$。

代入联结方程验算，$\mu_r=4.050\text{mm}$ 时，出现 $667\text{MPa}-12732.406\text{N}/\mu_r^2<0$，故舍去。

取$\mu_r=4.722\text{mm}$，有

$$\sigma_R=0.005\,\mu_r=0.0236\text{mm}$$

$$r=\mu_r\pm3\,\sigma_R=4.722\text{mm}\pm3\times0.0236\text{mm}=4.722\text{mm}\pm0.0708\text{mm}$$

因此，为保证拉杆的可靠度为 0.999，其半径应为（4.722±0.0708）mm。

7）与常规设计做比较。取安全系数 $n=3$，则

$$\sigma=\frac{P}{A}\leqslant[\sigma]=\frac{\mu_\delta}{n}=222.333\text{N/mm}^2$$

即有

$$\frac{40000\text{N}}{\pi r^2}\leqslant222.333\text{N/mm}^2$$

可以求出

$$r\geqslant7.568\text{mm}$$

显然，常规设计的计算结果比可靠性设计结果大了许多。若在常规设计中取 $\mu_r=4.722\text{mm}$，则其安全系数变为 1.168，这在常规设计中是不敢采用的，而可靠性设计采用这一结果，其可靠度竟达到 0.999。

上述解析解的求解，也可以通过编写程序实现。

【MATLAB 求解（1）】

Code

```
clear all
format long
D=667;
sgmaD=25.3;
R=0.999;
F=1-R;
zr=norminv(R)
% % zr=3.090232
r=solve('(667-12732.406/r^2)/sqrt(25.3^2+402.634^2/r^4)-3.090232')
```

Run

```
zr=3.090232306167814
r=
-4.722327595680304935780086195220l
  4.722327595680304935780086195220l
```

注意，在上述 Code 的最后一行中，“zr” 数值必须代入 3.090232 才能得到正确结果，存在局限性！下面是经过改进的程序代码。

【MATLAB 求解（2）】

Code

```
clear all
syms r;
alpha=0.03;
R=0.999;zr=norminv(R);
miuD=667;sgmaD=25.3;
miuP=40000;sgmaP=1200;
miuA=pi * r^2;
sgmaA=diff(miuA,r) * alpha * r/3;
miuS=miuP/miuA;
sgmaS=sqrt((miuP^2* sgmaA^2+miuA^2* sgmaP^2)/(miuA^2+
sgmaA^2))/miuA;
[r]=solve((miuD-miuS)/sqrt(sgmaD^2+sgmaS^2)-zr);
r=vpa(r)
```


Run

```
r=
  4.740736196443999257847991523 4762
-4.7407361964439992578479915234762
```

不难发现，上述 Code 中的变量值包括强度和工作拉力的均值与偏差、可靠度联结系数等变量，其值均可以修改而得到预期结果。下面是另外一种基于蒙特卡罗法编写的程序代码，读者可以自行总结。

【MATLAB 求解（3）】

Code

```
clear all
syms r;
n=2000;sj=randn(n,3);
alpha=0.03;
R=0.999;zr=norminv(R);
%%
miuD=667;sgmaD=25.3;
D1=miuD+sgmaD.* sj(:,1);
D=mean(D1);
```

```
sgmaD=std(D1);
%%
miuP=40000;sgmaP=1200;
P1=miuP+sgmaP.* sj(:,2);
miuA=pi * r^2;sgmaA=diff(miuA,r) * alpha * r/3;
A1=miuA+sgmaA.* sj(:,3);
S1=P1./A1;
S=mean(S1);
S=vpa(S);
sgmaS=sqrt(mean((S1-S).^2)/n);
sgmaS=vpa(sgmaS);
[r]=solve((D-S)/sqrt(sgmaD^2+sgmaS^2)-zr)
```

Run

```
r=
-4.6427341194366330059938758504387
 4.6427341194366330059938758504387
```


例题4-3 在例题4-2的基础上，更改应力与强度的均值与偏差，试重新确定$R=0.9999$时拉杆的截面尺寸，其中$\mu_P=17800\text{N}$，$\sigma_P=445\text{N}$，$\mu_\delta=689\text{MPa}$，$\sigma_\delta=34.5\text{MPa}$。

解 参照【MATLAB求解（3）】，代入已知数据直接运行，得到如下结果：

Run

```
r=
 3.192648124090672741446283457166
-3.192648124090672741446283457166
```

即$\mu_r=3.193\text{mm}$满足可靠度$R=0.9999$的要求，另一结果舍去，故取$\mu_r=3.193\text{mm}$为拉杆半径。

强度(μ_δ，σ_δ)与应力(μ_S，σ_S)参数的变化，对可靠度（R）变化影响的程度，称为敏感度。实际工作中希望参数对可靠度的敏感度越低越好，这样才能尽可能地保证系统可靠性的稳定。

接下来进行敏感度分析。图4-1是材料强度指标的偏差与可靠度之间的变化关系。可以看到，随着偏差的增大，其可靠度急剧下降。图4-2则是考虑材料强度指标的变化与可靠度之间的关系。

4.3.2 梁的静强度可靠性设计

受集中载荷P作用的简支梁如图4-3所示，显然，载荷P、跨度l、力作用点位置a均

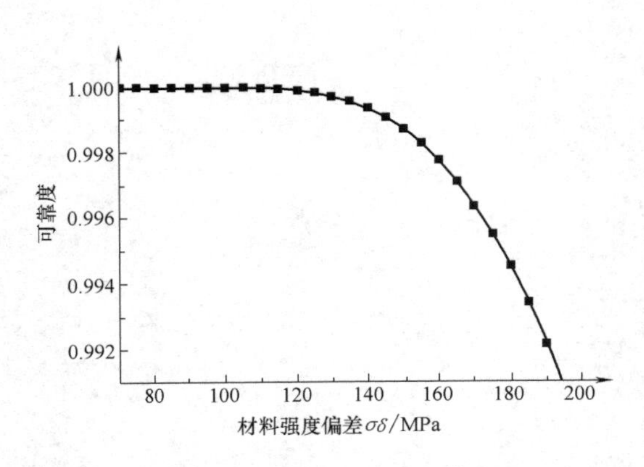

图 4-1　材料强度指标的偏差与可靠度之间的变化关系

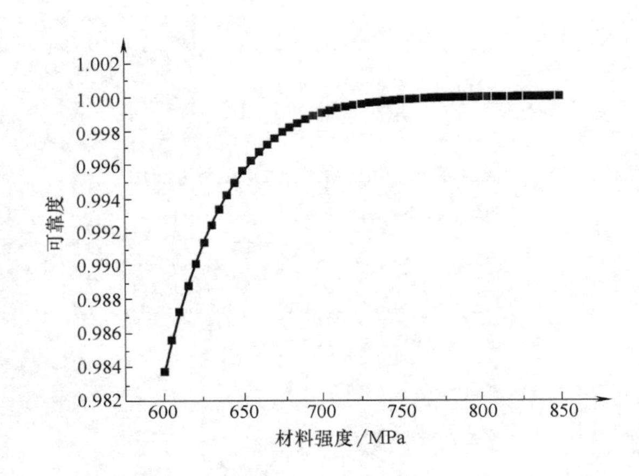

图 4-2　材料强度指标的变化与可靠度之间的关系

为随机变量。它们的均值及标准差分别为载荷 $P(\mu_P, \sigma_P)$，梁的跨度 $l(\mu_l, \sigma_l)$，力作用点位置 $a(\mu_a, \sigma_a)$。

梁的静强度可靠性设计步骤与上面介绍的拉杆类似，具体如下：

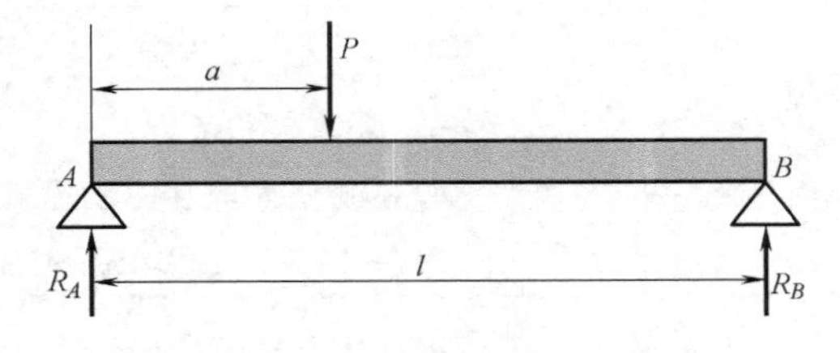

图 4-3　受集中载荷的简支梁

1）确定可靠度。

2）计算可靠度联结系数 z_R。

3）确定强度分布。

4）确定应力分布计算表达式。梁的最大弯矩发生在载荷 P 的作用点处，其表达式为 $M=[Pa(l-a)]/l$，最大弯曲应力则发生在该截面的底面和顶面，其值为

$$S=M/(I/C)$$

式中　S——应力（MPa）；

M——弯矩（N · mm）；

C——截面中性轴至梁的底面或顶面的距离（mm）；

I——梁截面对中性轴的惯性矩（mm^4）。

5）将应力、强度计算公式代入联结方程。

6）求解未知量（参数）。

7）MATLAB 辅助求解。

例题 4-4　设计一根工字钢的简支梁（见图 4-4），各项已知参数如下。试用可靠性设计方法，在可靠度为 0.999 的情况下，确定工字钢的尺寸。

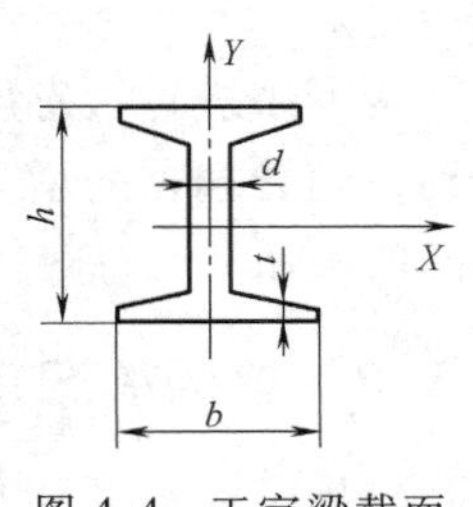

图 4-4　工字梁截面

$$\begin{cases} l=(3048\pm3.175)\mathrm{mm}, l=3048\mathrm{mm}, \sigma_l=3.175/3\mathrm{mm} \\ a=(1828.8\pm3.175)\mathrm{mm}, a=1028.8\mathrm{mm}, \sigma_a=3.175/3\mathrm{mm} \\ \mu_P=27011.5\mathrm{N}, \sigma_P=1.058\mathrm{N} \\ \mu_\delta=1171.2\mathrm{MPa}, \sigma_\delta=32.794\mathrm{MPa} \end{cases}$$

解 查阅相关的《机械设计手册》[1]，工字钢截面尺寸存在如下几何关系，即

$$\frac{b}{t}=8.88,\frac{h}{d}=15.7,\frac{b}{h}=0.92$$

因此

$$\frac{I}{C}=\frac{0.92h^4-\left(0.92h-\frac{1}{15.7}h\right)\left(h-2\times\frac{0.92}{8.88}h\right)^3}{6h}=0.0822h^3$$

令

$$\sigma_h=0.01h$$

则

$$\frac{I}{C}=0.0822h^3,\sigma_{\left(\frac{I}{C}\right)}=3\times0.0822h^3=0.2466h^3$$

具体计算步骤如下：

1）给定 $R=0.999$。

2）求出 $F=1-R=0.001$。

3）求得 $z_R=3.09$。

4）强度分布参数：$\mu_\delta=1171.2\text{MPa}$，$\sigma_\delta=32.794\text{MPa}$。

5）列出应力表达式。

$$\begin{cases}S=\frac{MC}{I}=\frac{M}{I/C}\\ \sigma_S=\sqrt{\left(\frac{1}{I/C}\right)^2\sigma_M^2+\left[\frac{-M}{(I/C)^2}\right]^2\sigma_{I/C}^2}\end{cases}\tag{4-15}$$

6）计算工作应力。

$$\mu_M=\mu_P a\left(1-\frac{a}{l}\right)=19759452.48\text{N}\cdot\text{mm}$$

$$S=\frac{\mu_M}{I/C}=\frac{240382633.6}{h^3}\text{N}\cdot\text{mm}$$

$$\begin{aligned}\sigma_M^2&=\text{Var}(M)=\text{Var}\left[Pa\left(1-\frac{a}{l}\right)\right]=\left(\frac{\partial M}{\partial P}\right)^2\sigma_P^2+\left(\frac{\partial M}{\partial a}\right)^2\sigma_a^2+\left(\frac{\partial M}{\partial l}\right)^2\sigma_l^2\\&=4.24\times10^{11}(\text{N}\cdot\text{mm})^2\end{aligned}$$

得

$$\sigma_M=651153\text{N}\cdot\text{mm}$$

将以上有关值代入式（4-5），得

$$\sigma_S=10712453.33\text{N}\cdot\text{mm}/h^3$$

7）将应力、强度分布参数代入联结方程，求未知量 h。

$$z_R=\frac{\mu_\delta-S}{\sqrt{\sigma_\delta^2+\sigma_S^2}}=\frac{1171.2\text{MPa}-240382633\text{N}\cdot\text{mm}/h^3}{\sqrt{(32.794\text{MPa})^2+(10712453.33\text{N}\cdot\text{mm}/h^3)^2}}=3.09$$

求解得 $h=62.154\text{mm}$，此时满足可靠度 $R=0.999$。

【MATLAB 求解（1）】

Code

```
clear all
format short
sgmaL=3.175/3;sgmaA=3.175/3;% mm
sgmaP=890;% N
sgmaD=32.794;% MPa
%%
syms MbthdPAL
% b=8.88*t;h=15.7*d;b=0.92*h
b=0.92 * h;d=h/15.7;t=b/8.88;C=h/2;
I=(b*h^3-(b-d)*(h-2*t)^3)/12;I=vpa(I);IC=I/C;
sgmah=0.01 * h;sgmah=vpa(sgmah);% if
sgmaIC=diff(IC) * sgmah;
%%
R=0.999;zr=norminv(R),
%%
M=P * A * (1-A/L);
varM=(diff(M,'P'))^2 * sgmaP^2+(diff(M,'A'))^2 * sgmaA
^2+(diff(M,'L'))^2 * sgmaL^2;
L=3048;% mm
A=1828.8;% mm
P=27011.5;% N
D=1171.2;% MPa
varM=eval(varM);M=eval(M);S=M/IC;
%%
varS=(2/IC)^2 * varM+(-M/(IC^2))^2 * sgmaIC^2;
% D;sgmaD;zr,S,varS,
S_ans=eval(varS);
%% the solve function only accepts a vary(h)
ft=@(h)((D-eval(S))./sqrt(sgmaD^2+eval(varS))-zr);
h=fsolve(ft,[2]);
%% the solve function only accepts a vary(h)
h=h(1),b=0.92 * h,d=h/15.7,t=b/8.88
```

Run

```
zr=3.0902
h=63.5115
b=58.4306
d=4.0453
t=6.5800
```

通过蒙特卡罗法，也可进行求解。

【MATLAB 求解（2）】

Code

```
clear all
syms h
format short
R=0.9990;zr=norminv(R)
n=20;sj=randn(n,8);
L=3048;sgmaL=3.175/3;L_mt=L+sgmaL * sj(:,1);% mm
A=1828.8;sgmaA=3.175/3;A_mt=A+sgmaA * sj(:,2);% mm
P=27011.5;sgmaP=890;P_mt=P+sgmaP * sj(:,3);% N
D=1171.2;sgmaD=32.794;D_mt=D+sgmaD * sj(:,4);% MPa
%% b=8.88* t;h=15.7* d;b=0.92* h
b=0.92 * h;d=h/15.7;t=b/8.88;C=h/2;
I=(b* h^3-(b-d)* (h-2* t)^3)/12;
IC=I/C;IC=vpa(IC,5);
M_mt=P_mt .* A_mt .* (1-A_mt ./L_mt);
M_ave=mean(M_mt);
M_var=sum((M_mt-M_ave).^2)/n;
S=M_mt ./IC;S=vpa(S,5);
S_ave=mean(S);S_ave=vpa(S_ave,5);
S_var=sum((S-S_ave).^2)/n;S_var=vpa(S_var,5);
%%
ft=@ (h)((D-eval(S_ave))/sqrt(sgmaD^2+eval(S_var))-zr);
h=fsolve(ft,[2])
b=0.92 * h,d=h/15.7,t=b/8.88
```

Run

```
zr=3.0902
h=61.1536
b=56.2614
d=3.8951
t=6.3357
```

对比结果发现，两种方法的计算结果基本一致，请读者自行总结其中的异同。

8）敏感度分析。图 4-5、图 4-6 研究了工字钢截面的高度与可靠度之间的变化关系，即零件结构参数对可靠度的敏感度。观察图 4-5，当可靠度由 0.990 升至 0.999 时，工字钢截面的高度由 60.94mm 升至 61.70mm，变化并不明显；图 4-6 也有类似情况。

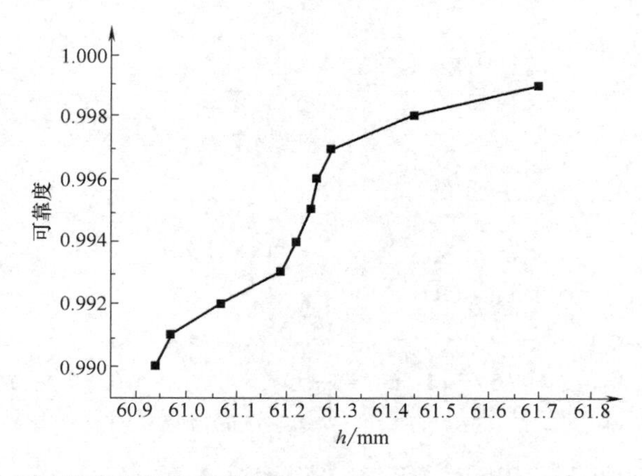

图 4-5　工字钢截面的高度与可靠度（$R=0.990\sim0.999$）之间的变化关系（1）

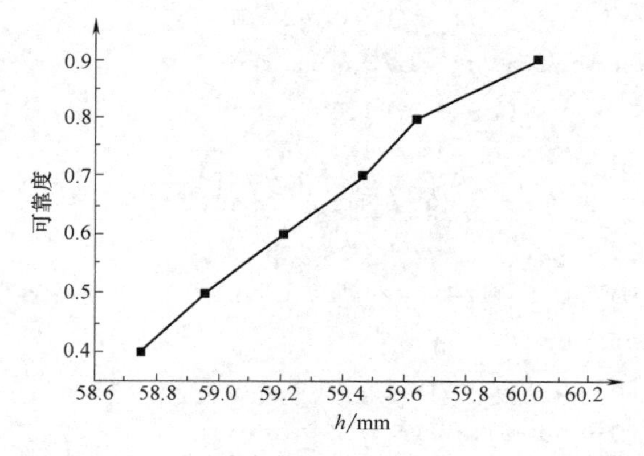

图 4-6　工字钢截面的高度与可靠度（$R=0.4\sim0.9$）之间的变化关系（2）

4.3.3　承受扭矩的轴的静强度可靠性设计

进行一端固定，另一端承受扭矩的实心轴的可靠性设计时，当其应力、强度均呈正态分布时，则其静强度可靠性设计步骤与前述步骤完全相同，仅应力表达式有所差别。

设轴的直径为 d(mm)，单位长度的扭转角为 α(rad)，轴材料的切变模量为 G(MPa)，则在扭矩 $T=G\theta I_P$的作用下，产生的剪应力为

$$\tau=\frac{1}{2}G\alpha d=\frac{Td}{2\,I_P}$$

式中　I_P——轴横截面的极惯性矩。

对于实心轴

$$I_P=\frac{\pi d^4}{32}$$

因此有

$$\tau=\frac{T}{I_P}\frac{d}{2}=\frac{16T}{\pi d^3}=\frac{2T}{\pi r^3}$$

例题 4-5 要求设计一个一端固定、另一端承受扭矩的轴，设计随机变量（扭矩、许用剪切应力、轴半径变化）的分布参数如下：

$$T\sim N(\mu_T,\sigma_T^2)\ ,\mu_T=11303000\text{N}\cdot\text{mm},\sigma_T=1130300\text{N}\cdot\text{mm}$$

$$\delta\sim N(\mu_\delta,\sigma_\delta^2)\ ,\mu_\delta=344.47\text{MPa},\sigma_\delta=34.447\text{MPa}$$

$$\sigma_r=\frac{\alpha}{3}r$$

解 静强度可靠性设计步骤如下：

1）给定可靠度 $R=0.999$。

2）求 $F=1-R=0.001$。

3）查正态分布函数表得 $z_R=3.09$。

4）强度分布参数：$\mu_\delta=344.47\text{MPa}$，$\sigma_\delta=34.447\text{MPa}$。

5）列出应力表达式并计算，有

$$\mu_\tau=\frac{2T}{\pi r^3}=\frac{7195719.365\text{N}\cdot\text{mm}}{r^3}$$

$$\sigma_\tau=\sqrt{\left(\frac{\partial\tau}{\partial T}\right)^2\sigma_T^2+\left(\frac{\partial\tau}{\partial r}\right)^2\sigma_r^2}=\sqrt{\frac{4\ \sigma_T^2}{\pi^2 r^6}+\frac{36\ T^2\sigma_r^2}{\pi^2 r^8}}=\frac{719571.9365\text{N}\cdot\text{mm}}{r^3}\sqrt{1+(10\alpha)^2}$$

6）将应力、强度的分布参数代入联结方程，求未知量半径 r。

$$z_R=\frac{\mu_\delta-\mu_\tau}{\sqrt{\sigma_\delta^2+\sigma_\tau^2}}=\frac{344.47\text{MPa}-\dfrac{7195719.365\text{N}\cdot\text{mm}}{r^3}}{\sqrt{(34.447\text{MPa})^2+\left(\dfrac{719571.9365\text{N}\cdot\text{mm}}{r^3}\right)^2\times(1+100\ \alpha^2)}}=3.09$$

取 $\alpha=0.03$，代入上式解得

$$r=32.13\text{mm}$$

此时满足可靠度 $R=0.999$。

【MATLAB 求解】

Code

```
clear all
syms r
format short
R=0.9990;zr=norminv(R)
n=2000;sj=randn(n,8);
T=11303000;sgmaT=1130300;T_mt=T+sgmaT * sj(:,1);% N.mm
```

```
D=344.47;sgmaD=34.447;D_mt=D+sgmaD * sj(:,2);% MPa
alpha=0.03;sgmar=alpha * r/3;r_mt=r+sgmar * sj(:,3);% mm
r_ave=mean(r_mt);r_ave=vpa(r_ave,5);r=r_ave;
tao_mt=2* T_mt/pi/r^3;tao_ave=mean(tao_mt);tao_ave=vpa
(tao_ave,5);
tao_var=sum((tao_ave-tao_mt).^2)/n;tao_var=vpa(tao_
var,5);
ft=@ (r)((D-eval(tao_ave))/sqrt(sgmaD^2+eval(tao_var))
-zr);r=fsolve(ft,[2])
```

Run

```
zr=3.0902
r=32.1274
```


7）敏感度分析。下面讨论半径参数与可靠度之间的变化关系。如图 4-7 所示，当可靠度低于 0.99 时，半径参数的变化对其影响较大，即敏感度过高；但是当可靠度高于 0.99 时，半径参数的敏感度则有所降低。

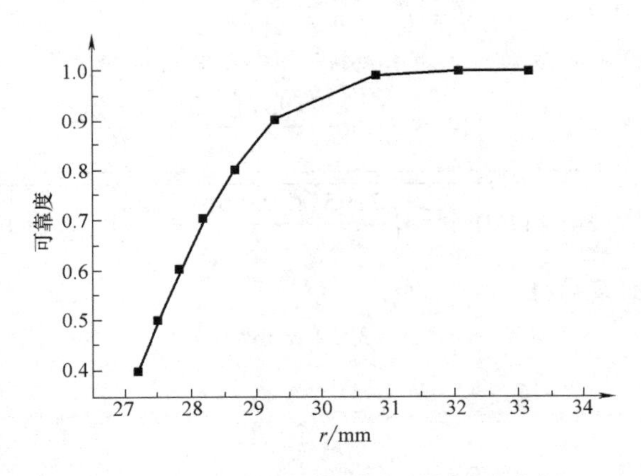

图 4-7　半径参数对可靠度的敏感度分析

4.3.4　受弯扭组合作用的轴的静强度可靠性设计

在实际的机械及汽车结构中，受弯扭组合作用的轴类零件占绝大多数，若已知轴类零件材料的强度 $\delta \sim N(\mu_\delta,\ \sigma_\delta^2)$，扭矩 $T \sim N(\mu_T,\ \sigma_T^2)$，危险截面上的最大弯矩 $M \sim N(\mu_M,\ \sigma_M^2)$，则其静强度可靠性设计的步骤仍然与前述基本相同，只是需要进行弯曲应力与扭转应力的计算，然后综合得到工作应力。

弯曲应力的分布参数为

$$S_{\mathrm{w}}=\frac{M}{(I/C)}$$

$$\sigma_{S_{\mathrm{w}}}=\sqrt{\left[\frac{1}{(I/C)}\right]^{2}\sigma_{M}^{2}+\left[\frac{-M}{(I/C)^{2}}\right]^{2}\sigma_{(I/C)}^{2}}$$

对于实心轴

$$\frac{I}{C}=\frac{\pi}{32}d^{3}=\frac{\pi}{4}r^{3} \tag{4-16}$$

式中　d、r——轴的直径和半径。

扭转应力的分布参数为

$$\tau=\frac{2T}{\pi r^{3}}$$

$$\sigma_{\tau}=\sqrt{\left(\frac{\partial\tau}{\partial T}\right)^{2}\sigma_{T}^{2}+\left(\frac{\partial\tau}{\partial r}\right)^{2}\sigma_{R}^{2}}=\sqrt{\frac{4\,\sigma_{T}^{2}}{\pi^{2}r^{6}}+\frac{36\,T^{2}\sigma_{R}^{2}}{\pi^{2}r^{8}}}$$

式中　σ_R——轴半径的标准差，可取$\sigma_R=\frac{\alpha r}{3}$，其中$\alpha$为偏差系数，可取$\alpha=0.03$。

应用第四强度理论合成应力，即

$$S=\sqrt{S_{\mathrm{w}}^{2}+3\,\tau^{2}}$$

$$\mu_{S}=\sqrt{\mu_{S_{\mathrm{W}}}^{2}+3\mu_{\tau}^{2}}+\frac{3}{2}\left(\frac{\mu_{\tau}^{2}\sigma_{S_{\mathrm{W}}}^{2}+\mu_{S_{\mathrm{W}}}^{2}\sigma_{\tau}^{2}}{(\sqrt{\mu_{S_{\mathrm{W}}}^{2}+3\mu_{\tau}^{2}})^{3}}\right) \tag{4-17}$$

$$\sigma_{S}^{2}=\mathrm{Var}(S)=\left[\frac{\partial S}{\partial S_{\mathrm{w}}}\bigg|_{\substack{S_{\mathrm{w}}=\mu_{S_{\mathrm{W}}}\\ \tau=\mu_{\tau}}}\right]\mathrm{Var}(S_{\mathrm{w}})+\left[\frac{\partial S}{\partial\tau}\bigg|_{\substack{S_{\mathrm{w}}=\mu_{S_{\mathrm{W}}}\\ \tau=\mu_{\tau}}}\right]^{2}\mathrm{Var}(\tau)=\frac{\mu_{S_{\mathrm{W}}}^{2}\sigma_{S_{\mathrm{w}}}^{2}+9\mu_{\tau}^{2}\sigma_{\tau}^{2}}{\mu_{S_{\mathrm{W}}}^{2}+3\mu_{\tau}^{2}} \tag{4-18}$$

例题 4-6　要求设计一个能同时承受弯矩和扭矩的齿轮轴，已知条件如下。传递扭矩：$T\sim N(120000,\ 9000)$ N·mm，危险截面弯矩：$M\sim N(14000,\ 1200)$ N·mm，材料强度：$\mu_\delta\sim N(800,\ 80)$ MPa，要求可靠度$R=0.999$，试求其危险截面的尺寸。

解　设危险截面的半径为r，则弯扭组合作用下的轴的静强度可靠性设计步骤与前述的单一受力情况（拉伸、弯曲、扭转）类似。

1）计算弯曲应力的均值与方差。根据已知条件，有

$$\begin{cases}\dfrac{I}{C}=\dfrac{\pi}{32}d^{3}=\dfrac{\pi}{4}r^{3}\\[2ex] \sigma_{(I/C)}=\dfrac{\pi}{4}\times 3r^{2}\sigma_{r}\\[2ex] \sigma_{R}=\dfrac{1}{3}\alpha r,\text{设 }\alpha=0.03\end{cases}$$

$$\sigma_{S_w}=\sqrt{\left(\frac{\partial S_w}{\partial M}\right)^2\sigma_M^2+\left[\frac{\partial S_w}{\partial\left(\frac{I}{C}\right)}\right]^2\sigma_{\left(\frac{I}{C}\right)}^2}$$

$$=\sqrt{\left(\frac{1}{\frac{\pi}{4}r^3}\right)^2\times(1200\text{N}\cdot\text{mm})^2+\left[\frac{-14000\text{N}\cdot\text{mm}}{\left(\frac{\pi}{4}r^3\right)^2}\right]^2\times(0.02356r^3)^2}=\frac{1618.753\text{N}\cdot\text{mm}}{r^3}$$

$$S_w=\frac{M}{I/C}=\frac{M}{\frac{\pi}{4}r^3}=\frac{4\times14000\text{N}\cdot\text{mm}}{\pi r^3}=\frac{17825.354\text{N}\cdot\text{mm}}{r^3}$$

2）计算扭转剪切应力的均值与方差。根据已知条件，有

$$\tau=\frac{2T}{\pi r^3}=\frac{2\times120000\text{N}\cdot\text{mm}}{\pi r^3}=\frac{76394.373\text{N}\cdot\text{mm}}{r^3}$$

$$\sigma_\tau^2=\frac{4\sigma_T^2}{\pi^2r^6}+\frac{36T^2\sigma_R^2}{\pi^2r^8}=\frac{4\times(9000\text{N}\cdot\text{mm})^2}{\pi^2r^6}+\frac{36\times(120000\text{N}\cdot\text{mm})^2\times\left(\frac{\alpha}{3}r\right)^2}{\pi^2r^8}$$

$$=\frac{38080553.67(\text{N}\cdot\text{mm}^2)}{r^6}$$

设 $\alpha=0.03$

3）综合工作应力（弯曲应力、剪切应力）的均值与方差。

$$S=\sqrt{S_w^2+3\tau^2}+\frac{3}{2}\frac{\tau^2\sigma_{S_w}^2+S_w^2\sigma_\tau^2}{\sqrt{(S_w^2+3\tau^2)^3}}$$

$$=\frac{133514.21\text{N}\cdot\text{mm}}{r^3}+$$

$$\frac{3}{2}\left[\frac{\left(\frac{76394.373\text{N}\cdot\text{mm}}{r^3}\right)^2\left(\frac{1618.753\text{N}\cdot\text{mm}}{r^3}\right)^2+\left(\frac{17825.354\text{N}\cdot\text{mm}}{r^3}\right)^2\frac{38080553.67(\text{N}\cdot\text{mm})^2}{r^6}}{\frac{1.7826\times10^{10}(\text{N}\cdot\text{mm})^2}{r^6}\frac{133514.21\text{N}\cdot\text{mm}}{r^3}}\right]$$

$$=\frac{133531.474\text{N}\cdot\text{mm}}{r^3}$$

$$\sigma_S^2=\frac{S_w^2\sigma_{S_w}^2+9\tau^2\sigma_\tau^2}{S_w^2+3\tau^2}$$

$$=\frac{(17825.354\text{N}\cdot\text{mm}/r^3)^2(1618.753\text{N}\cdot\text{mm}/r^3)^2+9\times(76394.373\text{N}\cdot\text{mm}/r^3)^2(38080553.67(\text{N}\cdot\text{mm})^2/r^6)}{(133514.21\text{N}\cdot\text{mm}/r^3)^2}$$

$$=\frac{112252046.7(\mathrm{N}\cdot\mathrm{mm})^2}{r^6}$$

4）联结方程求解。

$$z_R=3.09=\frac{\mu_\delta-\mu_S}{\sqrt{\sigma_\delta^2+\sigma_S^2}}=\frac{800\mathrm{MPa}-\frac{133531.474\mathrm{N}\cdot\mathrm{mm}}{r^3}}{\sqrt{(80\mathrm{MPa})^2+\frac{112252046.7(\mathrm{N}\cdot\mathrm{mm})^2}{r^6}}}$$

至此，可以求出方程的解。

下面是采用了蒙特卡罗法的 MATLAB 算法求解。值得指出的是，已知条件传递扭矩 T、危险截面弯矩 M、材料强度 δ、可靠度 R，均可以视为变量参数，由此带来了问题求解的极大灵活性。

【MATLAB 求解】

Code

```
clear all
syms r
format short
R=0.999;zr=norminv(R)
n=2000;sj=randn(n,8);
T=120000;sgmaT=9000;T_mt=T+sgmaT * sj(:,1);% N.mm
M=14000;sgmaM=1200;M_mt=M+sgmaM * sj(:,2);% N.mm
D=800;sgmaD=80;D_mt=D+sgmaD * sj(:,3);% MPa
alpha=0.03;
%%
sgmar=alpha * r/3;r_mt=r+sgmar * sj(:,4);% mm
r_ave=mean(r_mt);r_ave=vpa(r_ave,5);r=r_ave;
tao_mt=2 * T_mt/3.1415926/r^3;tao_ave=mean(tao_mt);
tao_ave=vpa(tao_ave,5);
tao_var=sum((tao_ave-tao_mt).^2)/n;tao_var=vpa(tao_
var,5);
S_w=M./(pi * r_mt.^3/4);S_w=vpa(S_w,5);
S_w_ave=mean(S_w);S_w_ave=vpa(S_w_ave,5);
S_w_var=sum((S_w_ave-S_w).^2)/n;S_w_var=vpa(S_w_var,5);
%%
S2=S_w.^2+3 * tao_mt.^2;S2=vpa(S2,5);
S2_ave=mean(S2);S2_ave=vpa(S2_ave);
S2_var=sum((S2-S2_ave).^2)/n;
```

```
S_var=sqrt(S2_var* r^12)/r^6;S_var=vpa(S_var,5);
S_ave=sqrt(S2_ave *  r^6)/r^3;S_ave=vpa(S_ave,5);
ft=@ (r)((D-eval(S_ave))/sqrt(sgmaD^2+eval(S_var))-zr);
r=fsolve(ft,[2])
```

Run

```
zr=3.0902
r=7.3901
```

由此可见，通过上述 MATLAB 代码执行求解，简洁、高效，所包含的算法与技巧，读者可以自行总结、体会。

4.4 本章小结

本章首先讲述了安全系数与可靠度之间的关系，并给出了基于可靠度情况下的安全系数计算方法；介绍了设计参数数据的统计处理以及相关数据查阅方法；然后重点说明在静强度的情况下，机械设计中的四大典型工况（拉伸、弯曲、扭转、弯扭组合）的可靠度计算数学模型建立方法，并通过 MATLAB 工程计算软件实现求解。

习　题

习题 4-1

一根钢丝绳承受拉力，已知其拉力及强度的变差系数分别为 0.21、0.25，平均安全系数为 1.667，试估算钢丝绳的可靠度下限。

习题 4-2

钢丝绳拉力及承载强度的变差系数分别为 0.09、0.10，若要求可靠度 $R=0.9693$，试估算钢丝绳安全系数的范围。

习题 4-3

某转轴的疲劳强度服从威布尔分布，参数为：最小强度或位置参数为 $\delta_0=50\text{MPa}$，形状参数 $m=2$，尺度参数$(\theta-\delta_0)=(77-50)\text{MPa}$，应力为正态分布，均值 $S=55\text{MPa}$，变差系数$C_S=0.05$。试估算其可靠度。

习题 4-4

测量某一圆柱体的直径 $d=(50\pm0.08)\text{mm}$，其均值和标准差各是多少？测量 1000 个这样的圆柱体，尺寸落在范围之外的最多有几个？

习题 4-5

某组件由 3 个零件组成，组件的长度为 3 个零件的尺寸之和。若零件的尺寸分别为（20 ± 0.2）mm、(30 ± 0.3)mm、(40 ± 0.4)mm，组件长度的均值、标准差及其公差各是多少？

习题 4-6

圆截面拉杆承受的轴向力和强度参数均为已知，服从正态分布，要求可靠度为 0.999，试求拉杆的设计直径，已知：

$$\begin{cases} P \sim N(400000, 15000^2) \\ \mu_\delta = 1000\text{MPa} \\ \sigma_\delta = 50\text{MPa} \\ R = 0.999 \end{cases}$$

习题 4-7

截面高 $H=2B$，宽为 B 的一长梁，受均布载荷 $\omega=(115\pm36)$ N/mm，支撑跨距 $L=(3500\pm150)$ mm，钢材的屈服强度为 $\sigma_s=(377\pm57)$ MPa，要求不发生屈服失效的可靠度为 0.999，试求所需的截面尺寸。

习题 4-8※

圆截面扭杆受扭矩 $T=(1200\pm120)$ N · m，钢材抗剪强度 $\tau_s=(320\pm48)$ MPa，要求不屈服失效的可靠度 $R\geqslant0.999$，试求所需直径。

习题 4-9※

一转轴承受弯矩和扭矩的联合作用，参数已知，该轴用钼钢制造，抗拉强度的均值与标准差也为已知。轴径的制造公差为 $0.005d$。现在要求该轴的可靠度为 0.999，试求其直径。已知数据如下：

$$\begin{cases} M = (150000 \pm 42000)\ \text{N} \cdot \text{m} \\ T = (120000 \pm 3600)\ \text{N} \cdot \text{m} \\ \mu_\delta = 935\text{MPa}, \sigma_\delta = 18.75\text{MPa} \\ \Delta d = 0.005d \\ R = 0.999 \end{cases}$$

第5章

机械疲劳强度可靠性设计

载荷的形式有很多种，其作用的方式和速度、载荷的幅值和工况也多种多样。许多机构和零件承受着随机载荷、波动载荷或交变载荷，使其产生交变应力。据统计，机械零件的断裂事故，多由交变应力所引起的疲劳破坏所致。疲劳过程就是由于载荷的重复作用，导致材料内部的损伤积累过程。其发生破坏的最大应力水平低于极限静强度，且往往低于材料的屈服强度。因此，对承受着交变载荷或称疲劳载荷的多数机械结构来说，机械静强度的可靠性设计不能反映它们的实际载荷情况，对这些机械零件必须进行疲劳强度设计。

5.1 疲劳强度设计参数数据的统计处理与计算

5.1.1 疲劳载荷的统计分析方法

疲劳载荷的形式很多，一般包括确定载荷和随机载荷两种。确定载荷是指由数学公式来表达的载荷，例如正弦波交变载荷（$P=A\sin\varphi$），以最大载荷作为峰值，且具有零平均值的特点，在工程实际中较为常见；而随机载荷只能用统计的方法来描述，一般有功率谱法和循环计数法。功率谱法是用给出载荷幅值随其出现频次的分布（载荷的功率密度函数）来描述，较为精确与严密。循环计数法即将载荷-时间历程离散成一系列的峰谷值，然后统计其峰谷值、幅值、均值等。常见的循环计数法有峰值计数法、振程计数法、穿级计数法、雨流计数法等，前三者均不够精确严格，而雨流计数法（Rain Flow Counting Method，RFCM）较为精确。

1. 功率谱法

功率谱法是用给出的载荷幅值的均方值随其出现的频次（频率）的分布，即载荷的概率密度函数的方法来描述随机载荷过程。它是一种较为精确、严密的统计方法，能够保留载荷历程的全部信息。特别是对于平稳的随机过程，功率谱法很方便。随机载荷是无周期地连续变化时，这种载荷可以借助傅里叶变换，将复杂的随机载荷分解为有限个具有各种频率的简谐变化之和，以获得功率密度函数。由于计算机的飞速发展，傅里叶变换运算的速度越来越快，过去只能用于平稳随机过程的功率谱法，现在也可以用于研究一些非平稳的载荷变化过程。

2. 循环计数法

（1）峰值计数法　这种计数法的实质就是将载荷峰值按照大小排列起来，不能提供有关应力的极大值和极小值的顺序信息。

（2）振程计数法　振程计数法认为机件的疲劳损伤主要取决于载荷变化的大小，相邻峰谷之间的距离称为振程，主要包括简单振程计数法、振程均值计数法和振程对均值计数法三种。

简单振程计数法只计及载荷时间历程中峰谷之间的距离，没有考虑振程距零载荷的距离，忽略了振程所处的位置，也就是忽略了载荷的静态分布。

振程均值计数法计及振程值和振程中点至载荷零点，在预估寿命时，将不同均值的振程幅值均用歌德曼图等效至零均值的等效振幅，以此作为疲劳试验和预估寿命的依据。

振程对均值计数法既考虑了局部载荷循环，又不影响大的载荷循环。

（3）穿级计数法　这种计数法只统计载荷的上升边或下降边穿过某一级应力的次数，由于其统计的是某一给定的应力等级边通过的次数，故这种计数法不能给出载荷的幅值和中值信息，也没有载荷的顺序信息。

（4）雨流计数法　雨流计数法又称为“塔顶法”，是由英国的 Matsuiski 和 Endo 两位工程师提出的，距今已有70多年。雨流计数法主要用于工程界，特别在疲劳寿命计算中运用非常广泛，参看图5-1，把载荷-时间历程数据记录转过90°，时间坐标轴竖直向下，数据记录犹如一系列屋面，雨水顺着屋面往下流，故称为雨流计数法。雨流计数法对载荷的时间历程进行计数的过程反映了材料的记忆特性，具有明确的力学概念，因此该方法得到了普遍的认可。

雨流计数法有以下规则：

1）以向右的纵坐标表示载荷（应力），以向下的纵坐标表示试件，这样，载荷（应力）-时间历程曲线形如一座塔的多层屋顶，雨点以峰谷（塔顶尖）为起点依次沿每个峰（谷）线的靠近纵坐标的一侧（每层塔的屋顶上面）下流。

2）雨水流下时如遇下一层有更大的峰值时则继续流下（即如图5-1所示，由0流到 a 时，c 峰比 a 峰高，雨水应继续流下）。如果下一层峰值较小，雨水就滴下，这时统计一次

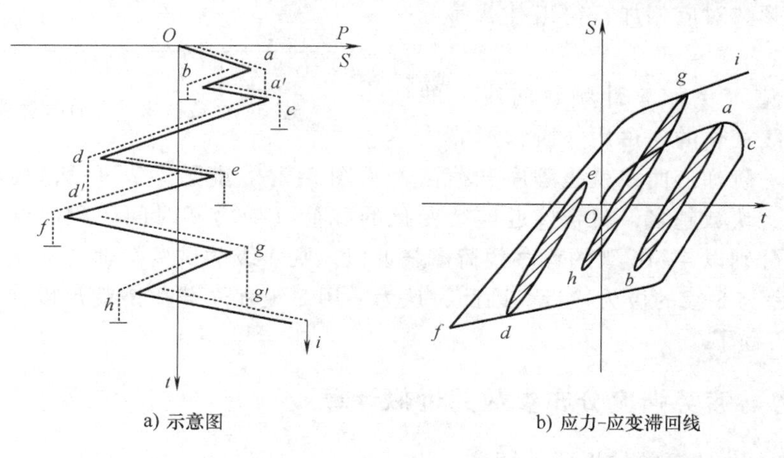

a) 示意图　　b) 应力-应变滞回线

图5-1　雨流计数法示意图

（例如，e 峰比 c 峰小，则水流完成 $0\to a\to a'\to c$ 时就统计一次）。雨水不能隔层流下（例如，虽然 i 峰比 c 峰大，但两者间还有峰相隔，则不能由 c 继续流到 i）。

3）雨水已经沿一条路线流下（如 $0\to a\to a'\to c$），则从顶点向反方向流的雨水（例如 $a\to b$），无论下层有无更大的峰或更深的谷（例如 d 谷比 b 谷更深），雨水不能继续下流而由 b 处滴下，即 b 处应统计一次。

4）雨水下流时如遇另一路流水，则应在相遇处中断并统计一次（如由 b 流向 c 遇到 a 流下的水并相交于 a'，则 $b\to a'$就统计一次，同样 $e\to d'$，$h\to g'$都应分别统计一次）。

由图 5-1a 可以看出：$a\to b\to a$，$d\to e\to d'$，$g\to h\to g'$均为交变的全循环，分别构成闭合的应力-应变滞回线，而 $O\to a\to a'\to c$，$c\to d\to d'\to f$，$f\to g\to g'\to i$ 均分别为半循环。上述雨流计数法所得结果与图 5-1b 所示的在该应力-时间历程下的材料的应力-应变滞回线是一致的，而且应力-时间历程的每一部分都记录到，且只记录一次。

3. 载荷谱法

将实测的载荷（应力）-时间历程经上述统计后，即可得出载荷（应力）的大小与其出现频次（即频率）的关系，表示随机载荷（应力）的大小与其出现频次关系的图形、数字、表格、矩阵等称为载荷谱。

为使产品设计和疲劳强度试验研究建立在反映其实际使用时的载荷工况的基础上，就要采集该产品在各种典型使用工况下的载荷（应力）-时间历程，经统计分析及处理后编织成工作载荷谱（表达在应力谱时间内的各种工况载荷统计特性的载荷谱），可根据实测的工作载荷谱编制模拟试验用的加载谱，对所设计的产品或零件按加载谱加载，进行疲劳寿命试验来验证设计，预估产品寿命。因此，载荷谱是产品与零件疲劳寿命的依据，也是产品可靠性设计的载荷依据。

载荷谱常用的一种图线表达形式是如图 5-2 所示的累计频数曲线。在汽车试验研究中，工作载荷谱的形式就是由各种典型使用工况合成的载荷循环为10^6次的总累计频数曲线。具体做法是将各典型工况的各个载荷等级中的累计频数对应相加，得出某载荷等级的合成频数。

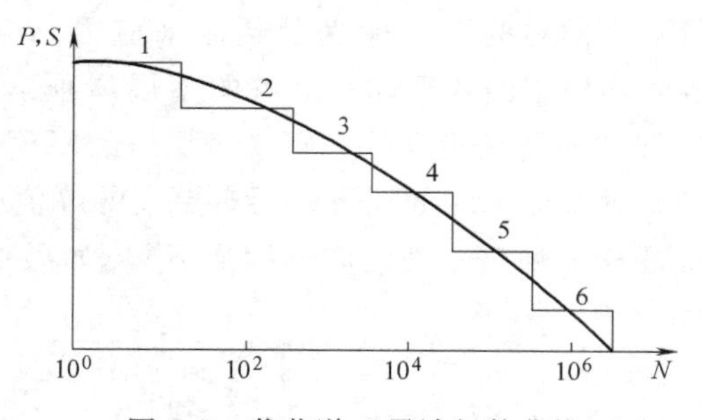

图 5-2　载荷谱（累计频数曲线）

工作载荷谱（例如累计频数曲线）的载荷幅值是连续变化的，可用一阶梯形曲线来近似它。这一阶梯形曲线就是程序载荷谱（见图 5-2）。由图 5-2 可见，程序载荷谱的程序块容量越小、块数越多，就越接近连续变化的载荷（应力）-时间历程。试验表明：同一工作载荷谱若分别以 4~16 级的程序载荷谱来近似，则 4 级的试验寿命比 8 级的长，而超过 8 级的试验寿命与 8 级的极为接近。因此，认为采用 8 级程序载荷谱就足以代表连续的载荷（应力）-时间历程了。

5.1.2　应力与疲劳强度分布参数的近似计算

1. 零件应力分布参数的近似计算

在疲劳强度可靠性设计中，当缺乏实测资料时，可近似地按下式来确定零件的应力分布

参数，即

$$\begin{cases}\mu_S=\sigma_I\\ \sigma_S=C_S\mu_S\end{cases} \tag{5-1}$$

式中 μ_S——工作应力的数学期望；

σ_I——按常规计算方法得到的零件截面上的等效工作应力；

σ_S——工作应力的标准差；

C_S——变差系数。

2. 零件疲劳强度分布参数的近似计算

在疲劳强度可靠性设计中，当缺乏零件疲劳强度的实测资料时，可通过材料的机械特性资料手册来近似地确定零件的疲劳强度的分布参数。

$$\begin{cases}\mu_\delta=k_2\mu_{\sigma_{-1}}\\ \sigma_\delta=k_2\sigma_{\sigma_{-1}}\end{cases} \tag{5-2}$$

式中 μ_δ——强度均值；

σ_δ——强度标准差；

σ_{-1}——对称循环疲劳极限；

$\mu_{\sigma_{-1}}$——对称循环疲劳极限的数学期望；

$\sigma_{\sigma_{-1}}$——对称循环疲劳极限的标准差；

k_2——表示疲劳极限的修正系数，计算公式可以分为以下两种情况。

$$\begin{cases}k_2=\dfrac{2}{(1-r)K_\sigma+\eta(1+r)} & (r\leqslant 1)\\[2ex] k_2=\dfrac{2r}{(1-r)K_\sigma+\eta(1+r)} & (r>1,r=-\infty)\end{cases}$$

式中 r——应力循环的不对称系数，$r=\dfrac{\sigma_{\min}}{\sigma_{\max}}$；

η——应力不对称循环的敏感系数，对碳钢、低合金钢，$\eta=0.2$，对合金钢，$\eta=0.3$；

K_σ——有效应力集中系数。

上式中，当 $r=-1$ 时，$k_2=1/K_\sigma$；当 $r=1$ 时，$k_2=1/\eta$。

通常，手册中的σ_{-1}值，即是材料对称循环疲劳极限的数学期望，而其标准差可取为数学期望值的 8%（4%~10%），则零件疲劳强度分布参数又可近似地取为

$$\begin{cases}\mu_\delta=k_2\sigma_{-1}\\ \sigma_\delta=0.08\,\mu_\delta=0.08\,k_2\sigma_{-1}\end{cases} \tag{5-3}$$

在用上述近似计算方法求出零件的应力分布与疲劳强度分布的数学期望及标准差以后，就可代入其概率密度函数表达式，求出其概率密度函数。

5.1.3 疲劳强度的统计分析

疲劳强度数据指标是一些重要试验数据的总结，包括拉压、弯曲、扭转等疲劳极限，一般服从正态分布、对数正态分布、威布尔分布。材料疲劳强度数据是可靠性设计的基础，要通过大量的疲劳试验取得。因疲劳试验数据的分散性大，要想得到精确的 P-S-N 曲线，必

须有足够的试样，既费钱又费时，但这又是一项必不可少的基础建设。根据前人已有的试验工作总结出来得到的数据（标准试样测得），表 5-1 给出了一些常用金属材料的疲劳极限分布参数，表 5-2 给出了一些金属材料不同寿命时的疲劳性能分布，表 5-3 给出了一些金属材料的疲劳极限和标准差。

表 5-1　一些金属材料疲劳极限分布参数

序号	材料名称	加工处理状态	强度极限 σ_b/MPa	屈服强度 σ_s/MPa	硬度 HBW	光滑试件疲劳极限 $\mu_{\sigma_{-1}}$/MPa	光滑试件疲劳极限 $\sigma_{\sigma_{-1}}$/MPa	缺口试件疲劳极限 $\mu_{\sigma'_{-1}}$/MPa	缺口试件疲劳极限 $\sigma_{\sigma'_{-1}}$/MPa
1	Q235A	热轧不处理	449.5	267.9	110	213.1	8.11	132.4	4.39
2	20	900℃正火	460.8			250.1	5.09		
3	35	热轧 980℃空冷	604	379.8		248	4.61		
		正火	570.9	357.6	164	291.5	2.07	161.1	3.38
4	45	正火	623.8	376.3	175	249.4	5.31	161.1	7.71
		调质	710.2	500.6	216	388.5	9.67	211.8	9.22
		850℃油淬回火	970.6			432.2	9.83		
5	Q345	热轧不处理	586.1	360.7	169	281	8.45	169.9	9.22
6	40Cr		939.9	805.3	268	421.8	10.34	239.3	12.2
7	1Cr13	1058℃油淬回火	721	595.5	222	374.4	11.91		
8	2Cr13	调质	773.1	576.3	222	374.1	13.81	208.8	10.54
9	40MnB	调质	970.1	880.3	288	436.4	19.81	279.8	10.61
10	35CrMo	调质	924	819.8	280	431.6	13.87	238.5	10.9
11	60Si2Mn	淬火，中温回火	1391.5	1255.8	397	563.8	23.95		
12	18CrNiWA	热轧 950℃油淬空冷	1329.3	1035		511.5	54		
13	30CrMnSiA	热轧 890℃油淬空冷	1181.5	1098.7		486.6	72.59		
14	20CrNi2MoA	热轧 980℃油淬空冷、回火	1265.5	1056.5		585.7	28.45		
15	40CrNiMoA	热轧 850℃油淬回火	1088.6	989.6		480	41.99		
16	42CrMo	850℃油淬回火	1134.3			504	10.15		
17	50CrV	850℃油淬回火	1819.5	658.3	48HRC	746.8	31.73		
18	65Mn	830℃油淬回火	1795.4	1664.1	45HRC	708.4	30.96		
19	QT600-3	正火	858.6		273	290.1	5.82	169.52	9.33
20	QT400-18	退火			149	202.6	9.33	158.8	4.78

表 5-2　一些金属材料（调质结构钢）不同寿命时的疲劳性能分布

材料名称	静强度指标	试验条件 r	试验条件 α_o	寿命 N/h	疲劳极限 σ_r/MPa	标准差 s_{σ_r}/MPa	附注
45 钢（碳素钢）	$\sigma_b=833.85$MPa $\sigma_s=686.7$MPa $\delta=16.7\%$	−1	1.9	5.00e+04	412.02	13.08	1. 轴向加载 2. 直径 26mm 棒材 3. 化学成分：0.49% C、0.30% Si、0.68%Mn 4. 调质处理
				1.00e+05	343.35	9.81	
				5.00e+05	309.996	7.85	

（续）

材料名称	静强度指标	试验条件		寿命	疲劳极限	标准差	附注
		r	α_o	N/h	σ_r/MPa	s_{σ_r}/MPa	
45 钢（碳素钢）	$\sigma_b=833.85$MPa $\sigma_s=686.7$MPa $\delta=16.7\%$	-1	1.9	1.00e+06	294.3	7.85	1. 轴向加载 2. 直径 26mm 棒材 3. 化学成分：0.49% C、0.30% Si、0.68% Mn 4. 调质处理
				5.00e+06	286.45	7.85	
				1.00e+07	279.59	8.17	
18Cr2Ni4WA（铬镍钨钢）	$\sigma_b=1145.8$MPa $\delta=18.6\%$	-1	2	1.00e+05	464	22.24	1. 旋转弯曲 2. 直径 18mm 棒材 3. 化学成分：0.18% C、1.43% Cr、4.09% Ni、0.97% W 4. 950℃正火、860℃淬火
				5.00e+05	412	17	
				1.00e+06	384.6	15.7	
				5.00e+06	368.9	13.7	
				1.00e+07	361	11.8	
40CrNiMoA	$\sigma_b=1039\sim1167$MPa $\sigma_s=917\sim1126$MPa $\delta=15.6\%\sim17\%$	0.1	3	5.00e+04	490.5	22.89	1. $r=-1$，为旋转弯曲，直径 22mm；其余轴向加载，直径 11mm 2. 化学成分：0.38% ~ 0.43% C、0.74% ~ 0.78% Si、1.52% ~ 1.57% Ni、0.19% ~ 0.21% Ni 3. 850℃油淬回火
				1.00e+05	382.6	17.66	
				5.00e+05	326.7	11.45	
				1.00e+06	305.1	10.79	
				5.00e+06	292.3	10.79	
				1.00e+07	284.5	9.81	
		1	1	5.00e+04	760.3	44.15	
				1.00e+05	667.1	37.6	
				5.00e+05	590.6	26.16	
				1.00e+06	559.2	20.92	
				5.00e+06	539.6	20.92	
				1.00e+07	523.9	19.62	
			2	1.00e+05	392.4	25.18	
				5.00e+05	333.5	14.06	
				1.00e+06	318.8	11.45	
				5.00e+06	311	10.47	
				1.00e+07	308	9.81	
			3	1.00e+05	294.3	15.04	
				5.00e+05	245.3	9.81	
				1.00e+06	217.8	9.81	
				5.00e+06	210.9	6.87	
				1.00e+07	208.95	6.87	
		0.1	1	5.00e+04	1259.6	60.16	
				1.00e+05	1211.5	45.78	
				5.00e+05	1157.6	42.51	
				1.00e+06	1110.5	39.9	
				5.00e+06	1066.3	38.32	
				1.00e+07	1030.1	32.7	

（续）

材料名称	静强度指标	试验条件		寿命	疲劳极限	标准差	附　注
		r	α_o	N/h	σ_r/MPa	s_{σ_r}/MPa	
30CrMnSiA（铬锰硅钢）	$\sigma_b=1108.5\sim1187$MPa $\sigma_s=1188.9$MPa $\delta=15.3\%\sim18.6\%$	-1	1	1.00e+05	784.8	35.97	1. $r=-1$，为旋转弯曲，其余轴向加载 2. 直径 25mm 棒材 3. 化学成分：0.30% C、0.90%～1.00%Cr、0.86%～0.93%Mn、0.96%～1.04%Si 4. 890℃油中淬火，515℃回火 5. $\alpha_\sigma=1$，为光滑试样，下同
				5.00e+05	676.9	19.62	
				1.00e+06	655.3	17.66	
				5.00e+06	639.6	17	
				1.00e+07	637.7	18.64	
			2	1.00e+05	441.5	19.62	
				5.00e+05	379.6	14.72	
				1.00e+06	360	10.13	
				5.00e+06	356.1	10.13	
				1.00e+07	353.2	9.81	
			3	1.00e+05	309	14.72	
				5.00e+05	270.8	10.13	
				1.00e+06	250.2	9.81	
				5.00e+06	243.3	9.15	
				1.00e+07	241.3	9.15	
			4	1.00e+05	285.5	11.11	
				5.00e+05	245.3	9.81	
				1.00e+06	221.7	9.15	
				5.00e+06	210.9	8.17	
				1.00e+07	204	6.87	
		0.1	1	1.00e+05	1177.2	52.32	
				5.00e+05	1108.5	42.51	
				1.00e+06	1090.9	39.24	
				5.00e+06	1088.9	39.56	
				1.00e+07	1087.8	39.9	
			3	1.00e+05	457.15	29.43	
				5.00e+05	377.7	17	
				1.00e+06	347.3	14.39	
				5.00e+06	335.5	15.7	
				1.00e+07	328.6	16.35	
		0.5	3	1.00e+05	676.9	35.97	
				5.00e+05	642.6	31.07	
				1.00e+06	612.1	27.47	
				5.00e+06	609.2	24.85	
				1.00e+07	608.2	24.85	

（续）

材料名称	静强度指标	试验条件		寿命	疲劳极限	标准差	附　注
		r	α_o	N/h	σ_r/MPa	s_{σ_r}/MPa	
30CrMnSiNi2A	$\sigma_b=1422\sim1619$MPa $\sigma_s=1108.5$MPa $\delta=12.5\%\sim18.5\%$	−0.5	5	5.00e+04	415.9	20.92	1. 轴向加载 2. 直径25mm棒材 3. 化学成分：0.27%～0.34% C、0.9%～1.2% Cr、1.52%～1.57% Ni、0.19%～0.29%Si 4. 850℃油中淬火，580℃回火
				1.00e+05	343.4	13.73	
				5.00e+05	272.7	10.47	
				1.00e+06	251.1	9.153	
				5.00e+06	248.2	9.153	
				1.00e+07	245.3	9.81	
		0.1	3	1.00e+04	662.2	33.03	
				5.00e+04	539.6	26.81	
				1.00e+05	441.5	17.98	
				5.00e+05	415.9	16.68	
				1.00e+06	402.2	16.35	
				5.00e+06	392.4	15.7	
				1.00e+07	382.6	14.72	
			4	1.00e+04	686.7	49.05	
				5.00e+04	510.1	29.43	
				1.00e+05	328.6	17.98	
				5.00e+05	241.3	9.153	
				1.00e+06	187.4	6.867	
		0.445	3	1.00e+04	1059.5	58.86	
				5.00e+04	858.4	34.34	
				1.00e+05	686.7	27.79	
				5.00e+05	583.7	20.6	
				1.00e+06	578.8	20.28	
				5.00e+06	572.9	19.29	
				1.00e+07	571.9	18.96	
		0.5	5	5.00e+04	731.8	29.75	
				1.00e+05	624.9	26.16	
				5.00e+05	525.8	18.32	
				1.00e+06	518	17.33	
				5.00e+06	514	16.68	
				1.00e+07	510.1	16.35	

表5-3　一些材料的疲劳极限与标准差　　（单位：MPa）

材　料	强度极限 σ_b	疲劳极限 σ_{-1}	标准差
40CrNiMo（$w_C=0.4\%$）	971.2	490.5	24.53
	1314.5	588.6	46.11

（续）

材　　料	强度极限 σ_b	疲劳极限 σ_{-1}	标准差
40CrNiMo(w_C=0.4%)	1589.2	618	36.3
	1795.2	667.1	43.16
40CrNiMo(w_C=0.5%)	2060.1	686.7	30.41
钛合金(TC4)	1000.6	578.8	37.28
铝合金(LC9)	519.9	186.4	10.79
铝青铜(QAl10-4-4)	804.4	333.5	31.49
铍铜 QBe2	1206.6	245.3	18.64

如果无试验资料或现成数据，可利用已有资料经统计检验后得出的经验公式估算材料的疲劳极限，读者可以查阅相关参考资料得到所需数据。

5.1.4　疲劳强度修正系数的统计特性

1. 有效应力集中系数 K_σ

一般文献给出的是仅考虑几何形状的理论应力集中系数 α_σ，而这里既考虑零件的几何形状，又考虑零件材料影响的所谓“有效应力集中系数K_σ”。它与α_σ有下式关系：

$$K_\sigma=1+q(\alpha_\sigma-1) \tag{5-4}$$

式中　q——材料对应力集中的敏感系数。可表达为

$$q=\frac{K_\sigma-1}{\alpha_\sigma-1} \tag{5-5}$$

按照应力集中的概念，有效应力集中系数又可表达为

$$K_\sigma=\frac{\sigma_r}{\sigma_{rk}} \tag{5-6}$$

式中　σ_r——无应力集中的光滑试件的疲劳极限；

σ_{rk}——尺寸相同的有应力集中的试件的疲劳极限。

由于σ_r、σ_{rk}均为随机变量，因此K_σ也为随机变量，有一定的分散性。按式（5-4）计算的值与文献报道的试验值比较，其平均偏差为 2.92%，最大偏差达 6.7%~8.2%；变差系数为 5.7%~7.6%。实际上，式（5-4）中的α_σ及 q 本身就是随机变量。

设α_σ及 q 为相互独立的随机变量，则将式（5-4）按泰勒展开式展开，可求得K_σ的均值μ_{K_σ}、标准差σ_{K_σ}及变差系数C_{K_σ}分别为

$$\mu_{K_\sigma}=1+\mu_q(\alpha_\sigma-1) \tag{5-7}$$

$$\sigma_{K_\sigma}=\sqrt{\mu_q^2\sigma_{\alpha_\sigma}^2+(\mu_{\alpha_\sigma}-1)^2\sigma_q^2} \tag{5-8}$$

$$C_{K_\sigma}=\frac{\sigma_{K_\sigma}}{\mu_{K_\sigma}} \tag{5-9}$$

式中　μ_{α_σ}、μ_q——α_σ及 q 的均值；

σ_{α_σ}，σ_q——α_σ及 q 的标准差。

表 5-4 给出了几种金属材料的 μ_q、σ_q、C_q 值。

表 5-4　几种金属材料的μ_q、σ_q、C_q值

序号	材　　料	子样容量 n	$r=\frac{\sigma_{min}}{\sigma_{max}}$	μ_q	σ_q	C_q
1	40CrNiMoA	10	−1	0.7314	0.04686	0.06407
2	30CrMnSiA	5	−1	0.74373	0.082636	0.11111
3	42CrMnSiMoA	6	−1	0.81455	0.15843	0.19450
4	7A09 铝合金	10	0.1	0.5015	0.07700	0.15354

2. 尺寸系数 ε

尺寸系数是考虑到在一般情况下零件尺寸大于试样尺寸，从而使其疲劳强度低于试样而引入的修正系数，可定义为

$$\varepsilon=\frac{(\sigma_r)_d}{(\sigma_r)_{d0}} \tag{5-10}$$

式中　$(\sigma_r)_d$——标准试样（尺寸为d_0）的疲劳极限；

$(\sigma_r)_{d0}$——零件（尺寸为 d）的疲劳强度。

表 5-5 给出了一些结构钢尺寸系数 ε 的统计值。ε 能较好地符合正态分布。表 5-6 给出了 ε 的回归方程，通过回归方程可求得不同可靠度下的 ε 值(μ_ε，σ_ε)。表中回归方程的通用表达式为 $\varepsilon=\mu_\varepsilon-\sigma_\varepsilon z_\varepsilon$，其中$z_\varepsilon$为标准正态偏量，可根据可靠度查标准正态分布表求得。表 5-7 也给出了碳钢及合金钢在不同直径下承受弯曲和扭转载荷时的尺寸系数。

表 5-5　钢的尺寸系数 ε

钢种	尺寸 d/mm	尺寸系数 ε	子样容量 n	μ_ε	σ_ε
碳素钢	30~150	1.04,0.92,0.86,0.85,0.83,0.80,0.79,0.76	8	0.85625	0.08895
	150~250	0.87,0.86,0.83,0.81,0.78,0.77,0.76,0.74	8	0.8025	0.047734
	250~350	0.83,0.83,0.83,0.81,0.78,0.77,0.77,0.76,0.74	9	0.7911	0.03444
	>350	0.83,0.77,0.77,0.75,0.75,0.73,0.73,0.72,0.72,0.71,0.69,0.69,0.68,0.68	14	0.73	0.04188
合金钢	30~150	0.89，0.87，0.85，0.82，0.81，0.77，0.75，0.72，0.71,0.69	11	0.79	0.0690
	150~250	0.88,0.88,0.82,0.80,0.80,0.76,0.76,0.75,0.72,0.72,0.68,0.63	12	0.7667	0.07487
	250~350	0.78,0.69,0.69,0.62,0.61	5	0.678	0.06834
	>350	0.78,0.77,0.75,0.75,0.75,0.74,0.72,0.72,0.71,0.71,0.70,0.67,0.64,0.63,0.63,0.61,0.60,0.60,0.58,0.58,0.57,0.57	22	0.6718	0.07202

表 5-6　尺寸系数 ε 的回归方程

钢　　种	尺寸 d/mm	回 归 方 程	子样容量 n	变差系数 C_ε
碳钢	30~150	$\varepsilon=0.85625-0.10308z_\varepsilon$	8	0.1204
	150~250	$\varepsilon=0.80250-0.05818z_\varepsilon$	8	0.0725
	250~350	$\varepsilon=0.79098-0.0401z_\varepsilon$	9	0.0507
	>350	$\varepsilon=0.73000-0.0465z_\varepsilon$	14	0.0637

（续）

钢种	尺寸 d/mm	回归方程	子样容量 n	变差系数 C_ε
合金钢	30～150	$\varepsilon=0.78999-0.08102z_\varepsilon$	11	0.1057
	150～250	$\varepsilon=0.76670-0.08673z_\varepsilon$	12	0.1131
	250～350	$\varepsilon=0.67400-0.08680z_\varepsilon$	5	0.1288
	>350	$\varepsilon=0.67230-0.07751z_\varepsilon$	22	0.1153

表 5-7　在不同尺寸下碳钢及合金钢的尺寸系数

毛坯直径/mm	碳钢		合金钢	
	ε_σ	ε_τ	ε_σ	ε_τ
>20～30	0.71	0.89	0.83	0.89
>30～40	0.88	0.81	0.77	0.81
>40～50	0.84	0.78	0.73	0.78
>50～60	0.81	0.76	0.70	0.76
>60～70	0.78	0.74	0.68	0.74
>70～80	0.75	0.73	0.66	0.73
>80～100	0.73	0.72	0.64	0.72
>100～120	0.70	0.70	0.62	0.70
>120～140	0.68	0.68	0.60	0.68

3. 表面加工系数 β

表面加工系数为考虑零部件加工表面不同于磨光试样而引入的系数，其定义为

$$\beta=\frac{\sigma_r'}{\sigma_r} \tag{5-11}$$

式中　σ_r'——给定加工表面的零件的疲劳极限；

σ_r——标准磨光试样的疲劳极限。

表 5-8 给出了不同表面情况下的表面加工系数 β。表 5-9 给出了 β 的回归方程，其通用表达式为：$\beta=\mu_\beta+\sigma_\beta z_\beta$，其中$z_\beta$为标准正态偏量，可查标准正态分布表求得。表 5-10 给出了不同加工方法及不同强度下的表面加工系数。

表 5-8　表面加工系数 β

载荷 \ 表面情况		抛光	车削	热轧	锻造
弯曲	μ_β	1.1322	0.7933	0.532	0.3845
	σ_β	0.04344	0.03573	0.08771	0.06556
拉伸	μ_β	1.1232	0.7948	0.5291	0.3773
	σ_β	0.04061	0.03858	0.09141	0.07807
扭转	μ_β	1.12373	0.8034	0.5337	0.3658
	σ_β	0.05701	0.04680	0.09582	0.05940

注：1. 适用于 $\sigma_b\leqslant 1470$MPa。

2. 子样容量 $n=15$。

表 5-9　表面加工系数的回归方程

载　荷	加工方法	回归方程	载　荷	加工方法	回归方程
弯曲	抛光	$\beta=1.13219+0.04704\,z_\beta$	拉伸	热轧	$\beta=0.52904+0.10429\,z_\beta$
	车削	$\beta=0.79326-0.037963\,z_\beta$		锻造	$\beta=0.37724+0.088267\,z_\beta$
	热轧	$\beta=0.53931+0.106085\,z_\beta$	扭转	抛光	$\beta=1.12358+0.065165\,z_\beta$
	锻造	$\beta=0.38551+0.07441\,z_\beta$		车削	$\beta=0.803386+0.051030\,z_\beta$
拉伸	抛光	$\beta=1.12319+0.045108\,z_\beta$		热轧	$\beta=0.53484+0.10909\,z_\beta$
	车削	$\beta=0.79445+0.043930\,z_\beta$		锻造	$\beta=0.365782+0.06701\,z_\beta$

注：1. 显著性水平 $\alpha=0.001$。

2. 子样容量 $n=15$。

表 5-10　表面加工系数

加工方法	材料强度 σ_b/MPa		
	400	800	1200
磨光（$Ra0.4\sim Ra0.2\mu m$）	1	1	1
车光（$Ra3.2\sim Ra0.8\mu m$）	0.95	0.90	0.80
粗加工（$Ra25\sim Ra6.3\mu m$）	0.85	0.80	0.65
未加工表面（氧化铁层等）	0.75	0.65	0.45

4. 表面强化系数 β'

表面强化系数为考虑表面经处理后对材料疲劳强度的影响而引入的修正系数。表 5-11 列出了常用处理表面的表面强化系数β'的范围，可按三倍标准差原则选用。

表 5-11　钢构件表面强化系数 β'

序号	表面处理	心部抗拉强度	平滑试件			有应力集中的试件					
		σ_b/MPa	β'	$\mu_{\beta'}$	变差系数 $C_{\beta'}$	$K_\sigma\leqslant1.5$		$C_{K\beta'}$	$K_\sigma>1.8\sim2$		$C'_{K\beta'}$
						β'	$\mu_{\beta'}$		β'	$\mu_{\beta'}$	
1	高频淬火	600～800	1.5～1.7	1.6	0.022	1.6～1.7	1.65	1.010	2.4～2.8	2.6	0.026
		800～1000	1.3～1.5	1.4	0.024	1.4～1.5	1.45	0.012	2.1～2.4	2.25	0.022
2	氮化	900～1200	1.1～1.3	1.17	0.021	1.5～1.7	1.6	0.021	1.7～2.1	1.9	0.035
3	渗碳淬火	400～600	1.8～2.0	1.9	0.018	3			—		
		700～800	1.4～1.5	1.45	0.012	—			—		
		1000～1200	1.2～1.3	1.25	0.013	2			—		
4	辊压	600～1500	1.1～1.3	1.25	0.013	1.3～1.5	1.4	0.024	1.6～2.0	1.8	0.037
						1.5～1.6	1.55	0.011	1.7～2.1	1.9	0.035
5	喷丸	600～1500	1.1～1.2	1.17	0.021						
6	镀铬	—	5	5	0.056						
7	镀镍	—	0.5～0.6	0.6	0.095						
8	热浸	—	0.5～0.9	0.7	0.075						
9	镀锌	—	0.6～0.9	0.77	—						
10	镀铜		0.9	5	—						

5.2 *S-N* 及 *P-S-N* 曲线

静强度下的应力-强度模型，可以认为是单次作用的结果。而本章所研究的疲劳强度要考虑载荷（应力）的反复作用以及强度分布随时间变化的情况。这样的可靠性模型通常称为应力-强度-时间模型。这里，“应力”和“强度”这些名词应从广义来理解，即“应力”表示导致产品“失效”的任何因素；而“强度”则为阻止“失效”发生的任何因素。

5.2.1 *S-N* 曲线

为了测试零件的平均寿命，可将许多试样在不同应力水平的循环载荷作用下进行试验，直至失效。其结果在坐标/双对数坐标上表示（见图 5-3），即可以得到疲劳曲线（*S-N*）。

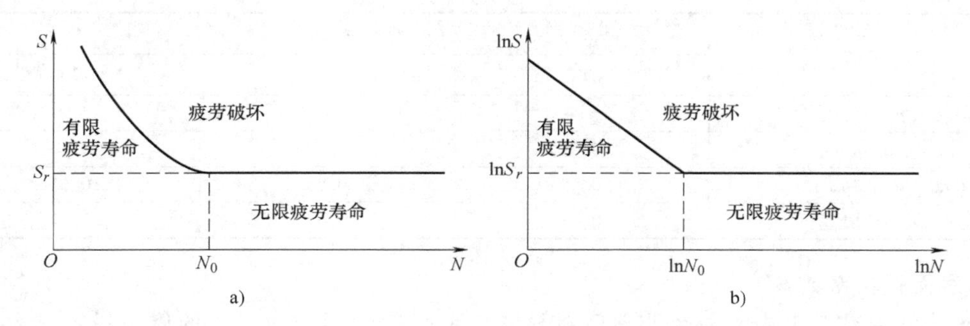

图 5-3　*S-N* 曲线的一般形式

a）坐标表示　b）双对数坐标表示

对于一般钢材，循环次数自N_0起 *S-N* 曲线呈水平线段。N_0称为疲劳循环基数或寿命基数。其相应的应力水平称为疲劳极限或持久极限S_r（或σ_r），它是试件受无限次应力循环而不发生疲劳破坏的最大应力。S_r（或σ_r）的 r 表示应力的循环特征，称为应力循环不对称系数，定义为

$$\begin{cases} r=\dfrac{S_{\min}}{S_{\max}} \\ r=\dfrac{\sigma_{\min}}{\sigma_{\max}} \end{cases} \tag{5-12}$$

图 5-4 给出了不同 r 值下的 *S-N* 曲线。工程上常用的σ_{-1}为对称循环疲劳极限。

关于疲劳循环基数N_0，一般情况下：对于硬度小于 350HBW 的钢材，$N_0=10^7$；对于硬度大于 350HBW 的钢材，$N_0=25\times10^7$；对于高合金钢，$N_0=(5\sim10)\times10^7$。

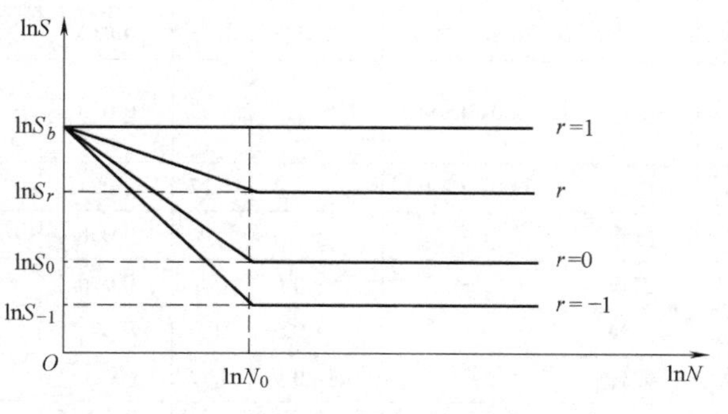

图 5-4　不同 r 值下的 *S-N* 曲线

根据强度理论，在有限寿命范围

内，应力-寿命满足以下方程，即

$$S^m N = \text{const} \tag{5-13}$$

式中 N——寿命；

S——应力；

m——系数，根据应力的性质与材料而决定，一般 $m=3\sim6$。

将式（5-13）取对数则得直线方程，如图5-3b所示。随着 m 值的改变 S-N 曲线可以画成以一系列不同的 m 为斜率的直线并分别与其相当于疲劳极限的水平线相连接。

对于斜线部分的不同应力水平，由上式可建立如下关系式：

$$N_i = N_j\left(\frac{S_j}{S_i}\right)^m \tag{5-14}$$

式中 S_j、N_j——S-N 曲线上的某个已知点；

N_i——与已知应力水平 S_i 相对应待求的循环次数。

如果在 S-N 曲线上有已知两点 (N_i, S_i)，(N_j, S_j)，则由式（5-14）可求得该疲劳曲线的指数值或该疲劳曲线在对数坐标下的斜率值 m 为

$$m = \frac{\ln N_i - \ln N_j}{\ln S_j - \ln S_i} \tag{5-15}$$

例题5-1 有一承受脉动应力循环的拉杆，已知在脉动应力 $S_1=11.2\text{kN/cm}^2$ 作用下，失效循环次数为 $N_1=1.5\times10^5$ 次；而在 $S_2=20\text{kN/cm}^2$ 作用时的失效次数 $N_2=0.8\times10^4$ 次。如果拉杆在 $S=15\text{kN/cm}^2$ 的脉动应力下工作，试求它的疲劳寿命。

解 根据

$$S_1^m N_1 = S_2^m N_2 = C$$

可得到

$$\left(\frac{S_1}{S_2}\right)^m = \frac{N_2}{N_1}$$

所以该拉杆疲劳曲线的指数可用下式表示，即

$$m = \frac{\ln\left(\frac{N_2}{N_1}\right)}{\ln\left(\frac{S_1}{S_2}\right)}$$

所以 $$N = \left(\frac{S_1}{S}\right)^m N_1 = \left(\frac{11.2}{15}\right)^{5.05540} \times 1.5\times10^5 = 3.421\times10^4$$

【MATLAB求解】

Code

```
clear all
S1=11.2;N1=1.5e5;
```

```
S2=20;N2=0.8e4;
S=15;
m=log(N2/N1)/log(S1/S2)
N=N1 * (S1/S)^m
```

Run

```
m=5.0554
N=3.4253e+004
```

5.2.2 疲劳极限线图

以上讨论的 *S-N* 曲线用于表达对称循环变应力的规律。而对于非对称循环的变应力，则应考虑不对称系数 *r* 对疲劳失效的影响。为了得出不同 *r* 值下的疲劳极限值，应绘制疲劳极限线图（极限应力图）。常用的疲劳极限线图有以下三种：

1. σ_a-σ_m疲劳极限线图（Haigh 图）

疲劳极限线图是在 σ_a（应力幅）-σ_m（平均应力）坐标系中，经过对称循环变应力的疲劳极限 *A* 点（$r=-1$）到静强度极限 *B* 点（$r=+1$）的曲线，如图 5-5 所示的曲线 *AB*。图示的曲线 *AB* 表示 σ_m为正值即拉应力的疲劳破坏曲线，如果 σ_m 为负值即压应力，则该曲线应位于 σ_a 坐标轴的左侧。由于在不同应力水平下将有不同的疲劳寿命（循环次数），而静强度 σ_B是一定的，因此对于不同的寿命（循环次数）将得到不同的 *A* 点，而 *B* 点不变，即得到都经 *B* 点的不同曲线。而一般情况下 *A* 点应对应于该材料的疲劳极限，即σ_{-1}（即对应于一般钢材的10^7循环次数）。因此，疲劳极限线表示试件的应力在此曲线范围内及该曲线所对应的寿命内（例如10^7循环次数）不会使试样发生疲劳破坏和静强度破坏。

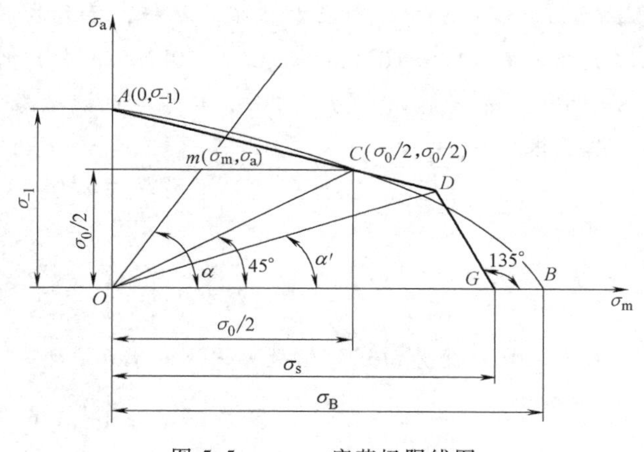

图 5-5　σ_a-σ_m疲劳极限线图

设图 5-5 中任一射线 *Om* 与横坐标轴夹角为 α，则

$$\tan\alpha=\frac{\sigma_a}{\sigma_m}=\frac{(\sigma_{max}-\sigma_{min})/2}{(\sigma_{min}+\sigma_{max})/2}=\frac{1-r}{1+r}=\text{const} \tag{5-16}$$

上式表明在射线 *Om* 上任一点的循环应力都具有相同的 *r* 值。*A* 点处：$r=-1$，$\sigma_m=0$，$\alpha=90°$，故 *OA*为对称循环疲劳极限值σ_{-1}；而 *B* 点处：$r=1$，$\sigma_m=0$，$\alpha=0$，故 *OB* 为抗拉强度σ_B，而由 *A* 点沿曲线移至 *B* 点时，应力幅σ_a就从最大值σ_{-1}逐渐递减到 0。

不同材料的σ_a-σ_m等寿命疲劳极限 *AB* 是不一样的。为方便计算，将曲线 *ACB* 变为折线

ACDG。对于塑性材料，可作45°射线与曲线 *AB* 交于 *C*。因 *OC* 线上各点均有$\sigma_m=\sigma_a$，因此均为脉动循环应力，$r=0$，*C* 点的坐标为$(\sigma_0/2,\ \sigma_0/2)$，$\sigma_0$为脉动循环时材料的疲劳极限。

实际上塑性材料在屈服强度σ_s之内工作，故设计时疲劳极限线可简化为折线 *ADG*。$OG=s$，而 *DG* 与横坐标轴成135°夹角，点 *D* 位于 *AC* 的延长线上。*AD* 线段上任一点的极限应力$\sigma_a+\sigma_m=\sigma_r$，此处$\sigma_r$为该循环特征 r 下的疲劳极限。*DG* 线段上任一点的极限应力均为$\sigma_a+\sigma_m=\sigma_s$。*OD* 连线与横坐标轴的夹角$\alpha'$由材料性质决定，可用作图法求之，也可用下式计算，即

$$\tan\alpha'=\frac{\sigma_s-\sigma_{-1}-2\sigma_s\dfrac{\sigma_{-1}}{\sigma_0}}{\sigma_s-\sigma_{-1}} \tag{5-17}$$

过 *O* 点任一射线与疲劳极限线 *ADG* 相交于 *m* 点，α 为 *Om* 的倾角。当$\alpha\geqslant\alpha'$时，*m* 点处于 *AD* 段，用 *AD* 线的方程计算该点的疲劳极限；当$\alpha\leqslant\alpha'$时，*m* 点处于 *DG* 段，用 *DG* 线的方程计算该点的疲劳极限。只有当 *m* 点与 *G* 点重合时，材料才会因静应力达到σ_s而破坏，在其余各点，不论在 *AD* 段或 *DG* 段，材料均为疲劳破坏。

由图5-5可知，疲劳极限线 *AD* 的方程为

$$\sigma_a=\sigma_{-1}-\frac{2\sigma_{-1}-\sigma_0}{\sigma_0}\sigma_m=\sigma_{-1}-\psi_\sigma\sigma_m$$

式中

$$\psi_\sigma=\tan\gamma=\frac{2\sigma_{-1}-\sigma_0}{\sigma_0} \tag{5-18}$$

从而有

$$\sigma_{-1}=\sigma_a+\psi_\sigma\sigma_m \tag{5-19}$$

上式给出了在 *AD* 线上任一点处的非对称循环应力σ_a、σ_m与对称循环疲劳极限σ_{-1}的转换关系。如果任一点 *m* 位于 *AD* 线下，则式（5-19）改为

$$\sigma_{ae}=\sigma_a+\psi_\sigma\sigma_m \tag{5-20}$$

式中　σ_{ae}——非对称循环应力σ_a、σ_m转化为对称循环后的相当对称应力幅；

σ_a、σ_m——对应计算点的应力幅和平均应力。

同理可得切应力疲劳极限方程和相当对称应力幅的计算公式为

$$\tau_{-1}=\tau_a+\psi_\tau\tau_m \tag{5-21}$$

$$\tau_{ae}=\tau_a+\psi_\tau\tau_m \tag{5-22}$$

式中

$$\psi_\tau=\frac{2\tau_{-1}-\tau_0}{\tau_0} \tag{5-23}$$

式中　ψ_σ、ψ_τ——将σ_m和τ_m换算为应力幅σ_a及τ_a的系数，称为等效系数，对于碳素钢：$\psi_\sigma=0.1\sim0.2$，$\psi_\tau=0.05\sim0.1$，对于合金钢：$\psi_\sigma=0.2\sim0.3$，$\psi_\tau=0.1\sim0.15$。

2. σ_a-σ_m古特曼（Goodman）疲劳极限线图

将图5-5中的 *A*、*B* 点直接连接起来，则成为古特曼简化疲劳极限线图，如图5-6所示。它用于塑性很低的脆性材料，例如铸铁、高强度钢等。

其疲劳极限线 AC 的方程为

$$\sigma_a = \sigma_{-1} - \frac{\sigma_{-1}}{\sigma_B}\sigma_m \qquad (5\text{-}24)$$

非对称循环应力σ_a、σ_m的相当对称应力幅为

$$\sigma_{ae} = \sigma_a + \frac{\sigma_{-1}}{\sigma_B}\sigma_m \qquad (5\text{-}25)$$

同样可得切应力的相应公式为

$$\tau_{-1} = \tau_a + \frac{\tau_{-1}}{\tau_b}\tau_m \qquad (5\text{-}26)$$

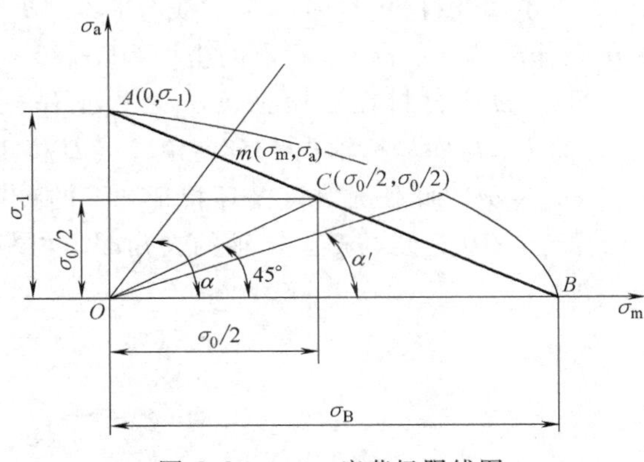

图 5-6 σ_a-σ_m疲劳极限线图

$$\tau_{ae} = \tau_a + \frac{\tau_{-1}}{\tau_b}\tau_m \qquad (5\text{-}27)$$

3. $\sigma_{max}(\sigma_{min})$-$\sigma_m$疲劳极限线图（Smith 图）

如图 5-7 所示，在$\sigma_{max}(\sigma_{min})$-$\sigma_m$坐标系中的曲线即为各种不对称系数 r 下的极限应力。

曲线 LAC 和 $LA'C$ 分别为变应力的最大和最小极限应力。

1）在 A 点及 A'点处：$OA=OA'$，即$\sigma_{max}=-\sigma_{min}$，即$\sigma_m=0$，$r=-1$，因此 $OA=\sigma_{-1}$。

2）在 C 点：$\sigma_{max}=\sigma_{min}$，$r=1$，为抗拉强度$\sigma_B$；故$\sigma_{max}=\sigma_{min}=\sigma_B$。

3）在 L 点：$-\sigma_{max}=-\sigma_{min}$，为抗压强度$\sigma'_B$，$\sigma_m=-\sigma_{min}=-\sigma'_B$。

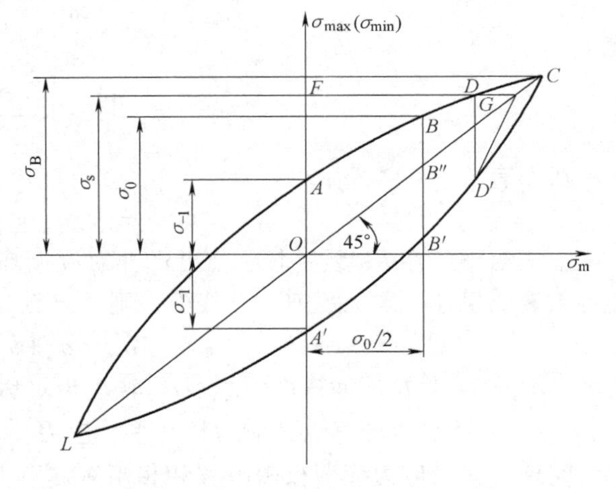

图 5-7 $\sigma_{max}(\sigma_{min})$-$\sigma_m$疲劳极限线图

图 5-7 所示曲线用于拉伸及压缩性能相同的材料，如钢材等，这时第一象限和第三象限的线图对称，OC 的倾角为 45°；否则，像铸铁等拉、压性能不等的材料，一、三象限的图线不对称。在横坐标轴上取 $OB'=\sigma_0/2$，因在B'点处$\sigma_{min}=0$，$r=0$，故有脉动循环，脉动疲劳极限为 $BB'=\sigma_{max}=\sigma_0$。

上面讨论的疲劳极限线图是由各种 r 值下的均值画出来的一条曲线。而可靠性设计中则是一条曲线分布带，如图 5-8 所示。

设具有不对称系数 r 的射线与疲劳极限的均值图线交于 A 点，向量$\overrightarrow{OB}$相当于平均应力σ_m，其标准差为σ_{σ_m}；向量$\overrightarrow{BA}$相当于应力幅σ_a，其标准差为σ_{σ_a}；合成向量$\overrightarrow{OA}$相当于合成应力σ_r，其标准差为σ_{σ_r}。由图 5-8 的几何关系可知，合成应力的均值为

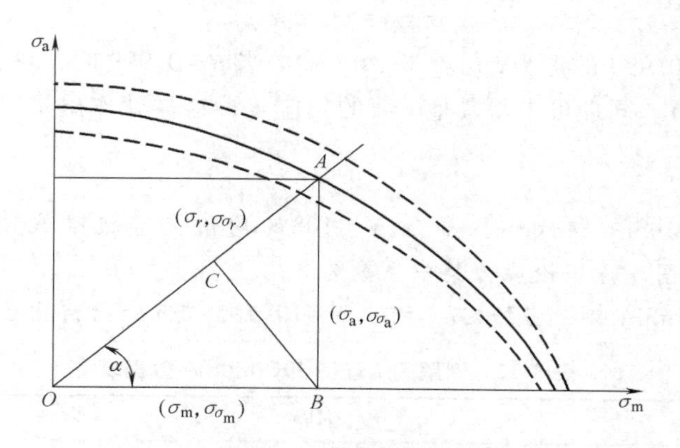

图 5-8 可靠性设计用疲劳极限线图

$$\sigma_r=\sqrt{\sigma_a^2+\sigma_m^2} \tag{5-28}$$

欲求其标准差，在图上作辅助线使$\overline{BC}\perp\overline{OA}$，则$\sigma_a$和$\sigma_m$在$\sigma_r$上的投影分别是$\overline{OC}$和$\overline{CA}$，而$\overline{OA}=\overline{OC}+\overline{CA}$。

根据正态分布的加法定理，两个正态分布函数之和的标准差σ_{σ_r}为

$$\begin{aligned}\sigma_{\sigma_r}&=\{(\sigma_{\sigma_m}\cos\alpha)^2+[\sigma_{\sigma_a}\cos(90°-\alpha)]^2\}^{\frac{1}{2}}=[(\sigma_{\sigma_m}\cos\alpha)^2+(\sigma_{\sigma_a}\sin\alpha)^2]^{\frac{1}{2}}\\&=\left[\left(\sigma_{\sigma_m}\frac{\sigma_m}{\sigma_r}\right)^2+\left(\sigma_{\sigma_a}\frac{\sigma_a}{\sigma_r}\right)^2\right]^{\frac{1}{2}}=\left(\frac{\sigma_{\sigma_m}^2\sigma_m^2+\sigma_{\sigma_a}^2\sigma_a^2}{\sigma_r^2}\right)^{\frac{1}{2}}=\left(\frac{\sigma_{\sigma_m}^2\sigma_m^2+\sigma_{\sigma_a}^2\sigma_a^2}{\sigma_m^2+\sigma_a^2}\right)^{\frac{1}{2}}\end{aligned} \tag{5-29}$$

因为

$$\sigma_a=\frac{1}{2}(\sigma_{max}-\sigma_{min}),\sigma_m=\frac{1}{2}(\sigma_{max}+\sigma_{min}),r=\frac{\sigma_{min}}{\sigma_{max}}$$

代入有

$$\begin{cases}\sigma_a=\left(\dfrac{1-r}{2}\right)\sigma_{max}\\\sigma_m=\left(\dfrac{1+r}{2}\right)\sigma_{max}\end{cases} \tag{5-30}$$

当r为常数时，设$\sigma_{\sigma_{max}}$为最大应力σ_{max}的标准差，则由方差的性质及式（5-30）知应力幅σ_a及平均应力σ_m的标准差分别为

$$\begin{cases}\sigma_{\sigma_a}=\left(\dfrac{1-r}{2}\right)\sigma_{\sigma_{max}}\\\sigma_{\sigma_m}=\left(\dfrac{1+r}{2}\right)\sigma_{\sigma_{max}}\end{cases} \tag{5-31}$$

在疲劳试验中σ_{max}即为疲劳极限，其标准差见表5-1~表5-3。当已知σ_σ时，则σ_{σ_a}、σ_{σ_m}可通过式（5-31）求得；而应力幅σ_a及平均应力σ_m可由式（5-30）求得。这样，由式（5-29）即可求出图中在给定不对称系数r时的标准差σ_{σ_r}。再利用式$z=(x-\mu)/\sigma$的函数关系即可求出相应于可靠度R的疲劳极限点，即

$$\sigma_{r(R)}=\sigma_r-z_R\sigma_{\sigma_r} \tag{5-32}$$

例如相应于 $R=0.999$ 的点为 $x_{0.999}=\bar{x}-3s$（式中当 $R=0.999$ 时，可查标准正态分布表得 $z=-z_R=-3.091\approx-3$）。同理可求得其他 r 值的相应点，这样就作出了可靠度为 $R=0.999$ 的疲劳极限线图。

例题 5-2 作 30CrMnSiA 钢试样在寿命 $N=10^6$ 的均值疲劳极限线图，并画出可靠度为 0.999 的疲劳极限线图。设理论应力集中系数为 3。

解 对于 30CrMnSiA 钢，当给定 $\alpha_\sigma=3$，$N=10^6$ 时，查表 5-2 得出已知数据见表 5-12。

表 5-12 例题 5-2 查得 30CrMnSiA 数据表

r	σ_{max}/MPa	$\sigma_{\sigma_{max}}$/MPa
−1	250.2	9.81
0.1	347.3	14.39
0.5	612.1	27.47

按式（5-16）求出角度 α；按式（5-30）求出应力幅 σ_a 及平均应力 σ_m；按式（5-31）求出相应的标准差 σ_{σ_a} 及 σ_{σ_m}；按式（5-29）求出 σ_{σ_r}，计算结果见表 5-13。

表 5-13 例题 5-2 计算结果

r	α/(°)	σ_{max}/MPa	σ_a/MPa	σ_m/MPa	$\sigma_{\sigma_{max}}$/MPa	σ_{σ_a}/MPa	σ_{σ_m}/MPa	$(\sigma_a^2+\sigma_m^2)^{1/2}$/MPa	$(\sigma_a^2\sigma_{\sigma_a}^2+\sigma_m^2\sigma_{\sigma_m}^2)^{1/2}$/MPa	σ_{σ_r}/MPa	$3\sigma_{\sigma_r}$/MPa
−1	90	250.2	250.2	0	9.81	9.81	0	250.2	2454.462	9.81	29.43
0.1	39.3	347.3	156.29	191.02	14.39	6.4755	7.9145	246.8030216	1819.256775	7.3713	22.11387
0.5	18.4	612.1	153.03	459.08	27.47	6.8675	20.6025	483.9075389	9516.296884	19.666	58.99658

30CrMnSiA 钢的强度极限 σ_B = 1108.5~1187.0MPa，中值为 1147.75MPa。由已知数据及计算结果可画出 $\alpha_\sigma=3$，$N=10^6$，$R=0.999$ 的 30CrMnSiA 钢的疲劳极限线图，如图 5-9 所示。

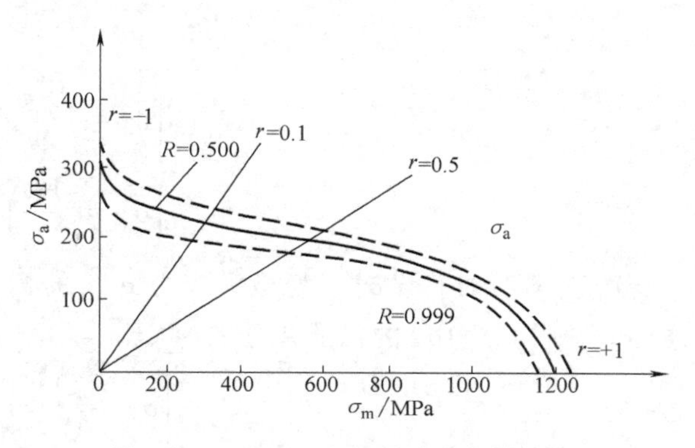

图 5-9 30CrMnSiA 钢的疲劳极限线图（$\alpha_\sigma=3$，$N=10^6$，$R=0.999$）

4. 疲劳极限线图的近似画法

为了绘制具有一定精度的分布化的疲劳极限线图，必须掌握若干不同 r 值得疲劳极限数据，但当前这种试验数据很缺乏。在这种情况下可采用近似方法绘制疲劳极限线图。

（1）利用 Haigh 图的近似画法 如图 5-5 所示，在常规设计中就是采用该图曲线 AB 的简化线即折线 ADG 作为极限应力图的。但对于可靠性设计还应考虑疲劳极限的离散性，即应绘成分布化的疲劳极限线图（Haigh 图）的简化图，如图 5-10 所示。

由该图可见，绘制该图时需已知材料的疲劳极限的均值$\mu_{\sigma_{-1}}$、标准差$\sigma_{\sigma_{-1}}$或变差系数$C_{\sigma_{-1}}$，屈服强度的均值μ_{σ_s}、变差系数C_{σ_s}和脉动循环的疲劳极限均值μ_{σ_0}。其中μ_{σ_0}可由式$\sigma_0=(2\sigma_{-1})/(1+\psi_\sigma)$求得，并取$C_{\sigma_0}\approx C_{\sigma_{-1}}$，而$C_{\sigma_{-1}}$可按下式计算，即

$$C_{\sigma_{-1}}=\sqrt{C_1^2+C_2^2} \tag{5-33}$$

式中　C_1——考虑同一批冶炼材料因微观结构的不均匀性而导致疲劳极限σ_{-1}的离散性的变差系数；

C_2——考虑不同批冶炼材料因配料成分、比例及冶炼温度的变化而导致σ_{-1}的离散性的变差系数。当缺少试验数据时，可近似取$C_2\approx C_{\sigma_B}$。

给定应力循环不对称系数r，根据式（5-16）可在图上引射线并得相应交点及其坐标，从而求得μ_{σ_m}、μ_{σ_a}、σ_{σ_m}、σ_{σ_a}，再由式（5-28）、式（5-29）算出相应的疲劳极限σ_r及其标准差σ_{σ_r}。

由于等效系数ψ_σ是在某一范围内变化的，所以σ_0点的位置随ψ_σ值的不同而变化，设计的精度较低。

图5-11是通过软件代码实现的疲劳极限线图的简化图。

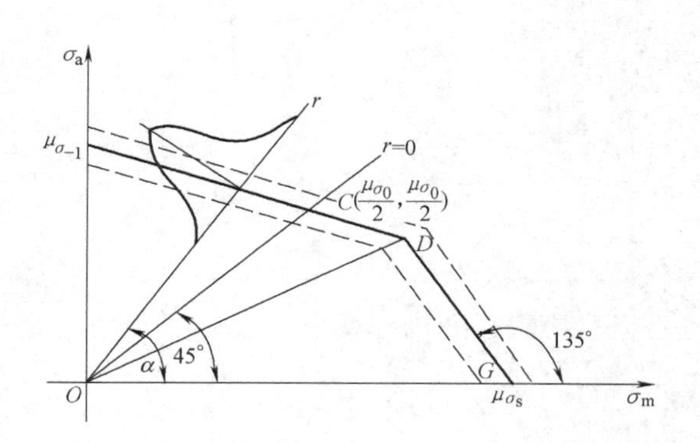

图5-10　疲劳极限线图的简化图

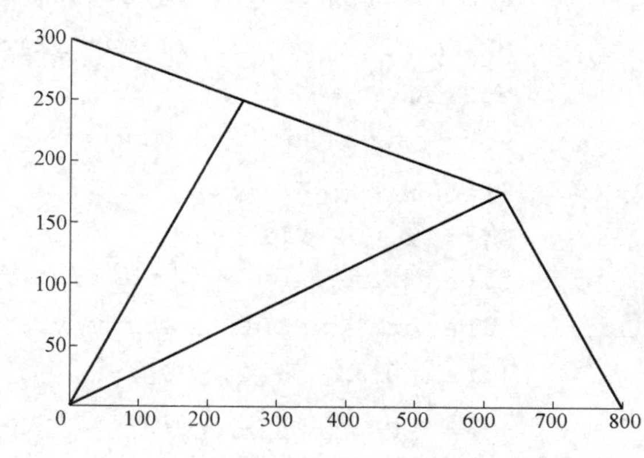

图5-11　MATLAB绘制的疲劳极限线图的简化图

【MATLAB求解】

Code

```
clc;clear all;close all;
xDf1=0;yDf1=300;sgmaDf1=30;
xDs=800;yDs=0;sgmaDs=80;
xD0=250;yD0=250;sgmaD0=25;
syms x1 y1 x2 y2 x3 y3 x4 y4 A B C x y
x1=xDf1;y1=yDf1;x2=xD0;y2=yD0;x3=xDs;y3=yDs;PM=80;
x4=xDs-PM;y4=PM;
```

```
%%
eq1=A* x1+B* y1+C;eq2=A* x2+B* y2+C;
sov1=solve(eq1,eq2,A,B);
eq3=A* x3+B* y3+C;eq4=A* x4+B* y4+C;
sov2=solve(eq3,eq4,A,B);
A1=simplify(sov1.A/C);
B1=simplify(sov1.B/C);
A2=simplify(sov2.A/C);
B2=simplify(sov2.B/C);
% A1=(y1-y2)/(x1* y2-x2* y1);
% B1=(-x1+x2)/(x1* y2-x2* y1);
%%
eq1=A1* x+B1* y+1;
A2=(y3-y4)/(x3* y4-x4* y3);
B2=(-x3+x4)/(x3* y4-x4* y3);
eq2=A2* x+B2* y+1;
sov=solve(eq1,eq2,x,y);
pretty(sov.x),
pretty(sov.y);
line([xDf1,sov.x],[yDf1,sov.y])
line([sov.x,xDs],[sov.y,yDs])
line([0,xD0],[0,yD0])
line([0,sov.x],[0,sov.y])
```


（2）抛物线近似画法　D. Kececioglu 根据大批量试件的试验结果绘制了均值疲劳极限应力曲线及 $\mu_{\sigma_r}\pm3\,\sigma_{\sigma_r}$ 曲线，并拟合出曲线方程，作为疲劳失效的准则。

均值疲劳极限应力曲线的拟合为

$$\left(\frac{\mu_{\sigma_a}}{\mu_{\sigma_{-1}}}\right)^{\alpha_1}+\left(\frac{\mu_{\sigma_m}}{\mu_{\sigma_B}}\right)^{2}=1 \tag{5-34}$$

$3\sigma_{\sigma_r}$ 的下限曲线方程为

$$\left(\frac{\sigma_a}{\mu_{\sigma_{-1}}-3\,\sigma_{\sigma_{-1}}}\right)^{\alpha_2}+\left(\frac{\sigma_m}{\mu_{\sigma_B}-3\,\sigma_{\sigma_B}}\right)^{2}=1 \tag{5-35}$$

上两式中的 α_1、α_2 与材料性能、载荷类型及应力集中情况有关，由试验确定。对于无应力集中的光滑试件，指数 $\alpha_1=0.9685$，$\alpha_2=0.9683$；碳钢、低合金钢可以取 $\alpha_1=\alpha_2=1$ 的抛物线方程（即 Gerber 准则）作为材料无应力集中试件的极限应力曲线的近似模型，其计算结果与试验结果相近。

因此，对于碳钢和低合金钢的无应力集中试件，由于取$\alpha_1=\alpha_2=1$，于是式（5-34）、式（5-35）可进行改写，即

$$\frac{\mu_{\sigma_a}}{\mu_{\sigma_{-1}}}+\left(\frac{\mu_{\sigma_m}}{\mu_{\sigma_B}}\right)^2=1 \tag{5-36}$$

$$\frac{\sigma_a}{\mu_{\sigma_{-1}}-3\sigma_{\sigma_{-1}}}+\left(\frac{\sigma_m}{\mu_{\sigma_B}-3\sigma_{\sigma_B}}\right)^2=1 \tag{5-37}$$

进而得到

$$\mu_{\sigma_a}=\left[1-\left(\frac{\mu_{\sigma_m}}{\mu_{\sigma_B}}\right)^2\right]\mu_{\sigma_{-1}} \tag{5-38}$$

$$\sigma_a=(\mu_{\sigma_{-1}}-3\sigma_{\sigma_{-1}})\left[1-\left(\frac{\sigma_m}{\mu_{\sigma_B}-3\sigma_{\sigma_B}}\right)^2\right] \tag{5-39}$$

当已知材料的$\mu_{\sigma_{-1}}$、μ_{σ_B}、$\sigma_{\sigma_{-1}}$、σ_{σ_B}，给出不同的σ_m值，就可得到相应的σ_a值，从而可以绘出材料的分布化的疲劳极限线图。

在实际设计中，也可以用解析方法求得应力循环不对称系数为r时的疲劳极限σ_r，而不必绘制疲劳极限线图。

通过联立式（5-36）及式（5-16）可以解得均值疲劳极限应力曲线的平均应力μ_{σ_m}为

$$\mu_{\sigma_m}^2+\tan\alpha\frac{\mu_{\sigma_B}^2}{\mu_{\sigma_{-1}}}\mu_{\sigma_m}-\mu_{\sigma_B}^2=0$$

$$\mu_{\sigma_m}=\frac{1}{2}\left[-\tan\alpha\frac{\mu_{\sigma_B}^2}{\mu_{\sigma_{-1}}}\pm\sqrt{\left(\tan\alpha\frac{\mu_{\sigma_B}^2}{\mu_{\sigma_{-1}}}\right)^2+4\mu_{\sigma_B}^2}\right] \tag{5-40}$$

同理联立式（5-37）及式（5-16）可解得$3\sigma_{\sigma_r}$的下限曲线σ_m，即

$$\sigma_m=\frac{1}{2}\left\{-\tan\alpha\frac{(\mu_{\sigma_B}-3\sigma_{\sigma_B})^2}{\sigma_{-1}-3\sigma_{\sigma_{-1}}}\pm\sqrt{\left[\tan\alpha\frac{(\mu_{\sigma_B}-3\sigma_{\sigma_B})^2}{\sigma_{-1}-3\sigma_{\sigma_{-1}}}\right]^2+4(\mu_{\sigma_B}-3\sigma_{\sigma_B})^2}\right\} \tag{5-41}$$

当已知材料的疲劳极限($\mu_{\sigma_{-1}}$、$\sigma_{\sigma_{-1}}$)，强度极限(μ_{σ_B}，σ_{σ_B})，给定应力循环不对称系数r，应用式（5-16）、式（5-40）、式（5-41）即可计算出平均应力μ_{σ_m}、σ_m，应力幅μ_{σ_a}、σ_a以及σ_{σ_m}、σ_{σ_a}，再用式（5-28）、式（5-29）求出μ_{σ_r}、σ_r、$\bar{s}_{\sigma_r}$、s_{σ_r}。

抛物线近似法的计算结果一般与试验数据较接近，其误差是可以接受的。但 Gerber 准则未考虑屈服强度极限线。因此，对于塑性材料还应判别材料是因疲劳强度还是因屈服强度而破坏。当疲劳强度$\mu_{\sigma_r}\leqslant\mu_{\sigma_s}$时，极限应力为$\mu_{\sigma_r}$，可靠性设计应按疲劳强度进行；当疲劳极限$\mu_{\sigma_r}>\mu_{\sigma_s}$时，极限应力为$\mu_{\sigma_s}$，则应进行屈服静强度的可靠性设计。

5. 利用工程软件绘制疲劳极限线图

这里，主要介绍利用 MATLAB 的 cftool 工具箱进行疲劳极限线图的绘制。

1）已知四个不同循环特性的平均应力和应力幅的数据，试利用 MATLAB 的拟合工具箱 cftool 绘制其疲劳极限线图。

$$\begin{cases}S_m=[0,167,397,1069]\\S_a=[220,137,132,0]\end{cases}$$

进入 cftool 工具箱，选择 Interpolant 和 Shape-preserving（PCHIP），即可通过手动操作，生成拟合的疲劳极限曲线图形（见图 5-12a）。

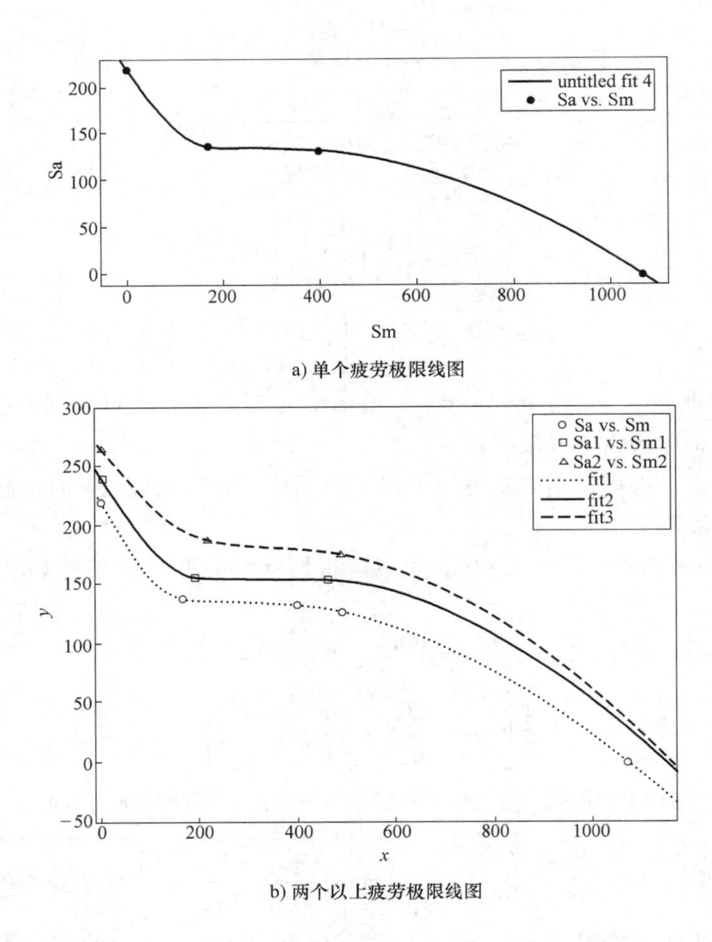

a) 单个疲劳极限线图

b) 两个以上疲劳极限线图

图 5-12　利用 MATLAB 的拟合工具箱 CFT 绘制疲劳极限线图

【MATLAB 求解】

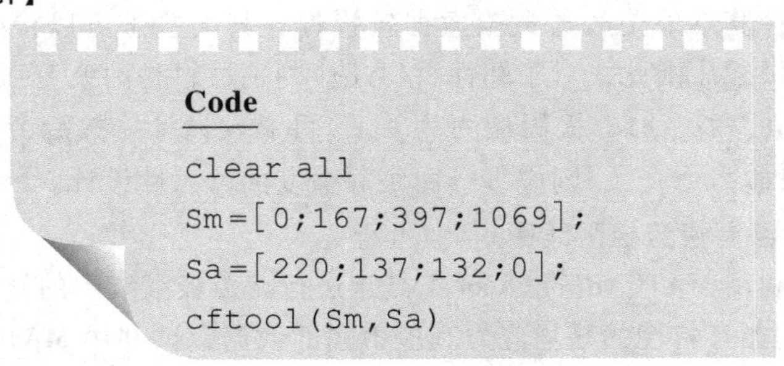

Code

```
clear all
Sm=[0;167;397;1069];
Sa=[220;137;132;0];
cftool(Sm,Sa)
```

2）如果要将两个以上的疲劳极限线图放在同一个窗口，以方便进行比较分析，该如何操作呢？例如：

$$\begin{cases} S_m=[0,167,397,1069] \\ S_a=[220,137,132,0] \\ S_{m1}=[0,191,459,1148] \\ S_{a1}=[250,156,153,0] \\ S_{m2}=[0,214,486,1157] \\ S_{a2}=[264,188,175,0] \end{cases}$$

读者可自行思考，本书给出 MATLAB 软件运行结果（见图 5-12b）及其源代码。

【MATLAB 求解】

Code

```
clear all
Sm=[0;167;397;1069];
Sa=[220;137;132;0];
Sm1=[0;191;459;1148];
Sa1=[240;156;153;0];
Sm2=[0;214;486;1157];
Sa2=[264;188;175;0];
% Set up figure to receive data sets and fits
f_=clf;
figure(f_);
set(f_,'Units','Pixels','Position',[379 278 688 487]);
% Line handles and text for the legend.
legh_=[];
legt_={};
% Limits of the x-axis.
xlim_=[Inf -Inf];
% Axes for the plot.
ax_=axes;
set(ax_,'Units','normalized','OuterPosition',[0 0 1 1]);
set(ax_,'Box','on');
axes(ax_);
holdon;
% --- Plot data that was originally in data set "Sa vs. Sm"
Sm=Sm(:);
Sa=Sa(:);
h_ = line (Sm, Sa,' Parent', ax _,' Color', [ 0.333333  0
0.666667],...
'LineStyle','none','LineWidth',1,...
'Marker','.','MarkerSize',12);
xlim_(1)=min(xlim_(1),min(Sm));
```

```
xlim_(2)=max(xlim_(2),max(Sm));
legh_(end+1)=h_;
legt_{end+1}='Sa vs. Sm';
% --- Plot data that was originally in data set "Sa1 vs.
Sm1"
Sm1=Sm1(:);
Sa1=Sa1(:);
h_=line(Sm1,Sa1,'Parent',ax_,'Color',[0.333333 0.666667
0],...
'LineStyle','none','LineWidth',1,...
'Marker','.','MarkerSize',12);
xlim_(1)=min(xlim_(1),min(Sm1));
xlim_(2)=max(xlim_(2),max(Sm1));
legh_(end+1)=h_;
legt_{end+1}='Sa1 vs. Sm1';
% --- Plot data that was originally in data set "Sa2 vs.
Sm2"
Sm2=Sm2(:);
Sa2=Sa2(:);
h_=line(Sm2,Sa2,'Parent',ax_,'Color',[0 0 0],...
'LineStyle','none','LineWidth',1,...
'Marker','.','MarkerSize',12);
xlim_(1)=min(xlim_(1),min(Sm2));
xlim_(2)=max(xlim_(2),max(Sm2));
legh_(end+1)=h_;
legt_{end+1}='Sa2 vs. Sm2';
% Nudge axis limits beyond data limits
if all(isfinite(xlim_))
   xlim_=xlim_+[-1 1] * 0.01 * diff(xlim_);
   set(ax_,'XLim',xlim_)
else
   set(ax_,'XLim',[-11.56,1167.5599999999999]);
end
% --- Create fit "fit 1"
ok_=isfinite(Sm) & isfinite(Sa);
if ~all(ok_)
   warning('GenerateMFile:IgnoringNansAndInfs',...
```

```
'IgnoringNaNs and Infs in data.');
end
ft_=fittype('pchipinterp');
% Fit this model using new data
cf_=fit(Sm(ok_),Sa(ok_),ft_);
% Plot this fit
h_=plot(cf_,'fit',0.95);
set(h_(1),'Color',[1 0 0],...
'LineStyle','-','LineWidth',2,...
'Marker','none','MarkerSize',2);
% Turn off legend created by plot method.
legend off;
% Store line handle and fit name for legend.
legh_(end+1)=h_(1);
legt_{end+1}='fit 1';
% --- Create fit "fit 2"
ok_=isfinite(Sm1) & isfinite(Sa1);
if ~all(ok_)
   warning('GenerateMFile:IgnoringNansAndInfs',...
'IgnoringNaNs and Infs in data.');
end
ft_=fittype('pchipinterp');
% Fit this model using new data
cf_=fit(Sm1(ok_),Sa1(ok_),ft_);
% Plot this fit
h_=plot(cf_,'fit',0.95);
set(h_(1),'Color',[0 0 1],...
'LineStyle','-','LineWidth',2,...
'Marker','none','MarkerSize',2);
% Turn off legend created by plot method.
legend off;
% Store line handle and fit name for legend.
legh_(end+1)=h_(1);
legt_{end+1}='fit 2';
% --- Create fit "fit 3"
ok_=isfinite(Sm2) & isfinite(Sa2);
if ~all(ok_)
```

```
    warning('GenerateMFile:IgnoringNansAndInfs',...
'IgnoringNaNs and Infs in data.');
end
ft_=fittype('pchipinterp');
% Fit this model using new data
cf_=fit(Sm2(ok_),Sa2(ok_),ft_);
% Plot this fit
h_=plot(cf_,'fit',0.95);
set(h_(1),'Color',[0.666667 0.333333 0],...
'LineStyle','-','LineWidth',2,...
'Marker','none','MarkerSize',2);
% Turn off legend created by plot method.
legend off;
% Store line handle and fit name for legend.
legh_(end+1)=h_(1);
legt_{end+1}='fit 3';
% --- Finished fitting and plotting data. Clean up.
hold off;
% Display legend
leginfo _ = {' Orientation',' vertical',' FontSize', 9,'
Location','northeast'};
h_=legend(ax_,legh_,legt_,leginfo_{:});
set(h_,'Interpreter','none');
% Remove labels from x-and y-axes.
```


5.2.3 *P-S-N* 曲线

将各级应力水平下疲劳寿命分布曲线上可靠度相等的点用曲线连接起来，就得到给定存活率 P（相当于可靠度）的一组 S-N 曲线，如图 5-13 所示，这种以 P 作为参数的 S-N 曲线族就称为 P-S-N 曲线。

利用 P-S-N 曲线不仅能估计出零件在一定应力水平下的疲劳寿命，而且能给出在该应力值下的破坏率或可靠度。机械零件疲劳寿命的概率分布，即 N 与 P 之间的关系，多数符合对数正态分布或者威布尔分布。

到目前为止，P-S-N 疲劳曲线都是在给定应力 S 的条件下通过试验求得 P-N 曲线，即得到给定应力下的寿命分布，然后再将 P-N 曲线与 S-N 曲线相联系，从而得到 P-S-N 曲线。

作为随机变量的疲劳寿命 N 是个很大的数，采用 $T=\ln N$ 表示更方便。这时若 T 服从正态分布，则称 N 是一个对数正态随机变量，$N=e^T$ 服从对数正态分布。这样，在一定的应力水平 S 的作用下，试样受循环次数 $T=\ln N$ 而破坏的概率为

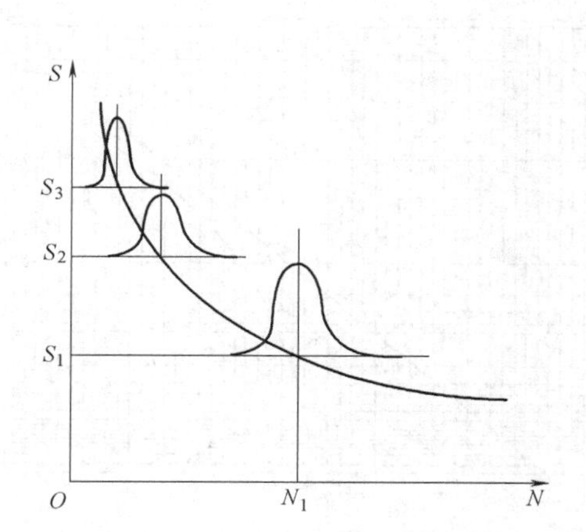

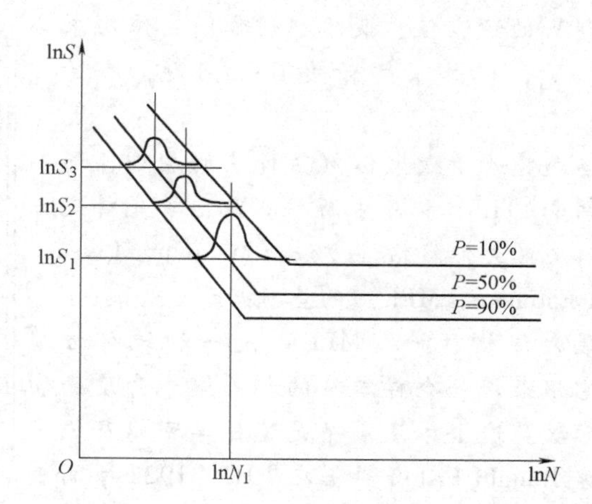

图 5-13　P-S-N 曲线

$$F(T=\ln N)=\int_{-\infty}^{\ln N}\frac{1}{\sigma\sqrt{2\pi}}\exp\left[-\frac{1}{2}\left(\frac{\ln N-\mu}{\sigma}\right)^2\right]\mathrm{d}\ln N \tag{5-42}$$

引入标准正态分布变量，即

$$z=\frac{\ln N-\mu}{\sigma} \tag{5-43}$$

则得标准正态分布的分布函数为

$$\Phi(z)=\frac{1}{\sqrt{2\pi}}\int_{-\infty}^{z}\exp\left(-\frac{1}{2}z^2\right)\mathrm{d}z \tag{5-44}$$

此处的存活率 P 即可靠度 R 为

$$P=R=1-\Phi(z)=\int_{z}^{\infty}\frac{1}{\sqrt{2\pi}}\exp\left(-\frac{1}{2}z^2\right)\mathrm{d}z=\Phi(-z)=\Phi(z_P) \tag{5-45}$$

z_P可查标准正态分布表得，$z=-z_P=-z_R$，求出 $\Phi(z_P)=\Phi(z_R)$。

例题 5-3　在某应力水平下，测试一组共 8 个试样的疲劳寿命数据，结果见表 5-14。如果已知其总体的疲劳寿命为三参数的威布尔分布，试估算其参数N_0、m、N_a，并绘制 P-N 曲线，计算可靠度分别为 90%、50%的安全寿命。

表 5-14　疲劳寿命数据

序号	1	2	3	4	5	6	7	8
疲劳寿命/×100000 次	4.0	5.0	6.0	7.3	8.2	9.0	10.5	12.0

解　关于已知威布尔分布的三个参数，进行疲劳寿命计算的问题，在前面已经讲述。本题则属于一个反问题：在已知威布尔分布试验数据（样本数据）的情况下，如何反求出威布尔分布的三个参数？

传统方法是利用特定的专用威布尔概率纸，将试验数据描在其上面并连接起来构建一条直线（见图 5-14），然后基于 P-N 曲线构建方法，作该直线的垂向渐近线与横轴的交点即

可得到N_0的预测值，最后利用作图法依次求解 m、N_a，但是求解精度存在问题，有待提高。

本题将基于最大似然估计法的原理，通过编写 MATLAB 程序求解。在此，首先补充一下有关最大似然估计方法（Maximum Likelihood Estimate，MLE）的基础知识。

最大似然估计（MLE）是一种统计方法，它用来求一个样本集的相关概率密度函数的参数。这个方法最早是遗传学家以及统计学家 Ronald Fisher 爵士在 1912～1922 年间开始使用的。“似然”是对 likelihood 一种较为贴近的文言文翻译，用现代中文来讲就是可能性。MLE 明确地使用概率模型，其目标是寻找能够以较高概率产生观察数据的系统发生树，是一种完全基于统计的系统发生树重建方法的代表。

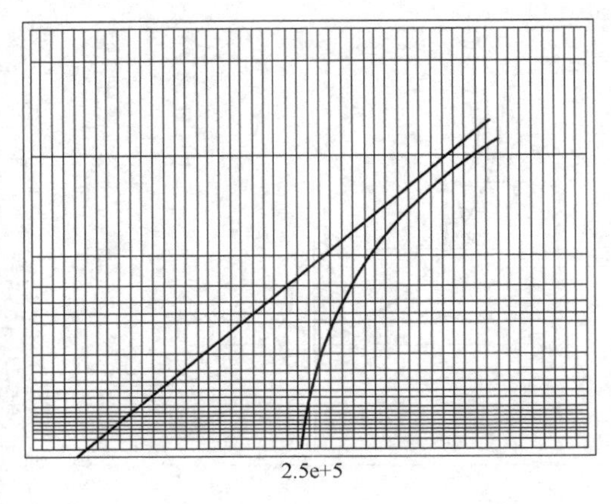

图 5-14 通过 MATLAB 绘制的威布尔分布的 P-N 曲线

给定一个概率分布 D，假定其概率密度函数（连续分布）或者概率聚集函数（离散分布）为f_D，以及一个分布参数 θ，可以从这个分布中抽出一个具有 n 个值的采样X_1、X_2、…、X_n，通过利用f_D，就能计算出其概率。最大似然估计会寻找关于 θ 的最可能的值，即在所有可能的 θ 取值中，寻找一个值来使这个采样的“可能性”最大化。

最大似然估计法是根据抽样的结果来估计的，若抽样的结果为X_1、X_2、…、X_n，自然认为该结果出现的可能性是最大的，因此要从未知参数可能的取值范围中，寻找出一个值作为未知参数的预测值，而使得该抽样结果X_1、X_2、…、X_n出现的概率最大[16]。

针对本题已知服从威布尔分布的 8 个疲劳寿命数据点，基于 MLE 方法，编写程序求解威布尔分布的三个参数以及相应可靠度情况下的寿命。

【MATLAB 求解】

Code

```
clear
N=[4 5 6 7.3 8.2 9 10.5 12]'* 1e5;%
% f(x)=b* a^(-b)* (x-c)^(b-1)* exp(-((x-c)/a)^b)
% a 尺度参数
% b 形状参数
% c 位置参数
x=N;%
x_range=[min(x) max(x) max(x)/min(x)];% % 样本区间最大与最
                                        小值之比
```

```
alpha=[0.05];% 置信区间
c=linspace(0,min(x)-1,1000)';
Len_c=length(c);
for i=1 : Len_c
    [a_b(i,:),pci{i}]=wblfit(x-c(i),alpha);
    lnL(i,1)=- wbllike([a_b(i,:)],x-c(i));
if a_b(i,2) <=1
break;
end
end
c=c(1:i);
lnL_a_b_c=sortrows([lnL a_b c],-1);
a_b_c=lnL_a_b_c(1,2:end);% 遍历位置参数c 时的极大参数法似然估计
lnL=lnL_a_b_c(1);% 样本 x 最大对数似然值 lnx
a=a_b_c(1);
b=a_b_c(2);
c=a_b_c(3);
f=@ (x,a,b,c) b* a^(-b)* (x-c).^(b-1).* exp(-((x-c)/a).^b);
t=linspace(c,max(x)* 1.5,500);
y=f(t,a,b,c);
figure('name','wblthree')
plot(t,y,'r')
holdon
axis([0 max(t) 0 max(y)* 1.1])
text(max(t)/4,max(y)/2,['a=' num2str(a,'% 0.1f') ',b='...
num2str(b,'% 0.3f') ',c='
num2str(c,'% 0.0f')],'fontsize',12,'color','b')
a,b,c
R=[0.9 0.5];
c9=b * log(a-c);
y9=log(log(1./R));
x9=(y9+c9)/b;
NR=c+exp(x9)
```

Run

```
>> fig513
a=4.7952e+05
```

```
b=1.6551
c=3.4434e+05
NR=1.0e+05 *
3.7905 4.5267
```

从图 5-15 不难看出，威布尔分布的三个参数分别为：

尺度参数$N_a=a=479521.4$，位置参数$N_0=c=344343$，形状参数 $m=b=1.6551$。当可靠度分别为 90%、50%时，其对应的寿命依次为 379050，452670。

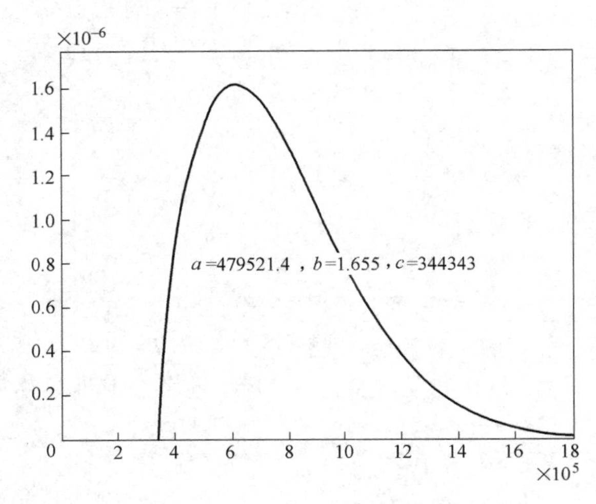

图 5-15　概率密度分布曲线

接下来研究寿命与可靠度之间的关系，为此有必要引进平均秩与中位秩的概念。

【补充知识】：平均秩与中位秩

由于子样（样本）的试验结果只能反映一个局部，不能完全代表母体的实际情况，因此，可采用平均秩或中位秩来作为母体失效概率的预测值。无论母体为何种概率分布，其失效概率的平均值恒为

$$\widehat{F}(t_i)=\frac{i}{n+1}$$

式中　i——由大到小的次序排列序号；

n——子样容量；

$i/(n+1)$——平均秩（Mean Rank）。

同时，也有用中位秩（Median Rank）来代替平均秩的，当小子样（$n<30$）的概率密度连续对称时，一般采用中位秩来预测，即

$$\widehat{F}(t_i)=\frac{i-0.3}{n+0.4}$$

因此，本题采用 MATLAB 程序来辅助解答，用中位秩表示与次序统计量N_i相对应的破坏概率，求得可靠度，即

$$R_i=1-F(N_i)=1-\frac{i-0.3}{n+0.4}$$

由于服从威布尔分布，则有

$$F(N)=1-\exp\left[-\left(\frac{N-\gamma}{\eta}\right)^m\right]$$

$$1-F(N)=\exp\left[-\left(\frac{N-\gamma}{\eta}\right)^m\right]$$

$$\ln[1-F(N)]=-\left(\frac{N-\gamma}{\eta}\right)^m$$

$$-\ln[1-F(N)]=0-\ln[1-F(N)]=\ln1-\ln[1-F(N)]=\ln\frac{1}{1-F(N)}=\left(\frac{N-\gamma}{\eta}\right)^m$$

$$\ln\left[\ln\frac{1}{1-F(N)}\right]=m\cdot\ln\left(\frac{N-\gamma}{\eta}\right)=m\cdot\ln(N-\gamma)-m\cdot\ln\eta$$

令

$$y=\ln\left[\ln\frac{1}{1-F(N)}\right],x=\ln(N-\gamma),A=-m\cdot\ln\eta$$

则有

$$y=mx+A$$

因此，上述方程就转变成了一条直线。这就说明，以 $\ln(N-\gamma)$ 为横坐标、$\ln\left[\ln\frac{1}{1-F(N)}\right]$ 为纵坐标，此时的 P-N 曲线反映的是线性关系。

根据以上所述，即可得到可靠度与寿命之间的关系曲线，如图5-16所示。

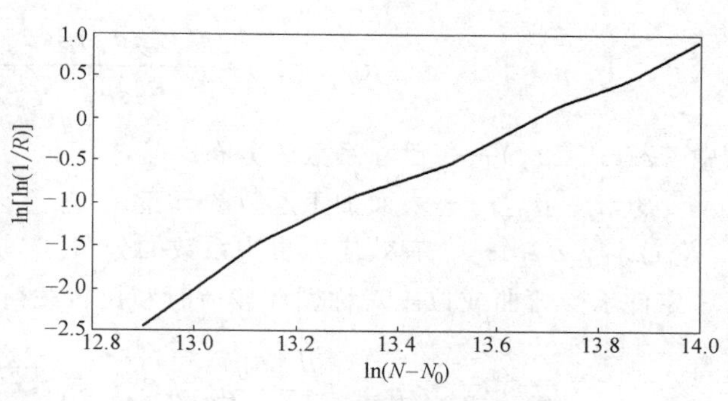

图5-16　寿命与可靠度关系曲线

【MATLAB 求解】

Code

```
clear
N=[4 5 6 7.3 8.2 9 10.5 12]'* 1e5;%
n=8;
for i=1 : n
    pR(i)=1-(i-0.3)/(n+0.4);
end
pR=pR';pF=1-pR;
y1=log(1./pR);
y2=log(y1)
x=log(N)
plot(x,y2)
【程序运行结果】
>> fig514
```


不难看出，图5-16的曲线近似于直线，这是有其理论依据的；但又不是直线，主要是存在着试验误差的缘故；读者可以与前述图5-14中通过威布尔概率纸绘制的曲线进行比较，并思考其中的异同。

5.3 机械零件的疲劳极限分布

对一般机械产品来说，直接用实际零件进行疲劳试验，不仅费用高，而且往往会遇到很大的困难，例如需要大型设备等。因此，在一般情况下都是采用材料的标准试样进行试验，这就需要将材料标准试样的疲劳极限线图转化为具体零部件的疲劳极限线图。

设用标准试样得到的材料的疲劳极限分布为 $\sigma_r(\mu_{\sigma_r},\ \sigma_{\sigma_r})$，见表 5-1～表 5-3，零件的疲劳极限分布为 $\sigma_{re}(\mu_{\sigma_{re}},\ \sigma_{\sigma_{re}})$，则它们之间有如下关系：

$$\sigma_{re}(\mu_{\sigma_{re}},\sigma_{\sigma_{re}})=\frac{\varepsilon(\mu_\varepsilon,\sigma_\varepsilon)\beta(\mu_\beta,\sigma_\beta)}{K_\sigma(\mu_{K_\sigma},\sigma_{K_\sigma})}\sigma_r(\mu_{\sigma_r},\sigma_{\sigma_r}) \tag{5-46}$$

式中 $\varepsilon(\mu_\varepsilon,\ \sigma_\varepsilon)$——尺寸系数的分布；

$\beta(\mu_\beta,\ \sigma_\beta)$——表面加工系数的分布；

$K_\sigma(\mu_{K_\sigma},\ \sigma_{K_\sigma})$——有效应力集中系数的分布。

零件承受弯曲或拉压对称循环载荷时和扭转载荷时的疲劳极限中值和变差系数分别为

$$\mu_{\sigma_{-1e}}=\frac{\mu_{\varepsilon\sigma}\mu_\beta}{\mu_{K\sigma}}\mu_{\sigma_{-1}},C_{\sigma_{-1e}}=\sqrt{C_{\sigma_{-1}}^2+C_{K_\sigma}^2+C_{\varepsilon_\sigma}^2+C_\beta^2}$$

$$\mu_{\tau_{-1e}}=\frac{\mu_\varepsilon\mu_\beta}{\mu_{K\tau}}\mu_{\tau_{-1}},C_{\tau_{-1e}}=\sqrt{C_{\tau_{-1}}^2+C_{K_\tau}^2+C_{\varepsilon_\tau}^2+C_\beta^2}$$

当这些系数的分布及材料的疲劳极限分布已知时，即可求得零件的疲劳极限分布。

例题 5-4 转轴的结构尺寸如图 5-17 所示。材料 30CrMnSiA 轴上受一集中力 P，承受对称循环弯曲应力，按 $N=10^7$ 无限寿命设计，试确定 A—A 截面处的疲劳极限分布。

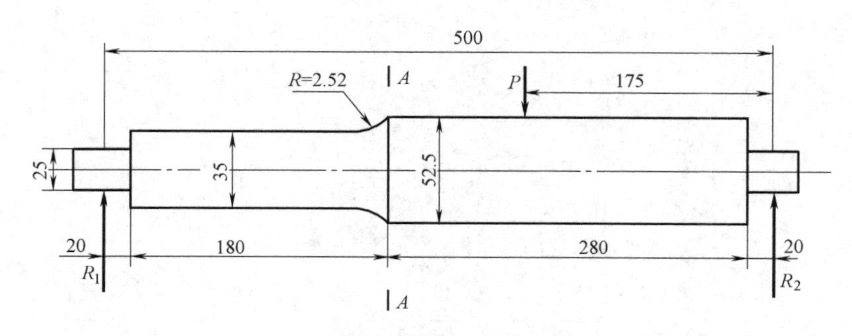

图 5-17 转轴的结构尺寸

解 查表 5-5，得 $d=50\text{mm}$ 的尺寸系数为

$$\begin{cases}\mu_\varepsilon=0.79\\ \sigma_\varepsilon=0.069\end{cases}$$

查表 5-8 得表面加工系数为

$$\begin{cases}\mu_\beta = 0.7933 \\ \sigma_\beta = 0.03573\end{cases}$$

查表 5-2 得对于 30CrMnSiA 钢，当 $r=-1$，$\alpha_\sigma=1$，$N=10^7$ 时的疲劳极限为

$$\begin{cases}\mu_{\sigma_r} = 637.7 \\ \sigma_{\sigma_r} = 18.64\end{cases}$$

查表 5-4 得对于 30CrMnSiA 钢，当 $r=-1$ 时的敏感系数并取 $\alpha_\sigma=2$，代入式（5-7）、式（5-8）得

$$\begin{cases}\mu_{K_\sigma} = 1.74373 \\ \sigma_{K_\sigma} = 0.082636\end{cases}$$

将以上数据代入式（5-46），即可使问题得到求解。本题采用蒙特卡罗法编程实现。

【MATLAB 求解】

Code

```
clear all
n=2000;sj=randn(n,4);
A=1.74373;A1=0.082636;PA=A+A1 * sj(:,1);
B=0.79;B1=0.069;PB=B+B1 * sj(:,2);
C=0.7933;C1=0.03573;PC=C+C1 * sj(:,3);
D=637.7;D1=18.64;PD=D+D1 * sj(:,4);
EE=PB .* PC .* PD ./PA;
EE_ave=mean(EE)
EE_var=sum((EE-EE_ave).^2)/n;
EE_bzc=sqrt(EE_var),
```

Run

```
EE_ ave=229.1291
EE_ bzc=25.9007
```

这就是求得的均值与标准差，因此得到 $r=-1$ 时转轴 A—A 截面的疲劳极限分布为

$$(\mu_{\sigma_{re}}, \sigma_{\sigma_{re}})_{r=-1} = (229.1291, 25.9007)\ \mathrm{MPa}$$

5.4 机械零件的无限寿命可靠性设计

利用材料标准试样或零件的 P-S-N 曲线（对于非对称循环变应力则为疲劳极限线图），根据给定的条件和要求，将零件设计为始终在无限疲劳寿命区（见图 5-3）工作，以使该零件有足够长（10^7次应力循环及以上）的寿命的设计，称为无限寿命设计。无限寿命设计可分为两种情况，一种是按照零件的 P-S-N 曲线设计，另一种是按照零件的等寿命疲劳极限线图设计。

5.4.1 按照零件的 P-S-N 曲线设计

如果已测得零件的 P-S-N 曲线，如图 5-18 所示，其横轴为应力循环次数（或寿命），纵轴为疲劳强度和应力水平。若已知零件的疲劳强度分布的概率密度函数 $g(\delta)$ 和应力分布的概率密度函数 $f(S)$，则承受疲劳载荷的零件的可靠度计算仍然以应力-强度分布的干涉理论为依据。

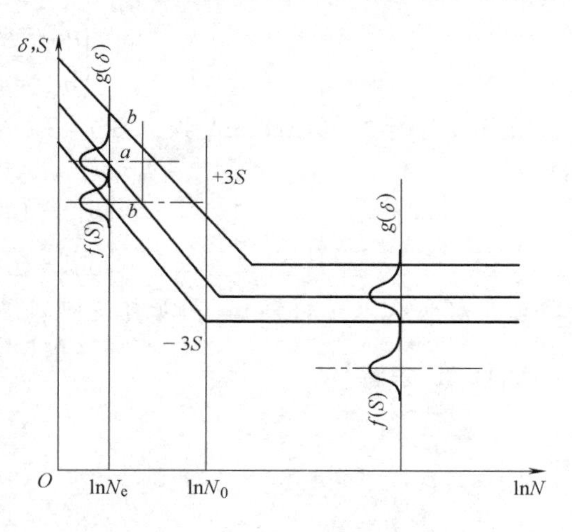

图 5-18 零件的 P-S-N 曲线

进行无限寿命可靠性设计时，用N_0右侧的水平线部分，取其均值μ_δ，标准差σ_δ为强度指标，若工作应力 S 的均值μ_S、标准差σ_S已求得，且当强度与应力均呈正态分布时，则可求出z_R，即

$$z_R=\frac{\mu_\delta-\mu_S}{\sqrt{\sigma_\delta^2+\sigma_S^2}}$$

通过查标准正态分布表求得失效概率 $\Phi(z)$，代入下式，即

$$R=1-\Phi(z)=\Phi(-z)=\Phi\left(\frac{\mu_\delta-\mu_S}{\sqrt{\sigma_\delta^2+\sigma_S^2}}\right)=\Phi(z_R)$$

这就说明，在 P-S-N 曲线中，考虑 N 为无限寿命时，根据应力与强度就可以求出零件（在无限疲劳寿命下）的可靠度。

5.4.2 按照零件的等寿命疲劳极限线图设计

受任意应力循环（对称与非对称的）的变应力的疲劳强度可靠性设计，可利用等寿命疲劳极限线图进行。当工作应力不对称系数 r 变化时，应力与强度分布均为三维的图形，且表现为正态分布曲面（见图 5-19）。

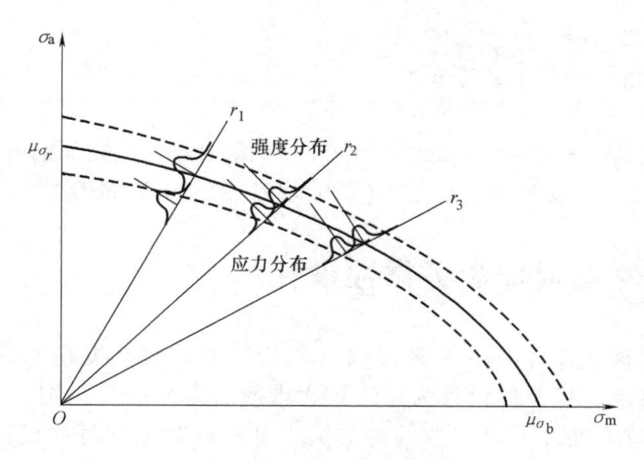

图 5-19 当 r 值变化时的应力与强度分布

强度分布与应力分布的相互干涉部分，表示了零件在随机应力下破坏概率的存在，由 1 减去这个破坏概率，即为该零件的可靠度值。由于 r 不是某一确定常数，故可靠度的计算非常复杂。

当不对称系数 r 为某确定值时，利用该零件的疲劳极限线图（见图 5-20），先找出 r 值直线与疲劳极限曲线的交点 M，再根据零件的载荷工况的应力幅值 σ_a 或平均应力 σ_m 找出工作应力点 L。过 M 点的疲劳强度分布的均值 μ_δ 和标准差 σ_δ，过 L 点的应力分布的均值 μ_S 和标准差 σ_S，可以由疲劳极限线图求出，或分别按式（5-28）、式（5-29）计算出。如果它们均呈正态分布，则根据干涉理论，利用前面已给出的联结方程，即可求出疲劳载荷下零件的可靠度值。

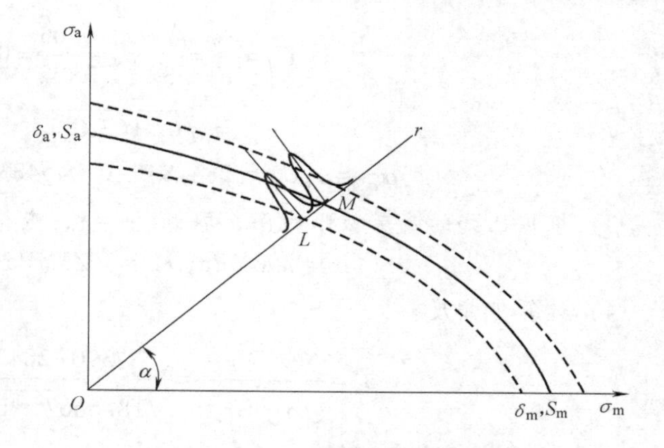

图 5-20 当 r = 常数时零部件的可靠度计算原理

例题 5-5 有一平稳运转的轴，所承受的扭矩 $T=(762\pm100)$ N · m，同时承受一对称循环弯矩，危险截面处轴径 $d=(32\pm0.05)$ mm，该处弯矩 $M=(660\pm90)$ N · m，已通过疲劳试验绘制出轴的疲劳寿命极限线图，试计算不发生疲劳失效的可靠度。

解 1）计算承受合力，根据弯扭组合的第四强度理论

$$(\sigma_c)_a=\sqrt{\sigma_a^2+3\tau_a^2}=\sqrt{\sigma_a^2+0}=\frac{M}{0.1d^3}$$

$$(\sigma_c)_m=\sqrt{\sigma_m^2+3\tau_m^2}=\sqrt{0+3\tau_m^2}=\frac{\sqrt{3}T}{0.2d^3}$$

由于弯矩与扭矩为正相关，$\rho=1$，故其合成应力为

$$\sigma_c=\sqrt{\sigma_a^2+\sigma_m^2}=\sqrt{\sigma_a^2+\left(\frac{\sigma_a^2}{\tan^2\alpha}\right)}$$

而

$$\tan\alpha=\frac{\sigma_a}{\sigma_m}=\left(\frac{M}{0.1d^3}\right)\bigg/\left(\frac{\sqrt{3}T}{0.2d^3}\right)=\frac{2\times660}{\sqrt{3}\times762}=1.00016\approx1$$

代入上式得

$$\sigma_c=\sqrt{\sigma_a^2+\sigma_m^2}=\sqrt{\sigma_a^2+\left(\frac{\sigma_a^2}{\tan^2\alpha}\right)}=\sigma_a\sqrt{1+\frac{1}{\tan^2\alpha}}=\sqrt{2}\sigma_a=284.845\text{MPa}$$

2）计算承受合力的变差系数。已知 M 及 d 均服从正态分布，因标准差等于 1/3 容许偏差，得变差系数为

$$C_M=\frac{\sigma_M}{M}=\frac{\Delta_M}{3}/M=\frac{90}{3\times660}=0.04546$$

$$C_d=\frac{\sigma_d}{d}=\frac{\Delta_d}{3}/d=\frac{0.05}{3\times 32}=0.0005208$$

$$\sigma_{\sigma_c}=\sqrt{C_M^2+(3C_d)^2}=0.04548$$

$$\sigma_{\sigma_c}=\sigma_c C_{\sigma_c}=284.845\times 0.04548\text{MPa}=12.9538\text{MPa}$$

3）根据已知的疲劳极限线图，取 $\tan^2\alpha=1$，查得

$$\sigma_r=390\text{MPa},\sigma_{\sigma_r}=56/3\text{MPa}=18.6667\text{MPa}$$

4）计算可靠度。

$$z_R=\frac{\mu_{\sigma_r}-\mu_{\sigma_c}}{\sqrt{\sigma_{\sigma_r}^2+\sigma_{\sigma_c}^2}}=\frac{390-284.845}{\sqrt{18.6667^2+12.9538^2}}=4.628$$

查标准正态分布表可得

$$R=0.9999981$$

5.5 机械零件的有限寿命可靠性设计

有许多机械产品和机械设备，例如工程机械、矿山机械、起重运输机械等，承受着重载荷，所以疲劳寿命较少，在整个使用期内疲劳寿命达不到材料疲劳极限的循环基数（约10^7次循环）。另有一些零件，在其使用期内的工作循环次数，虽然会达到这一基数或以上，但为了整个结构设计的合理布置，或为了减小结构尺寸和重量，充分利用材料以及提高零件的承载能力，常采用有限寿命设计，但配合以合理的维修制度和更换零件的方法，以确保这些零件的工作可靠性。例如，机械产品中广泛采用的滚动轴承，就是按循环次数为10^6次、可靠度为 90%条件下的承载能力而进行设计和选用的。

做有限寿命设计时，在指定寿命 $\ln N_e$处取疲劳强度的均值和标准差，如图 5-18 中 a、b 点的值，再与已求得的工作应力分布的均值、标准差按应力-强度分布干涉理论计算可靠度。如果应力分布与强度分布均服从正态分布，则可由联结方程求解。在有限寿命疲劳强度可靠性设计中，一般取$N=10^6\sim10^7$次。

5.5.1 等幅变应力作用下的疲劳寿命与可靠度

承受对称或不对称循环的等幅变应力的机械零件的疲劳寿命，其分布函数一般服从对数正态分布或威布尔分布。

1. 疲劳寿命服从对数正态分布的情况

在对称循环等幅变应力作用下的零件或试件，其疲劳寿命达到破坏的循环次数 N，通常符合对数正态分布，或者说 $\ln N$ 服从正态分布。则其概率密度函数为

$$f(N)=\frac{1}{N\sigma\sqrt{2\pi}}\exp\left[-\frac{1}{2}\left(\frac{\ln N-\mu}{\sigma}\right)^2\right]$$

式中 μ、σ——对数均值和对数标准差，即为 $\ln N$ 的均值和标准差。

令

$$z=\frac{\ln N-\mu}{\sigma}$$

则零件在使用寿命即工作循环次数达到N_1时的失效概率或对数正态分布的分布函数为

$$F(N)=P(N\leqslant N_1)=P(\ln N\leqslant \ln N_1)=\int_{-\infty}^{\ln N_1}\frac{1}{\sigma\sqrt{2\pi}}\exp\left[-\frac{1}{2}\left(\frac{\ln N-\mu}{\sigma}\right)^2\right]\mathrm{d}\ln N$$

$$=\Phi(z)=\Phi\left(\frac{\ln N-\mu}{\sigma}\right)$$

由此得到的可靠度为

$$R(N)=1-F(N)=1-\Phi(z)=1-\Phi\left(\frac{\ln N-\mu}{\sigma}\right) \tag{5-47}$$

例题 5-6 某零件在对称循环等幅变应力 $S=700\text{MPa}$ 的载荷工况下工作。根据该零件的疲劳寿命试验数据，知其达到破坏的循环次数服从对数正态分布，且其均值和标准差分别为 $\mu=10$，$\sigma=0.17$，求该零件工作到 14000 次循环时的可靠度。

解 由题意可将已知数据代入标准正态变量表达式得

$$z=\frac{\ln N-\mu}{\sigma}=\frac{\ln 14000-10}{0.170}=-2.666$$

查标准正态分布表得

$$F(N)=\Phi(z)=\Phi(-2.666)$$
$$R(N)=1-F(N)=\Phi(-z)=\Phi(2.666)=0.9961$$

2. 疲劳寿命服从威布尔分布的情况

威布尔分布常用来描述零件的疲劳寿命。它是依据“最弱环模型”建立起来的一种分布，因此，凡是由于局部失效而引起的全局功能失效，都服从威布尔分布。对于那些高应力下的接触疲劳寿命尤为适用。常用的是三参数威布尔分布。其概率密度函数为

$$f(N)=\frac{m}{N_a-N_0}\left(\frac{N-N_0}{N_a-N_0}\right)^{m-1}\exp\left[-\left(\frac{N-N_0}{N_a-N_0}\right)^m\right]$$

式中 N_0——最小寿命；

N_a——特征寿命或尺度参数；

m——形状参数。当寿命为 N 时的破坏概率或分布函数为

$$F(N)=1-\exp\left[-\left(\frac{N-N_0}{N_a-N_0}\right)^m\right]\quad(N\geqslant N_0)$$

因此，零件的可靠度为

$$\begin{cases}R(N)=1-F(N)=\exp\left[-\left(\dfrac{N-N_0}{N_a-N_0}\right)^m\right] & (N\geqslant N_0)\\ R(N)=1 & (N<N_0)\end{cases} \tag{5-48}$$

由式（2-75）、式（2-76）、式（2-80）并令 $\gamma=N_0$，$\eta=N_a-N_0$，则威布尔分布的平均寿命 $E(N)=\mu_N$，寿命标准差$\sigma_N=\sqrt{D(N)}$，可靠寿命N_R为

$$\begin{cases} E(N)=\mu_N=N_0+(N_a-N_0)\Gamma\left(1+\dfrac{1}{m}\right) \\ \sigma_N=(N_a-N_0)\sqrt{\Gamma\left(1+\dfrac{2}{m}\right)-\Gamma^2\left(1+\dfrac{1}{m}\right)} \\ N_R=N_0+(N_a-N_0)\sqrt[m]{\ln\left(\dfrac{1}{R}\right)} \end{cases} \tag{5-49}$$

应用上述各式时，要先求出威布尔分布三个参数N_a、N_0、m 的预测值。采用作图法来估计，其精度一般可以满足工程计算要求。采用分析法，虽然有更高的精度，但计算较复杂。

在实际工程中，也常利用 m 与寿命 N 的变差系数$C_N=\sigma_N/\mu_N$之间的近似关系来求解参数 m。因为 $N\gg N_0$，故变差系数可近似表达为

$$C_N=\frac{\sigma_N}{\mu_N}\approx\frac{\sigma_N}{\mu_{N-N_0}}=\frac{(N_a-N_0)\sqrt{\Gamma\left(1+\dfrac{2}{m}\right)-\Gamma^2\left(1+\dfrac{1}{m}\right)}}{(N_a-N_0)\Gamma\left(1+\dfrac{1}{m}\right)}=\frac{\sqrt{\Gamma\left(1+\dfrac{2}{m}\right)-\Gamma^2\left(1+\dfrac{1}{m}\right)}}{\Gamma\left(1+\dfrac{1}{m}\right)} \tag{5-50}$$

可以画出关于上式的关系曲线，该曲线的近似表达式为

$$\begin{cases} C_N=m^{-0.928} \\ m=C_N^{-1.08} \end{cases} \tag{5-51}$$

从而式（5-48）可以改写为

$$R(N)=\exp\left\{\left[-\left(\frac{N-N_0}{\mu_N-N_0}\right)\Gamma(1+C_N^{1.08})\right]^{C_N^{-1.08}}\right\}$$

$$\left[\ln\frac{1}{R(N)}\right]^{C_N^{1.08}}=\left(\frac{N-N_0}{\mu_N-N_0}\right)\Gamma(1+C_N^{1.08}) \tag{5-52}$$

对于任一等幅变应力作用下的零件来说，当其寿命分布的变差系数C_N值（通常为$C_N=0.30\sim0.70$）已知时，则可先由其 S-N 曲线方程按式（5-13）求得平均寿命μ_N，再根据式（5-52）可得给定工作循环次数 N 时的可靠度 $R(N)$ 。

在疲劳强度可靠性设计中，也常遇到与上述问题相反的问题，即要求零件能在给定可靠度条件下工作到一定循环次数N_R，这就要求算出该零件在上述条件下的平均寿命μ_{N_d}。

设N_R为要求达到的有效寿命，$R(N_R)$ 为零件达到该寿命的可靠度，N_d 为设计平均寿命。令

$$\gamma_L=\frac{\mu_N-N_0}{N-N_0}=\frac{\mu_{N_R}-N_0}{N_R-N_0}$$

表示疲劳寿命系数，且 $N\gg N_0$，$R(N_R)\geqslant0.9$，将式（5-52）代入上式，则有

$$\gamma_L=\frac{\Gamma(1+C_N^{1.08})}{\left[\ln\dfrac{1}{R(N)}\right]^{C_N^{1.08}}}\approx\frac{\Gamma(1+C_N^{1.08})}{[F(N_R)]^{C_N^{1.08}}} \tag{5-53}$$

考虑到疲劳寿命系数γ_L的影响，零件在相应的可靠度条件下的平均寿命值μ_{N_d}为

$$\mu_{N_\mathrm{d}}=\gamma_L N_R \tag{5-54}$$

求得μ_{N_d}后，即可依据零件材料的S-N曲线方程，求出零件可靠性设计所需要的计算应力S_d为

$$S_d=\sqrt[m]{\frac{C}{\mu_{N_d}}} \tag{5-55}$$

式中　m——疲劳曲线的指数值；

C——由已知条件确定的常数。

例题 5-7　已知某零件的疲劳寿命变差系数为0.4，有效寿命为100000次循环，此时可靠度为0.96，试求其平均寿命。

解　按式（5-53），得疲劳寿命系数。

$$C_N^{1.08}=0.4^{1.08}=0.3717$$

$$R_{N_R}=0.960$$

$$\ln\frac{1}{R}=\ln\frac{1}{0.960}=0.0408$$

$$\gamma_L=\frac{\Gamma(1+C_N^{1.08})}{\left[\ln\frac{1}{R(N)}\right]^{C_N^{1.08}}}=\frac{\Gamma(1+0.3717)}{0.0408^{0.3717}}=2.9414$$

代入式（5-54），得平均寿命值为

$$\mu_{N_d}=\gamma_L N_R=2.9414\times10^5$$

【MATLAB求解】

Code

```
clear all
format long
CN=0.4;
NR=1e5;
R=0.96;
gamL=gamma(1+CN^1.08)/((1-R)^(CN^1.08))
miuN=gamL * NR
```

Run

```
gamL=2.941974888531228
miuN=2.941974888531228e+005
```

5.5.2　滚动轴承的疲劳寿命与可靠度

滚动轴承在等幅变应力作用下，其接触疲劳寿命近似地服从二参数威布尔分布，其失效

概率为

$$F(N)=P(t\leqslant N)=1-\exp\left[-\left(\frac{N}{N_a}\right)^m\right]$$

式中　N——循环次数通常以10^6次为单位，因此，轴承寿命常表示为$L=N/10^6$，换算成以小时为单位时，则为

$$L_h=\frac{10^6L}{60n} \tag{5-56}$$

式中　n——轴承的每分钟转数（r/min）。

在工程实践中，滚动轴承均按可靠度为90%时的额定寿命L_{10}作为依据。因可靠度为

$$R(N_{90})=1-F(N_{90})=\exp\left[-\left(\frac{N}{N_a}\right)^m\right] \tag{5-57}$$

故得额定寿命为

$$L_{10}=N_{90}=N_a\left[\ln\frac{1}{R(N_{90})}\right]^{\frac{1}{m}} \tag{5-58}$$

同理，可靠度为任意给定值R时的轴承寿命为

$$L_F=L_{1-R}=N_R=N_a\left[\ln\frac{1}{R(N_R)}\right]^{\frac{1}{m}}$$

可以得到

$$\frac{L_F}{L_R}=\frac{L_{1-R}}{L_R}=\left[\frac{\ln1-\ln R(N_R)}{\ln1-\ln0.9}\right]^{\frac{1}{m}}=\left[\frac{\ln R(N_R)}{\ln0.9}\right]^{\frac{1}{m}}$$

令

$$\alpha_1=\frac{L_{1-R}}{L_{10}} \tag{5-59}$$

式中　α_1——滚动轴承寿命可靠性系数。

$$\alpha_1=\left[\frac{\ln R(N_R)}{\ln0.9}\right]^{\frac{1}{m}} \tag{5-60}$$

式中　m——威布尔分布的形状参数，大量的统计资料表明，对于球轴承，$m=10/9$，对于圆柱滚子轴承，$m=3/2$，对于圆锥滚子轴承，$m=4/3$。

表5-15给出了几组常用的滚动轴承的寿命可靠性系数α_1值。

表5-15　滚动轴承的寿命可靠性系数α_1值

$R(N_R)$（%）	50	80	85	90	92	95	96	97	98	99
$L_{(1-R)}$	L_{50}	L_{20}	L_{15}	L_{10}	L_8	L_5	L_4	L_3	L_2	L_1
球轴承	5.45	1.96	1.48	1.00	0.81	0.52	0.43	0.33	0.23	0.12
圆柱滚子轴承	3.51	1.65	1.34	1.00	0.86	0.62	0.53	0.44	0.33	0.21
圆锥滚子轴承	4.11	1.76	1.38	1.00	0.84	0.58	0.49	0.39	0.29	0.17

注：有些文献给出的α_1值，当$R(N_R)\geqslant95\%$时，另外两种轴承与圆柱滚子轴承的相应值相同。

在实际设计中选轴承时，常常是给定在一定可靠度条件下的轴承寿命$L_{(1-R)}$，从而要求确定其所对应的额定寿命L_{10}值，即求

$$L_{10}=\frac{1}{\alpha_1}L_{(1-R)} \tag{5-61}$$

然后从轴承手册或目录中选择其额定寿命值大于由上式确定的L_{10}值即可。

在轴承设计中，根据疲劳寿命曲线导出的轴承动载荷与其寿命之间的关系为

$$L_{10}=\left(\frac{C}{P}\right)^{\varepsilon} \tag{5-62}$$

式中　C——额定动载荷(N)；

P——当量动载荷(N)；

ε——疲劳寿命指数，对于球轴承，$\varepsilon=3$，对于圆柱滚子轴承，$\varepsilon=10/3$。

考虑到不同的可靠度、不同的轴承材料和润滑条件时，上式修正为

$$L_{1-R}=\alpha_1\alpha_2\alpha_3\left(\frac{C}{P}\right)^{\varepsilon} \tag{5-63}$$

式中　α_1——寿命可靠性系数，见表5-15；

α_2——材料系数，对于普通轴承钢，$\alpha_2=1$；

α_3——润滑系数，一般情况下，取$\alpha_3=1$。

当多数情况下$\alpha_2=\alpha_3=1$时，有

$$C=\alpha_1^{-\frac{1}{\varepsilon}}P(L_{1-R})^{\frac{1}{\varepsilon}}=KP(L_{1-R})^{\frac{1}{\varepsilon}} \tag{5-64}$$

式中　K——额定动载荷可靠性系数，即

$$K=\alpha_1^{-\frac{1}{\varepsilon}}=\left[\frac{\ln 0.9}{\ln R(N)}\right]^{\frac{1}{m\varepsilon}} \tag{5-65}$$

其中指数$1/(m\varepsilon)$，对于球轴承，为3/10，对于圆柱滚子轴承，为1/5，对于圆锥滚子轴承，为9/40。表5-16列出了几组常用的滚动轴承的额定动载荷可靠性系数K值。

当已知给定可靠度下的轴承寿命$L_{(1-R)}$时，则可由式（5-64）确定相应的额定动载荷C值，然后再根据C值选择轴承。

表5-16　滚动轴承的额定动载荷可靠性系数K值

$R(N_R)$(%)	50	80	85	90	92	95	96	97	98	99
$L_{(1-R)}$	L_{50}	L_{20}	L_{15}	L_{10}	L_8	L_5	L_4	L_3	L_2	L_1
球轴承	0.5683	0.7984	0.8781	1.000	1.073	1.241	1.329	1.451	1.641	2.024
圆柱滚子轴承	0.6861	0.8606	0.9170	1.000	1.048	1.155	1.209	1.282	1.391	1.600
圆锥滚子轴承	0.6545	0.8446	0.9071	1.000	1.054	1.176	1.238	1.322	1.450	1.697

注：有些文献给出的α_1值当$R(N_R)\geqslant 95\%$时，另外两种轴承与圆柱滚子轴承的相应值同。

例题5-8　某单列向心短圆柱滚子轴承，受径向力$F_r=6\text{kN}$作用。求$R(N)=95\%$、$L_5=7000\text{h}$；$R(N)=80\%$、$L_{20}=7000\text{h}$；两种情况所对应的额定动载荷C值和选用的轴承型号。

解　按式（5-65）并查表5-16：当$R(N)=95\%$时，$K=1.155$；当$R(N)=80\%$时，$K=0.8606$。又已知$P=F_r=6\text{kN}$，$L_5=L_{20}=7000\text{h}$。分别代入式（5-65），得

$$C=\alpha_1^{-\frac{1}{\varepsilon}}P(L_{1-R})^{\frac{1}{\varepsilon}}=KP(L_{1-R})^{\frac{1}{\varepsilon}}$$

$C_1=KP(L_{1-R})^{\frac{1}{\varepsilon}}=1.155\times6\times7000^{3/10}\text{kN}=98.688\text{kN}$，选用 2310 轴承；

$C_2=KP(L_{1-R})^{\frac{1}{\varepsilon}}=0.8606\times6\times7000^{3/10}\text{kN}=73.533\text{kN}$，选用 2309 轴承。

5.5.3 非稳定变应力作用下的疲劳寿命与可靠度

在每次循环中，应力幅σ_a、平均应力σ_m、周期 T 之一发生变化的循环应力，称为非稳定变应力。如果经过一定的循环次数后又重复原来的应力变化规律，这种变应力称为规律性的非稳定变应力。否则，即非规律性的非稳定变应力，称为随机应力。

对于承受随机载荷（应力）的零件，在疲劳设计时，首先应搞清楚零件的疲劳危险点的位置，以及在随机载荷作用下危险点处的应力-时间历程，这可通过实测法得到。然后通过适当的技术方法，将它在整个应力-时间历程内出现的峰值载荷的频数加以确定，画出应力（载荷）累计频数分布曲线（见图 5-2）。如果把这种由样本所测得的分布曲线扩展到10^6次循环，即可得到相当于疲劳极限寿命时的分布曲线。有了这种扩展的应力累计频数分布图，就可以把它分成若干级（一般为 8 级），即用一阶梯形曲线来近似它，形成程序加载谱（见图 5-2），可作为疲劳试验和疲劳寿命估计的依据。在绘制实测应力累计频数分布图时忽略了应力的先后次序对疲劳的影响，特别是当应力级数增加时，则应力前后次序的影响会减小。一般认为 8 级阶梯应力试验程序就足以代表连续的应力-时间历程了。

对于规律性的非稳定变应力的应力谱疲劳强度的计算，可利用迈纳（Miner）线性累积损伤理论及对其修正的理论，预测疲劳寿命。

1. 迈纳（Miner 准则）线性累积损伤理论

当零件承受非稳定变应力时，可采用迈纳疲劳累积损伤理论来估计零件的疲劳寿命。这一理论认为：在试样受载过程中，每一载荷循环都损耗试样一定的有效寿命分量；又认为疲劳损伤与试样中所吸收的功成正比，这个功与应力的作用循环次数和在该应力值下达到破坏的循环次数之比成比例；此外，还认为试样达到破坏时的总损伤量（总功）是一个常数；低于疲劳极限S_r以下的应力不再造成损伤；损伤与载荷的作用次序无关；最后认为，各循环应力产生的所有损伤分量相加为 1 时试件就发生疲劳破坏。归纳起来有以下的基本关系式：

$$d_1+d_2+\cdots+d_k=\sum_{i=1}^{k}d_i=D$$

$$\frac{d_i}{D}=\frac{n_i}{N_i}$$

因此有

$$\frac{n_1}{N_1}+\frac{n_2}{N_2}+\cdots+\frac{n_k}{N_k}=\sum_{i=1}^{k}\frac{n_i}{N_i}=1 \tag{5-66}$$

式中 d_i——损伤分量或损耗的疲劳寿命分量；

D——总累积损伤量（总功）；

n_i——试样在应力水平为S_i的作用下的工作循环次数；

N_i——在该材料的 S-N 曲线上对应于应力水平S_i的破坏循环次数。

式（5-66）称为迈纳（Miner）定理。大量的试验数据统计表明，试样达到破坏时的实际总累积损伤量 D 值约在0.61~1.45之间；且它不仅与载荷幅值有关，而且与加载次序关系更大。此外，迈纳理论未考虑低于疲劳极限S_r以下应力的损伤分量，因而有一定的局限性。但由于公式简单，且 D 作为一个随机变量而言其数学期望为1.0，因此，迈纳理论还是一个比较好的估计疲劳寿命的手段，广泛用于有限寿命设计中。

设N_L为零件在非稳定变应力作用下的疲劳寿命，令

$$\alpha_i = n_i \Big/ \left(\sum_{i=1}^{k} n_i \right) = \frac{n_i}{N_i}$$

即为第 i 个应力水平S_i的作用下的工作循环次数n_i与各个应力水平下的总的循环次数

$$\sum_{i=1}^{k} n_i = N_L$$

之比。

则

$$n_1=\alpha_1 N_L, n_2=\alpha_2 N_L, \cdots, n_k=\alpha_k N_L$$

代入式（5-66）得

$$N_L \sum_{i=1}^{k} \frac{n_i}{N_i} = 1 \tag{5-67}$$

又设N_1为最大应力水平S_1作用下的材料的破坏循环次数，则按材料疲劳曲线 S-N 的函数关系，有

$$N_i S_i^m = N_1 S_1^m$$

代入式（5-67），得按迈纳理论估计疲劳寿命的计算公式为

$$N_L = 1 \Big/ \sum_{i=1}^{k} \frac{\alpha_i}{N_i} = N_1 \Big/ \left[\sum_{i=1}^{k} \frac{\alpha_i}{N_i} \left(\frac{S_i}{S_1} \right)^m \right] \tag{5-68}$$

计算时，如果S_i和N_i的对应值是由 S-N 曲线求得，则N_L为可靠度 $R=50\%$时的疲劳寿命；如果是按 P-S-N 曲线中的某一存活率P_i值的曲线得出，则N_L为可靠度 $R=P_i$时的疲劳寿命。

2. 修正的线性累积损伤理论

由于迈纳理论未考虑不同应力水平间的相互影响和低于疲劳极限以下的应力的损伤作用，因此有人对其进行了修正。其中应用较多的一种修正的线性累积损伤理论是科特-多兰（Corten-Dolan）提出的。科特-多兰理论是以最大循环应力作用下所产生的损伤和数目与疲劳裂纹的扩展速率为依据，从而推导出多级载荷作用下估计疲劳寿命的计算公式为

$$N_L = 1 \Big/ \sum_{i=1}^{k} \frac{\alpha_i}{N_i} = N_1 \Big/ \left[\sum_{i=1}^{k} \frac{\alpha_i}{N_i} \left(\frac{S_i}{S_1} \right)^d \right] \tag{5-69}$$

此式与公式（5-68）非常相似，因此可以认为，科特-多兰理论是对应于另一种形式疲劳曲线的迈纳理论。这种形式的疲劳曲线是从最高应力点(S_1，N_1)起向下倾斜的直线，其斜率 $d<m$，一般 $d=(0.8\sim0.9)m$。因此，当低应力损伤分量占的比重较大时，科特-多兰理

论估计的疲劳寿命将比迈纳理论估计的要短，这是因为它考虑了疲劳极限以下的应力的损伤作用，比较更符合实际。

例题 5-9 某零件受非稳定变应力作用，表 5-17 为其应力谱统计分析结果。九级应力水平中最大一级为$S_1=2000\text{MPa}$，对应的疲劳曲线上达到疲劳破坏的循环次数为 60000 次循环。已知零件疲劳曲线的斜率 $m=5.8$，疲劳极限$S_r=1000\text{MPa}$，试用迈纳与科特-多兰准则估计该零件的疲劳寿命并比较。

表 5-17 例题 5-9 计算用统计数据

应力级别 i	应力水平 S_i/MPa	频数 n_i	相对频率 α_i	应力比 S_i/S_1	迈纳	科特-多兰
					$m=5.8$	$d=4.93$
1	2000	1	0.0004	1	0.0004	0.0004
2	1800	4	0.0016	0.9	0.000868413	0.000951778
3	1600	12	0.0048	0.8	0.001315719	0.001597625
4	1400	53	0.0212	0.7	0.002678579	0.003653164
5	1100	130	0.052	0.55	0.00162221	0.002728924
6	900	260	0.104	0.45	0.001013132	0.002029416
7	590	480	0.192	0.295	0.000161536	0.000467223
8	355	760	0.304	0.1775	1.34346E-05	6.04535E-05
9	120	800	0.32	0.06	2.62076E-08	3.02995E-07
		2500	1		0.00689	0.011888886

$N_1=60000$ 次循环；疲劳极限 $S_r=1000\text{MPa}$。

解 根据表 5-17 数据及计算结果：

（1）用迈纳法估计零件的疲劳寿命　由于第六级以下的各应力水平均低于疲劳极限，故按迈纳理论，可忽略。现由表 5-17 取数据，并按式（5-68）估计疲劳寿命，得

$$N_L=1\Big/\sum_{i=1}^{k}\frac{\alpha_i}{N_i}=N_1\Big/\left[\sum_{i=1}^{k}\frac{\alpha_i}{N_i}\left(\frac{S_i}{S_1}\right)^m\right]=\frac{6.0\times10^4}{0.00689}=0.871\times10^7$$

（2）用科特-多兰法估计零件的疲劳寿命　取科特-多兰疲劳曲线的斜率 $d=0.85m=4.93$，并由表 5-17 已算得的数据按式（5-69）估计疲劳寿命，得

$$N_L=1\Big/\sum_{i=1}^{k}\frac{\alpha_i}{N_i}=N_1\Big/\left[\sum_{i=1}^{k}\frac{\alpha_i}{N_i}\left(\frac{S_i}{S_1}\right)^d\right]=\frac{6.0\times10^4}{0.01189}=0.505\times10^7$$

由于零件在低应力水平作用下的循环次数多，科特-多兰法计入了这些低于疲劳极限的应力的损伤作用，因此计算得到的疲劳寿命是用迈纳法得到的疲劳寿命的 58%（0.505/0.871），因此用此法将更为安全。

5.5.4 疲劳强度可靠性设计的递推法

在工程实际中，有些零部件承受阶梯性载荷，例如轧钢机等。图 5-21 给出了一种典型的阶梯性载荷情况。其中，第一个阶梯的载荷，其应力幅为σ_{a1}，平均应力为σ_{m1}，工作循环次数为n_1；以后各级的分别为σ_{a2}、σ_{m2}、n_2…各级载荷的不对称系数 $r=\sigma_{min}/\sigma_{max}$可能相同，

也可能不同。若 r 相同，就可直接应用给定的 r 值的 S-N 曲线；若 r 不同，则应转化为等效应力后再应用相应的 S-N 曲线。

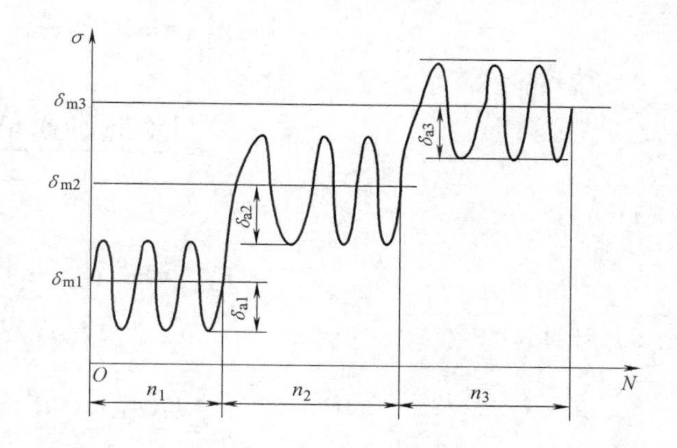

图 5-21　阶梯载荷情况

以累积损伤理论为基础的迈纳理论，可以推广到疲劳强度可靠性设计中。这时 S-N 曲线是一条分布带，如图 5-22 所示，该图是 40CrNiMoA 钢的光滑试样($\alpha_\sigma=1$) 以对称应力循环进行试验而得到的。图 5-22 中所示的可靠度 $R=0.999$ 的应力寿命曲线，相应的标准正态分布变量 z 可查表得，$z=-3.091$，而$z_R=-z=3.091$，将z_R代入联结系数计算公式即可求得给定应力水平与给定可靠度的点的位置。反之，如已知给定应力σ_i水平线上的一点的位置，即可根据该点与对数寿命正态分布均值之间的距离来计算出该点所对应的可靠度 R 值。这里应追述一句，即在给定应力水平σ_i下得到的寿命N_i（循环数）本身不是正态分布，取其自然对数后才是。

要把迈纳理论推广到 P-S-N 曲线上，必须注意损伤的等效概念。例如，图 5-22 中，当应力为$\sigma_1=610\text{MPa}$进行工作循环n_1次后，在图上即可找出一点，该点位置对应一个标准正态分布变量 z，当转入下一级应力$\sigma_2=650\text{MPa}$ 上进行工作时，则必须将前一级应力σ_1运行n_1所引起的疲劳累积损伤用迈纳法转化为在σ_2水平下造成的等效损伤所对应的寿命n_{1e}，且将n_{1e}并入到第二级应力σ_2的工作循环n_2中去，求得经过两级应力循环后，在σ_2应力水平线上的点所在的位置及其相应的 z。再转入第三级应力$\sigma_3=690\text{MPa}$ 上进行工作，再将前两级应力所造成的累积损伤转化为在σ_3水平下造成的等效损伤所对应的寿命$n_{1,2e}$，并将$n_{1,2e}$归到第三级应力σ_3的工作循环n_3中去，与n_3相加，得到总的循环次数。求得经过三级应力循环后在σ_3应力水平线上的点的位置及其相应的z_R值后，就可得到可靠度 R 值；此 R 值即为该零部件寿命的可靠度。以上所介绍的就是疲劳强度可靠性设计的递推法，下面用数学表达式来表示其具体计算过程：

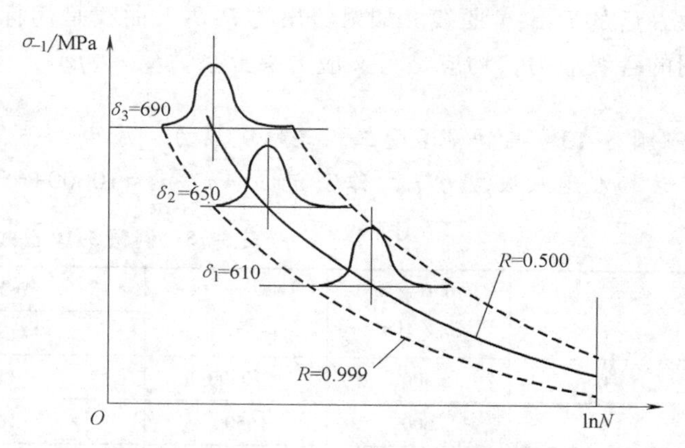

图 5-22　40CrNiMoA 钢 $r=1$，$\alpha_\sigma=1$ 的 P-S-N 曲线

1）计算z_1：

$$z_1=\frac{\ln(n_1)-\overline{N}_1}{s_1} \tag{5-70}$$

2）计算$n_{1,e}$：

$$n_{1,e}=\ln^{-1}(N_2+z_1 s_2) \tag{5-71}$$

3）计算z_2：

$$z_2=\frac{\ln(n_{1,e}+n_2)-\overline{N}_2}{s_2} \tag{5-72}$$

4）计算$n_{1,2e}$：

$$n_{1,2e}=\ln^{-1}(N_3+z_2 s_3) \tag{5-73}$$

5）计算z_3：

$$z_3=\frac{\ln(n_{1,2e}+n_3)-\overline{N}_3}{s_3} \tag{5-74}$$

6）按上述方法与步骤继续进行，直至完成全部应力的工作循环次数。

7）由最后一级得到的z_n即可查标准正态分布表 $z=z_n$，并使$z_{R_n}=-z_n$，即可得到该零部件的可靠度 R。

在利用本方法计算多级变应力作用的零件在给定寿命（各级应力的循环次数）下的可靠度时，所用的 P-S-N 曲线，应是考虑了有效应力集中系数K_σ、尺寸系数 ε 和表面加工系数 β 后的 P-S-N 曲线。如果给出的 P-S-N 曲线是用标准光滑试样试验得到的，则本法中所用的各级应力，均应是名义应力乘上系数$K_\sigma/(\varepsilon\beta)$。

例题 5-10 某转轴承受三级等幅变应力，应力水平、循环次数、疲劳寿命数据见表 5-18。求该轴在这三级应力下工作了 $n=n_1+n_2+n_3=10000+6500+3000=19500$ 次循环的可靠度。

表 5-18 例题 5-10 已知数据

应力级别 i	应力水平 σ_i/MPa	频数 n_i	疲劳破坏循环次数按对数正态分布的特征值	
			对数寿命均值	对数寿命均值标准差
1	500	10000	11.200	0.208
2	600	6500	10.000	0.204
3	700	3000	9.300	0.200

解 1）依照表 5-18 的数据以及式（5-70）~式（5-74）可得表 5-19。

表 5-19 例题 5-10 计算所得数据

级别 i	应力水平 σ_i/MPa	频数 n_i	疲劳破坏循环试验数据		z_r	$N+zs$	$n_{1,e}$, $n_{1,2e}$
			对数寿命均值	对数寿命均值标准差			
1	500	10000	11.200	0.208	-9.5657	8.0486	3129
2	600	6500	10.000	0.204	-4.0560	8.4888	4860
3	700	3000	9.300	0.200	-1.6523		

2）查正态分布表可计算得到该轴在给定的三级载荷下总寿命的可靠度，即

$$R=1-\Phi(-1.6523)=1-0.04927=95.07\%$$

【MATLAB 求解】

Code

```
clear all
n1=10000;n2=6500;n3=3000;
N1=11.2;N2=10;N3=9.3;
s1=0.208;s2=0.204;s3=0.2;
z1=(log(n1)-N1)/s1
n1e=exp(N2+z1 * s2)
z2=(log(n2+n1e)-N2)/s2
n12e=exp(N3+z2 * s3)
z3=(log(n3+n12e)-N3)/s3
R=normcdf(-z3)
```

Run

```
z1=-9.5657
n1e=3.1294e+003
z2=-4.0560
n12e=4.8600e+003
z3=-1.6523
R=0.9508
```


说明：本例题的载荷是 3 级，仅需要三次迭代之后就可以得到z_r；如果已知载荷是S_j ($j=1，2，3，\cdots，k$)，相应的循环次数为N_j($j=1，2，3，\cdots，k$)，就要用到循环控制与迭代语句，请思考利用 MATLAB 程序实现的编程思路。

5.5.5 用程序载荷谱估算疲劳寿命

用于程序加载疲劳试验的程序载荷谱，也可用于疲劳寿命估计。这种直接用载荷作为参数来估计疲劳寿命，可以避免载荷-应力转换。

若试件承受一系列超过其疲劳极限的变幅载荷时，在不同对称应力幅值σ_1，$\sigma_2\cdots$作用下，分别在N_1，$N_2\cdots$次循环时发生破坏。设σ_i为第 i 应力幅值；N_i为第 i 级应力幅值下直至破坏的循环次数；m 为疲劳曲线的斜率；C 为常数，由式（5-13）表达的 S-N 曲线方程知

$$\sigma_i^m N_i = C$$

对于疲劳极限σ_{-1}，则有

$$\sigma_{-1}^m N_0 = C$$

式中　N_0——疲劳循环基数，对于钢，一般取$N_0=10^7$。

由以上两式得

$$N_i = \left(\frac{\sigma_{-1}}{\sigma_i}\right)^m N_0 \tag{5-75}$$

当零部件的材料、结构尺寸及形状确定后，其应力与载荷呈线性关系，即$P_i \propto \sigma_i$，因此，上式又可改写为

$$N_i = \left(\frac{P_{-1}}{P_i}\right)^m N_0 \tag{5-76}$$

式中　P_{-1}——在对称循环下材料的载荷疲劳极限；

P_i——程序载荷谱中的第 i 级载荷。

又根据载荷谱，在第 i 级载荷作用下的频次有

$$n_i = n_z f(P_i)$$

在阶梯程序载荷下，其频数为

$$n_i = n_z \frac{n'_i}{n_k} \tag{5-77}$$

式中　n_z——在各级载荷作用下直至破坏的总循环次数；

n'_i——在程序加载的一个循环周期内第 i 级载荷的循环次数；

n_k——在程序加载的一个循环周期内各级载荷循环次数之和。

将式（5-76）与式（5-77）代入迈纳理论的式（5-66）中，则有

$$\sum \frac{n_i}{N_i} = \sum \frac{n_z \dfrac{n'_i}{n_k}}{\left(\dfrac{P_{-1}}{P_i}\right)^m N_0} = 1$$

或

$$\frac{n_z}{N_0} \sum P_i^m \frac{n'_i}{n_k} = (P_{-1})^m \tag{5-78}$$

上式即为由材料的 S-N 曲线导出的疲劳强度条件。式中P_{-1}如果直接取自零部件的疲劳试验结果，则不必修正；如果是取自试样的疲劳试验，则P_{-1}应按下式修正，即

$$P'_{-1} = \frac{\varepsilon\beta}{K_\sigma} P_{-1}$$

式中　ε，β，K_σ——修正系数。

将上式代入式（5-78），得

$$\frac{n_z}{N_0} \sum P_i^m \frac{n'_i}{n_k} = \left(\frac{\varepsilon\beta}{K_\sigma} P_{-1}\right)^m \tag{5-79}$$

将最大幅值载荷$P_{\max}$引入上式，得

$$\frac{n_z}{N_0} \sum \left(\frac{P_i}{P_{\max}}\right)^m \frac{n'_i}{n_k} P_{\max}^m = \left(\frac{\varepsilon\beta}{K_\sigma} P_{-1}\right)^m \tag{5-80}$$

上式即为机械零部件的疲劳强度条件。表明在各级载荷下，机械零部件的寿命正好达到总的循环次数n_z。因此，也可将上式改为寿命估计的表达形式，即

$$n_z = \frac{\left(\frac{\varepsilon\beta}{K_\sigma}P_{-1}\right)^m N_0}{P_{\max}^m \sum \left(\frac{P_i}{P_{\max}}\right)^m \frac{n'_i}{n_k}} = \frac{\left(\frac{\varepsilon\beta}{K_\sigma}P_{-1}\right)^m N_0}{P_{\max}^m K_P} \tag{5-81}$$

式中

$$K_P = \sum \left(\frac{P_i}{P_{\max}}\right)^m \frac{n'_i}{n_k} \tag{5-82}$$

称为载荷折算系数。

利用载荷谱估算机械零部件的疲劳寿命，就是通过式（5-81）来实现的。

例题 5-11 图 5-23 是由 ZG45 钢铸造的一个 50T 公路运输车整体桥壳的结构图及应变片布片图，相关数据见表 5-20。试根据载荷谱直接估计该桥壳的疲劳寿命。

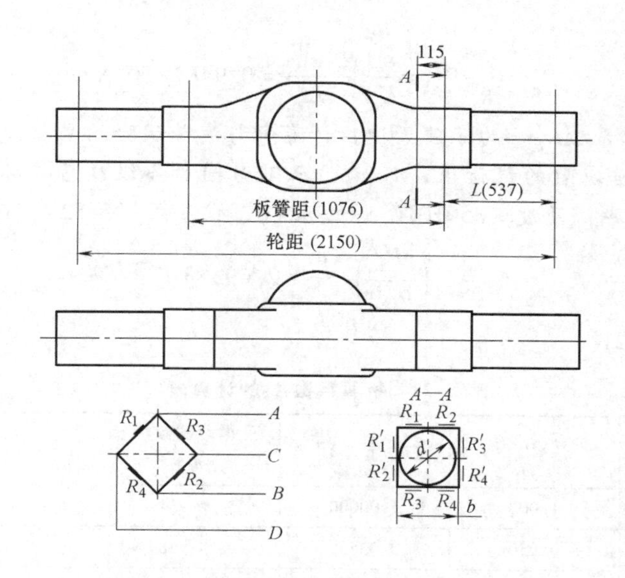

图 5-23　驱动桥壳结构图及应变片布片图

表 5-20　例题 5-11 桥壳垂直弯曲载荷的数据统计

载荷等级 i	幅值比 $P_i/P_{\max}$	原载荷幅值 /N	强化载荷幅值 P_i/N	强化系数	各级载荷循环次数 n_i	累计循环次数 $\sum n_i$
1	1.000	85052.70	119073.78	1.4	1	1
2	0.950	80804.97	113126.96	1.4	8	9
3	0.850	72299.70	101219.58	1.4	62	71
4	0.725	61665.66	86331.92	1.4	583	654
5	0.575	48912.66	68477.72	1.4	4790	5444
6	0.425	36149.85	50609.79	1.4	30073	35517
7	0.275	23387.04	32741.86	1.4	156119	191636
8	0.125	10634.04	—	—	362233	553869

解 根据表 5-20 的实测数据，因水平弯矩及转矩对桥壳的疲劳寿命影响不大，故只计算垂直弯矩的作用。

1）计算桥壳的疲劳极限载荷P'_{-1}，通过查得 ZG 310-570 钢

$$\sigma_b = 568.98\text{MPa}, \sigma_s = 313.92\text{MPa}, \sigma_{-1} = 239.36\text{MPa}$$

$$N_0 = (6 \sim 10) \times 10^6$$

取 $\varepsilon = 0.76$，$\beta = 0.74$，$K_\sigma = 1.5$，桥壳危险断面 A—A（钢板弹簧座处）的抗弯截面系数为

$$W_n = \frac{b\,h^2}{6}\left(1 - 0.59\frac{d^4}{b\,h^3}\right) = 5.953 \times 10^5\,\text{mm}^3$$

由于

$$P_{-1} = \frac{\sigma_{-1} W_n}{L}$$

因此桥壳的P'_{-1}为

$$P'_{-1} = \frac{\varepsilon\beta}{K_\sigma} P_{-1} = \frac{\varepsilon\beta}{K_\sigma}\frac{\sigma_{-1} W_n}{L} = 0.9487 \times 10^5\,\text{N}$$

2）计算载荷折算系数K_P。为了便于使估计寿命与疲劳试验结果相比较，K_P公式中的P_i和P_{max}均为强化 1.4 倍以后的载荷值；n'_i/n_k为压缩时间后各级载荷循环次数的概率，见式（5-72）。ZG 310-570 钢：硬度≤350HBW 时的 $m=6$，代入式（5-82），得

$$K_P = \sum\left(\frac{P_i}{P_{max}}\right)^m \frac{n'_i}{n_k} = 2.693 \times 10^{-3}$$

各项计算见表 5-21。

表 5-21 折算系数K_P的计算表

载荷等级 i	强化载荷幅值 P_i/N	P_i/P_{max}	$(P_i/P_{max})^m$	循环次数 n'_i	$\frac{n'_i}{n_k}=f(P_i)$	K_P
1	119073.78	1.000	1.00000	1	0.000005	5.03e-6
2	113126.96	0.950	0.73536	8	0.000042	2.96e-5
3	101219.58	0.850	0.37730	62	0.000324	1.18e-4
4	86331.92	0.725	0.14526	583	0.003042	4.25e-4
5	68477.72	0.575	0.03617	4790	0.024995	8.68e-4
6	50609.79	0.425	0.00590	30073	0.156928	8.91e-4
7	32741.86	0.275	0.00043	156119	0.814664	3.56e-4
sum				191636	1.000000	2.693e-3

3）估算驱动桥壳的疲劳寿命。按式（5-81）得

$$n_z = \frac{\left(\frac{\varepsilon\beta}{K_\sigma}P_{-1}\right)^m N_0}{P_{max}^m K_P} = \frac{(0.99487 \times 10^5)^6 \times 6 \times 10^6}{119073.78^6 \times 2.693 \times 10^{-3}}\text{h} = 7.777 \times 10^8\,\text{h}$$

根据该型汽车驱动桥壳的载荷谱，汽车每行驶 1h，各级载荷作用在桥壳上的总的频次数$n_h = 1.65 \times 10^4$次，故桥壳的使用寿命为

$$\text{life}=\frac{n_z}{n_h}=\frac{7.777\times10^8\text{h}}{16500\text{ 次}}=4.71\times10^4\text{h}$$

5.5.6 疲劳强度设计中的安全系数

常规疲劳设计用的 S-N 曲线，是可靠度 $R=0.500$ 的应力寿命曲线。考虑到疲劳强度和工作应力的分散性，在常规设计中引入了一个大于1的安全系数，定义为：$n=\mu_\delta/\mu_S$。由于推荐的安全系数是经验值，考虑到疲劳强度可靠性设计，对于疲劳强度分布为正态分布的情况，可给出联结方程：

$$z_R=-z=\frac{\mu_\delta-\mu_S}{\sqrt{\sigma_\delta^2+\sigma_S^2}}$$

求出在规定可靠度下的安全系数。

由 $n=\mu_\delta/\mu_S$，得 $\mu_S=\mu_\delta/n$，代入联结方程，得

$$n=\frac{\mu_\delta}{\mu_\delta-z_R\sqrt{\sigma_\delta^2+\sigma_S^2}} \tag{5-83}$$

例题 5-12 某轴的疲劳极限分布为正态分布，已知：$\mu_\delta=26\text{MPa}$，$\sigma_\delta=2.7\text{MPa}$，$\sigma_S=\frac{2}{3}\sigma_\delta$，试求可靠度 $R=0.999$ 时，该轴的安全系数 n。

解 该工作应力的标准差 $\sigma_S=(2/3)\sigma_\delta$，即

$$\sigma_S=\frac{2}{3}\sigma_\delta=\frac{2}{3}\times2.700\text{MPa}=1.8\text{MPa}$$

查标准正态分布表得 $R=0.999$ 时，$z_R=-z=3.091$，则

$$n=\frac{\mu_\delta}{\mu_\delta-z_R\sqrt{\sigma_\delta^2+\sigma_S^2}}=\frac{26}{26-3.091\sqrt{2.7^2+1.8^2}}=1.628$$

即在给定可靠度 $R=0.999$ 时，所要求的安全系数 $n\geqslant1.628$。

5.6 本章小结

本章首先讲述了疲劳载荷数据处理以及修正系数的计算方法，S-N 曲线、P-S-N 曲线原理与绘制、疲劳极限线图及用法；然后介绍了迈纳准则与疲劳损伤累积理论、疲劳寿命预测与可靠度计算方法，并通过 MATLAB 代码实现求解。

习　题

习题 5-1

某受脉动循环应力作用的零件，当应力水平 $S_1=13\text{kN/cm}^2$，$S_2=22\text{kN/cm}^2$ 时，其失效循环次数分别为 $N_1=1.3\text{e}5$ 次，$N_2=0.6\text{e}4$ 次。若该零件在应力水平 $S=16\text{kN/cm}^2$ 的条件下工作，试求其疲劳寿命。

习题 5-2

作 30CrMnSiA 钢试样在寿命 $N=1e5$ 次的均值疲劳极限线图，并画出可靠度 $R=0.999$ 的疲劳极限线图，设理论应力集中系数为 3。

习题 5-3

今由某零件试验测得的 P-S-N 曲线查得在 $N=1e5$ 处的 $\mu_{\sigma_{-1}}=530\text{MPa}$，$\mu_{\sigma_{-1}}-3\sigma_{\sigma_{-1}}=450\text{MPa}$。若该零件危险截面上的工作应力为 $\mu_\sigma=438\text{MPa}$，$\sigma_\sigma=30\text{MPa}$，求在 $N=1e5$ 处不产生疲劳失效时的可靠度。设其强度与应力均服从正态分布。

习题 5-4

采用成组试验法测定在轴向加载下 30CrMnSiNi2A 钢试样的疲劳寿命分布，所得数据见下表。试绘制 $R=0.999$ 的 P-S-N 曲线，已知应力循环不对称系数 $r=0.5$，理论应力集中系数为 5。

$\sigma_{\max}=728.5\text{MPa}$		$\sigma_{\max}=660.8\text{MPa}$		$\sigma_{\max}=615.6\text{MPa}$	
N_i	$\ln N_i$	N_i	$\ln N_i$	N_i	$\ln N_i$
2.30×10^4	4.361728	6.40×10^4	4.80618	6.85×10^4	4.835691
3.20×10^4	4.50515	6.70×10^4	4.826075	8.00×10^4	4.90309
3.20×10^4	4.50515	6.80×10^4	4.832509	8.20×10^4	4.913814
3.30×10^4	4.518514	9.20×10^4	4.963788	1.11×10^5	5.043362
3.80×10^4	4.579784	9.30×10^4	4.968483	1.11×10^5	5.045323
3.80×10^4	4.579784	1.03×10^5	5.012837	1.18×10^5	5.071882
4.75×10^4	4.676694	1.21×10^5	5.082785	1.27×10^5	5.103804
5.15×10^4	4.711807	1.35×10^5	5.130334	1.45×10^5	5.159868
				1.47×10^5	5.167317
				1.49×10^5	5.173186
				1.51×10^5	5.177536
				1.79×10^5	5.252853
$n=8,\bar{x}=4.554826$ $s=0.109728$		$n=8,\bar{x}=4.952874$ $s=0.122131$		$n=12,\bar{x}=5.070644$ $s=0.128914$	

习题 5-5

某零件的疲劳寿命呈对数正态分布，且均值为 μ，标准差为 σ，求该零件的额定寿命和中位寿命。

习题 5-6

对某试件在最大应力 $\sigma_{\max}=20\text{MPa}$ 和 $r=0.1$ 的变应力作用下，测得一组试件的疲劳寿命为：124，134，135，138，140，147，154，160，166，181（千次），试估计该试件当可靠度为 0.999、0.90、0.50 时总体的安全寿命 $N_{0.999}$，$N_{0.90}$，$N_{0.50}$。

习题 5-7

以习题 5-6 的数据，用图解法估计总体均值、标准差以及 $R=0.999$，$R=0.9$，$R=0.5$ 时的安全寿命。

习题 5-8

试件以 10 个一组分别以不同的最大应力 S_1、S_2、S_3、S_4 进行疲劳试验，其应力循环不对称系数 $r=0.1$，得到数据见下表。已知对数疲劳寿命服从正态分布，试求此 4 个不同应力水平下的 P-N 曲线，并绘制 $R=0.999$、$R=0.9$、$R=0.5$ 三种可靠度下的 P-S-N 曲线。

序号	对数疲劳寿命$T_i=\ln N_i$				可靠度 R(%)
	$S_1=200$MPa	$S_1=170$MPa	$S_1=140$MPa	$S_1=120$MPa	
1	1.914	2.093	2.325	2.721	90.91
2	1.914	2.127	2.360	2.851	81.82
3	1.929	2.130	2.435	2.859	72.73
4	1.964	2.140	2.441	2.938	63.64
5	1.964	2.146	2.470	3.012	54.55
6	1.982	2.167	2.471	3.015	45.45
7	1.982	2.188	2.501	3.082	36.36
8	1.996	2.204	2.459	3.136	27.27
9	2.029	2.220	2.582	3.138	18.18
10	2.063	2.248	2.612	3.165	9.09

习题 5-9※

某转轴承受 $n=30$ 级的等幅变应力，应力水平：$S=500$MPa；10MPa；790MPa；循环次数$n_i=10000$；-200；4200；对数疲劳寿命均值 $\ln N=11.2$；-0.1；8.3；对数寿命标准差$\sigma_{\ln N}=0.208$；-0.001；0.179。试求该转轴在这 30 级应力下工作了 $n=\mathrm{sum}(n_i)=213000$ 次循环的可靠度。

习题 5-10※

已知某个零件在正常情况下对其疲劳寿命的母体标准差为 0.12. 现在为了检验产品的均匀性，从生产出的一大批零件中，任意抽取五件，测得它们的疲劳寿命见下表。该批零件的母体标准差是否符合要求？

疲劳寿命N_i/k_c	对数疲劳寿命x_i	x_i^2
108	2.0334	4.12472
120	2.0792	4.32307
160	2.2041	4.85806
170	2.2304	4.97468
258	2.4116	5.81581
Σ	10.9587	24.1063

习题 5-11※

已知 TA04 铝合金板材缺口试件轴向加载结果，试件应力集中系数$K_t=4$，平均应力$S_m=140$MPa。各应力幅值S_{ai}及相应的对数疲劳寿命 $\ln N_i$列于下表中。试用最小二乘法拟合 $\ln N$-$\ln S_a$直线。

S_{ai}/MPa	$y_i=\ln S_{ai}$	$x_i=\ln N_i$	y_i^2	x_i^2	y_ix_i
60	1.77815	4.0887	3.16182	16.7175	7.27032
50	1.69897	4.3008	2.88650	18.4969	7.30696
40	1.60206	4.5980	2.56660	21.1416	7.36627
30	1.47712	5.1646	2.18186	25.6731	7.63873
25	1.39794	5.5323	1.95396	30.6068	7.73327
Σ	7.95414	23.6844	12.75075	113.6354	37.31552

第6章

机械系统可靠性设计

6.1 基本概念

6.1.1 系统与系统可靠性的概念

系统是由某些相互协调工作的零部件、子系统组成的，为了完成某一特定功能的综合体。组成系统并相对独立的机械零件，称为单元。系统与单元的概念是相对的，由具体研究对象确定。例如：研究汽车系统时，其传动、车架、悬架、转向、制动等部分均为其（整个系统）中的一个单元；但当研究传动装置系统时，其主减速器、差速器、车轮则为其中的一个单元。

系统分为不可修复系统和可修复系统两类。前者因为技术上不可能修复、经济上不值得修复、一次性使用的产品等，当系统或者其组成单元失效时，不再进行修复而报废；而后者一旦出现故障时，则可以通过修复而恢复其功能。

系统的可靠性不仅与组成该系统各单元的可靠度有关，而且与组成该系统各单元的组合方式和相互匹配有关。系统工作过程中，其性能（可靠性）逐步降低。

系统是由若干个零部件组成并相互有机地组合起来，为完成某一特定功能的组合体，故构成该机械系统的可靠度取决于以下两个因素：

1）机械零部件本身的可靠度，即组成系统的各个零部件完成所需功能的能力。

2）机械零部件组合成系统的组合方式，即组成系统各个零件之间的联系形式，共有两种基本形式：一种为串联方式，另一种为并联方式。而机械系统的其他更为复杂的组合基本上是在这两种基本形式上的组合和演变。

为了方便地进行可靠性的计算，对机械系统进行一些假设。在计算时假设单元的失效均为独立事件，与其他单元无关，这是因为在系统工作的过程中，由于各种动载荷和不确定因素，使组成系统的各个单元的功能参数逐渐降低，最终使得系统可靠性下降而不能满足使用要求。另外，将系统假设为不可修复系统来进行计算处理。因为虽然多数机械设备属于可修复系统，但不可修复系统的可靠性分析方法是研究可靠性修复系统的可靠性分析的基础。因此，为了对可修复系统进行可靠性预测或可靠性评估，常常将可修复系统简化为不可修复系统来处理。

可靠性系统设计的目的：在满足规定指标、完成预定功能的前提下，使系统的技术性能、重量指标、制造成本、使用寿命达到最优化设计；或者在满足性能、重量、成本、寿命的前提下，设计出高可靠性的系统。

可靠性设计方法主要分为以下两种类型：

（1）可靠性预测　按照已知零部件或单元的可靠性数据，计算系统的可靠性指标，称为可靠性预测。在这个过程中应进行系统的几种结构模型的计算、比较，已得到满足要求的系统设计方案和可靠性指标。

（2）可靠性分配　按照已给定的系统可靠性指标，对组成系统的单元进行可靠性分配，并在多种设计方案中比较，以满足最优化需求。

上述两种方法需要联合使用，即首先要根据各单元的可靠度，计算或预测系统的可靠度，看它是否满足规定的系统可靠性指标，若不能满足要求，则还需要将系统规定的可靠性指标重新分配到组成系统的各个单元，然后再对系统可靠性进行验证计算。深入分析单元与系统之间的关系，选用合适的模型来进行必要的可靠性试验，这对于系统可靠性设计是十分必要的。

系统可靠性在可靠性工程实践中占有重要地位。在实际工程中，系统往往越复杂，其发生故障的可能性也就越大，单单考虑单个零件的可靠性往往会使整个系统的可靠性得不到保证。单个零部件可靠性很高的情况下，随着零部件数量的增加，系统可靠性将会大大减小而不能满足工程要求。因此，需要对零部件可靠度提出较高的要求，而零部件的生产又受到材料及工艺水平的限制，无法达到系统可靠性的要求，还会导致整个系统的成本提高，所以对系统可靠性进行研究，找到合适的方法来提高其可靠度显得尤为重要。

6.1.2　系统可靠性模型建立

为了对机械系统的可靠性进行计算和设计，需要建立系统可靠性模型。对于机械系统，建立其可靠性模型主要有以下几个步骤：

1）确定系统所需要的功能。系统具有复杂性，一个系统往往可以完成多种功能，针对完成功能的不同，需要根据所完成的功能进行相应可靠性模型的变更，以确定最佳的模型。

2）确定系统的故障判据。故障判据是指影响系统完成规定功能的故障。此时应该找出导致功能不能完成和影响功能的性能参数及性能界限，即故障判据的定量化。

3）确定系统的工作环境条件。一个系统或产品往往可以在不同的工作环境下使用，但不同的使用环境条件又对系统完成功能的程度产生较大影响，在建立系统可靠性模型时可以采用以下方法来考虑工作环境条件的影响。首先，同一系统用于多种工作环境时该系统的可靠性框图不变，可仅用不同的环境因子修正其故障率。其次，当系统为了完成其规定的功能，需经历阶段不同的环境条件时，则可按每个工作阶段建立可靠性模型并做出预估，然后综合到系统可靠性模型中。

4）建立系统可靠性框图。在完全明了系统情况后，应明确系统中所有子系统（单元）的功能关系，即建立系统可靠性框图。系统可靠性框图表示完成系统功能时所有参与的子系统（单元）的功能及可靠性值。在进行系统可靠性分析时，每一方框都应考虑进去。

5）建立相应的数学模型。对已建好的系统可靠性框图，需建立系统与子系统（单元）

之间的可靠性逻辑关系和数量关系，即建立相应的数学模型。数学模型用数学表达式来表示系统可靠性与子系统（单元）可靠性之间的函数关系，以此来预测系统可靠性或进行系统可靠性设计。

6.1.3 系统可靠性模型的应用

1. 复杂系统可靠性的分析与预测

可靠性是系统最重要的特性之一，确保系统的可靠性是工程设计中最重要的问题之一。对于复杂系统，直接分析其整体可靠性比较困难，而系统可靠性模型是将子系统及其单元的可靠性有机结合起来，形成对系统可靠性的描述。因此先对相对简单的子系统或单元进行可靠性分析，进而采用其系统可靠性模型对系统进行可靠性分析和预测则较容易做到。

2. 系统的可靠性设计

当系统的可靠性达不到要求时，则需要对其进行重新设计，通过对系统进行可靠性分析，能够提供提高系统可靠性的方向，而直接采用可靠性设计则提出了解决该问题的一种合适的方法。

3. 维修决策

系统随着使用时间的推移而功能逐渐衰退以致报废，而对于很多机械系统，可以通过维修来减缓系统的失效速度。维修过程中要投入大量的费用，延缓失效又可以获取收益，只有收益大于投入时，此次维护才值得，而系统可靠性模型可在进行维修活动中提供帮助。

4. 产品质量保证策略

在当今市场经济条件下，产品的质量是企业生存的根本保证，也是消费者的基本要求。产品可靠性指标的数量化需要借助于产品的可靠性模型分析获得。

5. 风险评估

对于复杂及昂贵的系统，在可靠性分析中遇到失效引起负面后果的概率问题时，可以借助可靠性模型解决。

6.2 系统可靠性预测

可靠性预测是在设计阶段进行的定量估计未来产品的可靠性的方法。它是运用以往的工程经验、故障数据，当前的技术水平，尤其是以元器件、零部件的失效率作为依据，预报产品（元器件、零部件、子系统或系统）实际可能达到的可靠度，即预报这些产品在特定的应用中完成规定功能的概率。

对于机械类产品而言，可靠性预计具有不同于电子类产品的一些特点：

1）产品往往为特定用途而设计，其通用性不强，标准化程度不高。

2）产品的故障率通常不是定值，故障率会随疲劳、损耗及应力引起的故障而增加。

3）机械产品的可靠性与电子产品可靠性相比对载荷、使用方式和利用率更加敏感。

由于机械类产品的这些特点，其故障率往往是非常分散的，利用已知的数据库中的统计数据进行预测是不准确的，精度得不到保障，因此有必要对产品的可靠性进行深入研究，以在产品设计阶段进行较为精确的可靠性预测。可靠性预测分为单元可靠性预测和系统可靠性预测两部分。

可靠性预测的目的如下：

（1）设计方案　检验本次设计是否符合预定的可靠度指标。

（2）合理协调　协调设计参数与性能指标，以求合理提高产品可靠性。

（3）最佳设计　比较不同的设计方案，力求最佳。

（4）设计改进　寻找设计薄弱环节，寻求改进。

6.2.1　单元可靠性预测

系统是由许多单元组成的，因此系统可靠性预测是以单元（元器件、零部件、子系统）可靠度为基础的，在可靠性预测中首先会遇到单元（特别是其中的零部件）的可靠性预测问题。

预测单元的可靠度，首先要确定单元的基本失效率λ_G，它们是在一定的环境条件（包括一定的试验条件、使用条件）下得到的，设计时可从手册、资料中查得。世界各发达国家均设有可靠性数据收集部门，专门收集、整理、提供各种可靠性数据。在有条件的情况下也可进行有关试验，得到某些元器件或零部件的失效率。表 6-1 给出了一些机械零部件的基本失效率λ_G值。

表 6-1　一些机械零部件的基本失效率 λ_G 值

零部件		λ_G
向心球轴承	低速轻载	0.003~0.17
	高速轻载	0.05~0.35
	高速中载	0.2~2
	高速重载	1~8
滚子轴承		0.2~2.5
齿轮	轻载	0.01~0.1
	普通载荷	0.01~0.3
	重载	0.1~0.5
普通轴		0.01~0.05
轮毂销钉或键		0.0005~0.05
螺钉、螺栓		0.0005~0.012
拉簧、压簧		0.5~7

零部件		λ_G
密封元件	O 形密封圈	0.002~0.006
	酚醛塑料	0.005~0.25
	橡胶密封圈	0.002~0.10
联轴器	挠性	0.1~1
	刚性	10~60
齿轮箱体	仪表用	0.0005~0.004
	普通用	0.0025~0.02
凸轮	轻载	0.0002~0.1
	有载推动	1~2

单元的基本失效率λ_G确定以后，就根据其使用条件确定其应用失效率，即单元在现场使用中的失效率。它既可以直接使用现场实测的失效率数据，也可以根据不同的使用环境选取相应的修正系数K_F值，并按下式计算求出该环境下的失效率，即

$$\lambda = K_F \lambda_G \tag{6-1}$$

表 6-2 给出的失效率修正系数K_F值只是一些选择范围，具体环境下的数据应查阅有关资料。

表 6-2　失效率修正系数 K_F 值

环境条件					
实验室设备	固定地面设备	活动地面设备	船载设备	飞机设备	导弹设备
1~2	5~20	10~30	15~40	25~100	200~1000

由于单元多为零部件，而在机械产品中的零部件都是经过磨合阶段才能正常工作，因此其失效率基本保持不变，处于偶然失效期时其可靠度函数服从指数分布，即

$$R(t)=e^{-\lambda t}=e^{-K_F\lambda_G t}=\exp(-K_F\lambda_G t) \tag{6-2}$$

在完成了组成系统的单元（零部件）的可靠性预测后，即可进行系统的可靠性预测。

6.2.2 系统可靠性预测

系统可靠性预测是在方案设计阶段为了估计产品在给定的工作条件下的可靠性而进行的工作。它根据系统、部件、零件的功能、工作环境及有关资料，推测该系统将具有的可靠度。它是一个由局部到整体、由小到大、由下到上的过程，是一种综合的过程。

系统的可靠性与组成系统的单元的数目、单元的可靠性以及单元之间的相互功能关系有关。为了便于对系统进行可靠性预测，下面先讨论一下各单元在系统中的功能关系。

1. 系统的结构框图与可靠性逻辑图

对于一个完整的系统，常用的系统可靠性分析方法是根据系统的结构组成和功能画出可靠性逻辑图，然后建立系统可靠性数学模型，把系统的可靠性特征量（如可靠度、MTTF等）表示为零部件可靠性特征量的函数，然后通过已知零件的可靠性特征量计算出系统的可靠性特征量。

其中，系统结构框图用来表达系统中各单元之间的物理关系；系统可靠性逻辑图用来表达系统与单元之间的功能关系，它指出系统为完成规定功能，哪些单元必须正常工作，哪些仅作为替补件，等等。

逻辑图中包含一系列方框，每个方框代表系统的一个单元，方框之间用直线连接起来，表示单元功能与系统功能之间的关系。因此，系统可靠性功能逻辑图又称为系统逻辑框图或系统功能图，它仅表达系统与单元之间的功能关系，而不能表达它们之间的装配关系或物理关系。

最为简单的逻辑图如图 6-1 所示。A 和 B 各代表一个单元，只要其中一个单元失效则整个系统失效，这种功能关系为单元之间的串联关系。例如 A 和 B 为一根链条中的两个环，则 A、B 中任何一个失效，该链条就无法工作。又如 A 代表齿轮，B 代表该齿轮的轴，则该系统与单元间的功能关系也为串联关系。

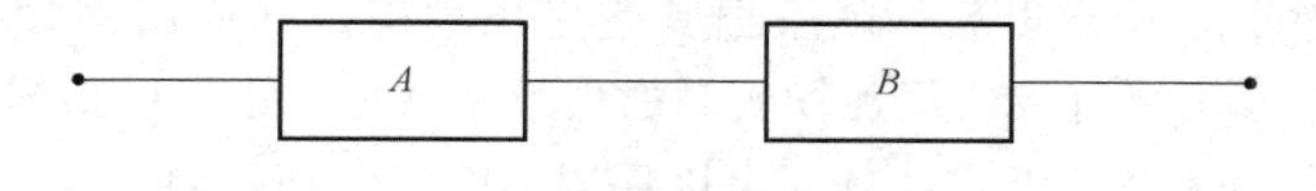

图 6-1　串联关系逻辑图

为了减少系统的失效概率，可采用冗余法或称储备法。这种方法是使用两个或更多的相同功能的单元来完成同一任务，当其中一个单元失效时，另一个或其余的单元仍能完成这一功能而使系统不发生失效。这种冗余法的逻辑图如图 6-2 所示，单元间属于并联关系，为并联系统。

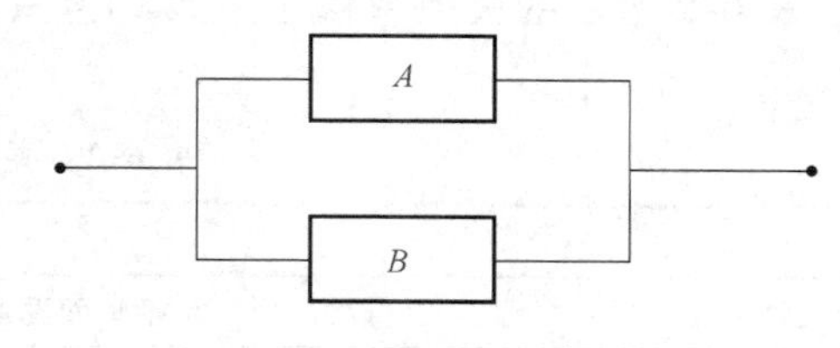

图 6-2　并联关系逻辑图

也存在一些单元，在系统结构图中表示为并联关系，然而它们的功能关系在逻辑图中却为串联关系。例如在系统结构图中为并联的一些电容器，其中任何一个电容器因短路而失效，则整个系统便失效。相反，也存在一个单元在系统结构图中为串联关系，而在功能逻辑图中却表现为并联关系的情况。例如在液压系统中串联两个单向阀，如图6-3a所示，从功能关系看用一个单向阀即可，装两个是从冗余法考虑，即其功能逻辑图为并联系统，如图6-3b所示。

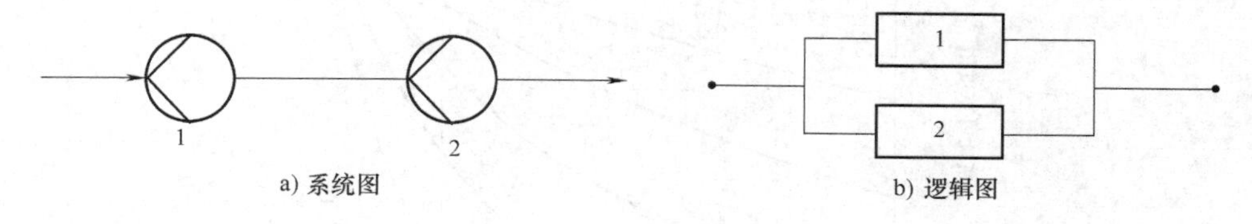

图6-3　单向阀系统

系统的结构关系、功能关系及可靠性逻辑关系，各有不同的概念，在对系统进行可靠性分析、建立可靠性模型时，一定要弄清楚系统的结构关系、功能关系及可靠性逻辑关系，然后画出可靠性逻辑框图。逻辑框图的作用除了反映单元之间的功能关系外，还可为计算系统的可靠度提供数学模型，供系统可靠性预测的数学模型法使用。

2. 系统可靠性预测的方法

（1）数学模型法

1）串联系统的可靠性预测。组成系统的所有单元中任一个单元的失效就会导致整个系统失效的系统称为串联系统。或者说，只有当所有单元都正常工作时，系统才能正常工作的系统称为串联系统。由 n 个单元组成的串联系统的可靠性逻辑图如图6-4所示。

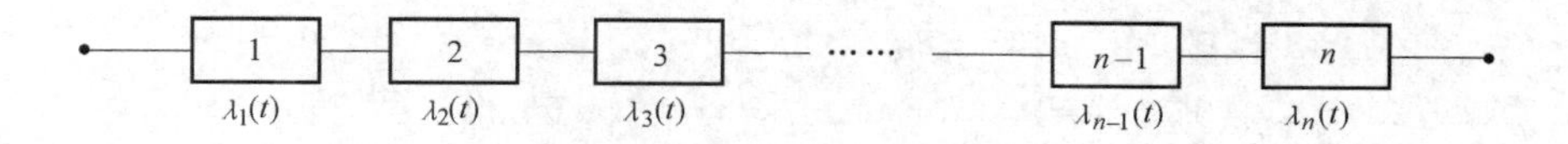

图6-4　具有 n 个单元的串联系统的逻辑图

设定系统正常工作时间（寿命）这一随机变量为 t，组成该系统的第 i 个单元的正常工作时间为随机变量 $t_i(i=1,\ 2,\ \cdots,\ n)$，则在串联系统中，要使系统能正常运行，就必须要求 n 个单元都能同时正常工作，且要求每一个单元的正常工作时间 $t_i(i=1,\ 2,\ \cdots,\ n)$ 都大于系统正常工作时间 t，因此按概率的乘法定理及可靠度的定义，系统的可靠度可表示为

$$R_s(t)=P(t_1>t)\,P(t_2>t)\cdots P(t_n>t)=R_1(t)\,R_2(t)\cdots R_i(t)\cdots R_n(t)=\prod_{i=1}^{n}R_i(t)$$

或简写为

$$R_s=R_1\,R_2\cdots R_i\cdots R_n=\prod_{i=1}^{n}R_i \tag{6-3}$$

由上式可见，具有串联系统逻辑图的串联系统，其可靠度 R_s 与功能关系呈串联的单元数量 n 及单元的可靠度 $R_i(i=1,\ 2,\ \cdots n)$ 有关。图6-5表述了它们之间的关系。由图可知，随

着单元数量的增加和单元可靠度减小，串联系统的可靠度将迅速降低。图 6-5 是 n 个单元的串联系统可靠度变化关系曲线，读者可以观察其中 5 根曲线的串联单元个数的变化情况。以单元可靠度 $R=0.98$ 加以说明，可以发现随着串联单元个数的增加，系统可靠度R_s急剧减小。

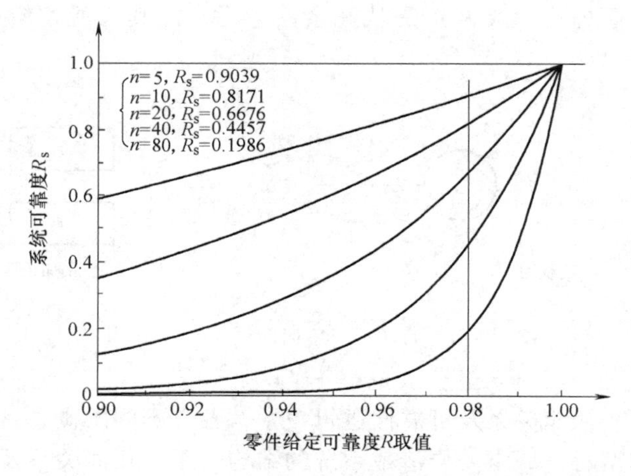

图 6-5　等可靠度的 n 个单元的串联系统的可靠度R_s

【MATLAB 求解】

Code

```
R=1:-0.001:0.90;
n1=5;Rs1=R.^n1;
n2=10;Rs2=R.^n2;
n3=20;Rs3=R.^n3;
n4=40;Rs4=R.^n4;
n5=80;Rs5=R.^n5;
plot(R,Rs1,R,Rs2,R,Rs3,R,Rs4,R,Rs5),
grid on
```


设单元的失效率分别为$\lambda_1(t)$、$\lambda_2(t)$、…、$\lambda_n(t)$，则有

$$
\begin{aligned}
R_s(t) &= \exp\left(-\int_0^t \lambda_1(t)\,dt\right)\exp\left(-\int_0^t \lambda_2(t)\,dt\right)\cdots\exp\left(-\int_0^t \lambda_n(t)\,dt\right) \\
&= \exp\left\{-\left[\int_0^t \lambda_1(t)\,dt+\lambda_2(t)\,dt+\cdots+\lambda_n(t)\,dt\right]\right\} \\
&= \exp\left\{-\int_0^t [\lambda_1(t)+\lambda_2(t)+\cdots+t\lambda_n(t)]\,dt\right\} = \exp\left[-\int_0^t \sum_{i=1}^{n} \lambda_i(t)\,dt\right] \\
&= \exp\left[-\int_0^t \lambda_s(t)\,dt\right]
\end{aligned} \tag{6-4}
$$

因此有

$$\lambda_s(t)=\lambda_1(t)+\lambda_2(t)+\cdots+\lambda_n(t)=\sum_{i=1}^{n}\lambda_i(t) \tag{6-5}$$

上式表明，串联系统的失效率$\lambda_s(t)$是 n 个单元失效率$\lambda_i(t)$ ($i=1, 2, \cdots, n$) 之和。

由于可靠性预测主要是针对系统的正常工作期或偶然失效期，一般可以认为系统的失效率$\lambda_s(t)$和各单元的失效率$\lambda_i(t)$ ($i=1, 2, \cdots, n$) 均为常量，即$\lambda_s(t)=\lambda_s$，$\lambda_i(t)=\lambda_i(i=1, 2, \cdots, n)$，这时 n 个单元的平均寿命为$\theta_i=1/\lambda_i$，而上面两个公式可改写为

$$R_s=\mathrm{e}^{-\lambda_s t}=\exp\left(-t\sum_{i=1}^{n}\lambda_i\right) \tag{6-6}$$

$$\lambda_s=\lambda_1+\lambda_2+\cdots+\lambda_n=\sum_{i=1}^{n}\lambda_i \tag{6-7}$$

系统平均寿命则为

$$\theta_s=\frac{1}{\lambda_s}=\frac{1}{\lambda_1+\lambda_2+\cdots+\lambda_n}=1\Big/\sum_{i=1}^{n}\lambda_i \tag{6-8}$$

在机械系统中，各单元的失效概率一般都比较低，尤其是安全性失效概率，一般不应大于10^{-6}这个数量级，作用可靠性失效概率一般也在$10^{-2}\sim10^{-3}$数量级之间。因此，在机械系统可靠性分析中，失效概率的计算一般都采用单元分系统失效概率的代数和来近似地代替系统的失效概率。

2）并联系统的可靠性预测。组成系统的所有单元都失效时才会导致系统失效的系统称为并联系统。或者说，只要有一个单元正常工作时，系统就能正常工作的系统称为并联系统。由 n 个单元组成的并联系统的逻辑图如图 6-6 所示。

设在并联系统中 n 个单元的可靠度分别是R_1、R_2、…、R_n，则各单元的失效概率分别为$(1-R_1)$、$(1-R_2)$、…、$(1-R_n)$。若单元的失效是相互独立的事件，则由 n 个单元组成的并联系统的失效概率F_s可根据概率乘法定理表达为

$$F_s=(1-R_1)(1-R_2)\cdots(1-R_n)=\prod_{i=1}^{n}(1-R_i) \tag{6-9}$$

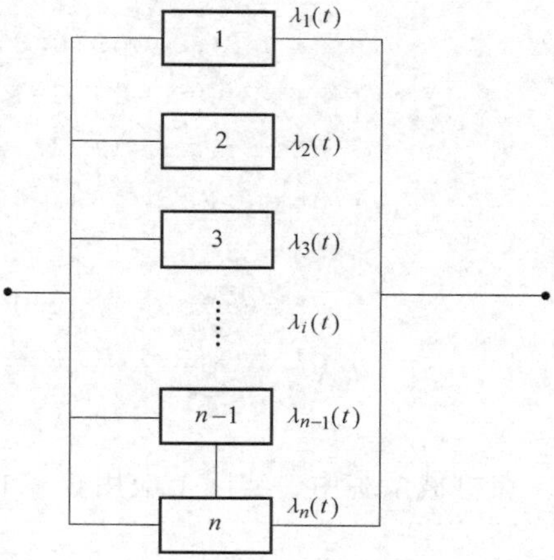

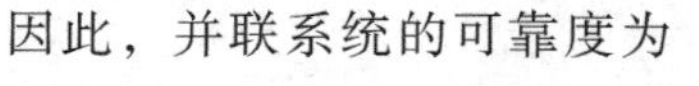

图 6-6　并联系统逻辑图

因此，并联系统的可靠度为

$$R_s=1-F_s=1-\prod_{i=1}^{n}(1-R_i) \tag{6-10}$$

由于$(1-R_i)$ ($i=1, 2, \cdots, n$) 是小于 1 的数值，所以由上式可见，并联系统的可靠度R_s总是大于系统中任何一个单元的可靠度，且并联单元数越多，则系统的可靠度越大。

当$R_1=R_2=\cdots=R_n=R$ 时，则上式又可写成

$$R_s=1-F_s=1-(1-R)^n \tag{6-11}$$

不同 R 值及 $n=2$、3、4、5、6 时的R_s值如图 6-7 所示。由该图可知，随着单元数 n 和单元可靠度 R 的增大，系统可靠度R_s将迅速地增大。

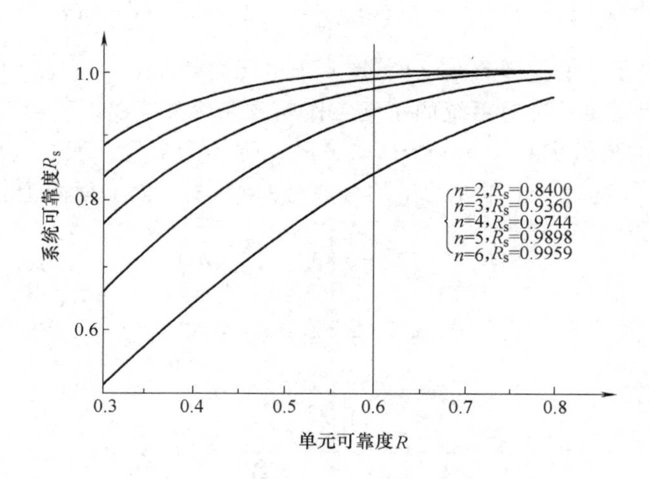

图 6-7　不同 R 值及 $n=2$、3、4、5、6 时的R_s值

【MATLAB 求解】

Code

```
R=0.3 :0.003:0.8;
n1=2;Rs1=1-(1-R).^n1;
n2=3;Rs2=1-(1-R).^n2;
n3=4;Rs3=1-(1-R).^n3;
n4=5;Rs4=1-(1-R).^n4;
n5=6;Rs5=1-(1-R).^n5;
plot(R,Rs1,R,Rs2,R,Rs3,R,Rs4,R,Rs5),grid on
```


在机械系统中，实际上应用较多的是 $n=2$ 的情况。当 $n=2$ 时，并联系统的可靠度为

$$R_s=1-F_s=1-(1-R)^2=2R-R^2 \tag{6-12}$$

如果单元的可靠度函数为指数函数，即 $R=\exp(-\lambda t)$，则

$$R_s=2R-R^2=e^{-\lambda t}(2-e^{-\lambda t}) \tag{6-13}$$

系统的失效率为

$$\lambda_s(t)=\frac{d(F(t))/dt}{R(t)}=\frac{-d(R(t))/dt}{R(t)}=-\frac{1}{R(t)}\frac{d(R(t))}{dt}$$

$$=-\frac{1}{e^{-\lambda t}(2-e^{-\lambda t})}2\lambda e^{-\lambda t}(e^{-\lambda t}-1)=2\lambda\frac{1-e^{-\lambda t}}{2-e^{-\lambda t}} \tag{6-14}$$

系统的失效率曲线$\lambda_s(t)$ 如图 6-8 所示。由该图可见，当单元的失效率 λ 为常数时，

并联系统的失效率$\lambda_s(t)$不是常数，而是随着时间 t 的增加而增大，且将趋向于 λ。

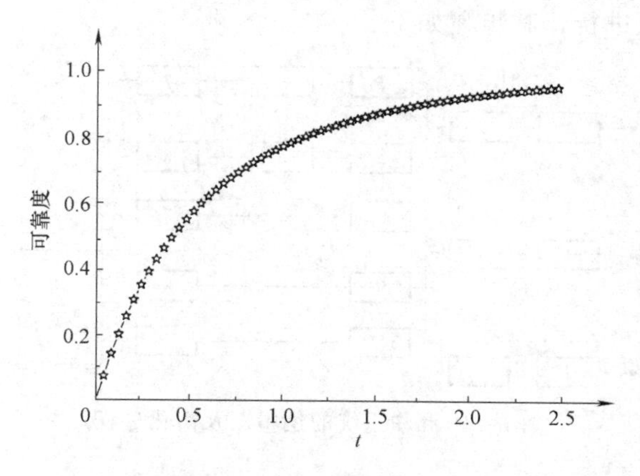

图 6-8　系统的失效率曲线$\lambda_s(t)$

【MATLAB 求解】

Code

```
lamd=1;
t=0:0.01:2.5;
lamdtt=lamd* t;
lamdss=2* lamd* (1-exp(-lamdtt))./(2-exp(-lamdtt));
plot(lamdtt,lamdss),grid on
```

并联系统工作的平均寿命θ_s为

$$\theta_s=\int_0^{\infty}R(t)\,dt=\int_0^{\infty}e^{-\lambda t}(2-e^{-\lambda t})\,dt=\frac{2}{\lambda}-\frac{1}{2\lambda}=\frac{1.5}{\lambda}=1.5\theta \tag{6-15}$$

式中　λ——单元的失效率；

θ——单元的平均寿命。

通常，两单元的失效率不等，即$\lambda_1\neq\lambda_2$，这时$R_1\neq R_2$，则

$$R_s=(1-R_1)(1-R_2)=e^{-\lambda_1 t}+e^{-\lambda_2 t}-e^{-(\lambda_1+\lambda_2)t} \tag{6-16}$$

从而求得两单元失效率不等的并联系统工作的平均寿命为

$$\theta_s=\int_0^{\infty}R(t)\,dt=\int_0^{\infty}[e^{-\lambda_1 t}+e^{-\lambda_2 t}-e^{-(\lambda_1+\lambda_2)t}]\,dt=\frac{1}{\lambda_1}+\frac{1}{\lambda_2}-\frac{1}{\lambda_1+\lambda_2} \tag{6-17}$$

3）混联系统的可靠性预测。把若干个串联系统或并联系统重复地再加以串联或并联，就能得到更复杂的可靠性结构模型，称这个系统为混联系统。计算混联系统可靠度与平均寿命时需要对混联系统中的串联和并联系统的可靠度和平均寿命进行合并计算，最后就可计算

出系统的可靠度和平均寿命。混联系统的逻辑图及简化过程如图6-9所示。混联系统的可靠度通常采用等效系统进行，其步骤如下：

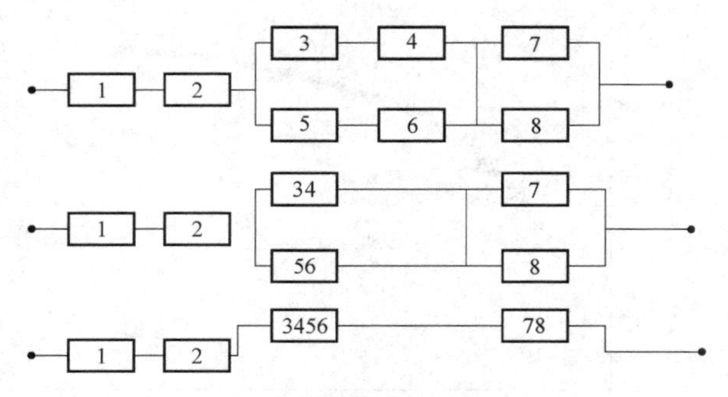

图6-9 混联系统的逻辑图及简化过程

① 求出串联单元3、4及5、6两个子系统S_{34}、S_{56}的可靠度R_{34}、R_{56}，其中$R_{34}=R_3R_4$；$R_{56}=R_5R_6$。

② 求出S_{34}、S_{56}以及单元7与8并联的子系统的可靠度R_{3456}、R_{78}，其中，$R_{3456}=1-(1-R_{34})(1-R_{56})$，$R_{78}=1-(1-R_7)(1-R_8)$。

③ 最后求出经过上述步骤转化而得到的一个等效串联系统的可靠度R_s，即

$$R_s=R_1R_2R_{3456}R_{78}=R_1R_2[1-(1-R_{34})(1-R_{56})][1-(1-R_7)(1-R_8)] \tag{6-18}$$

4）储备系统的可靠性预测。对于串联系统来说，单元数目越多，系统可靠度就越低，因此在设计上要求结构越简单越好。然而，对于任何一个高性能的复杂系统，即使是简洁的设计也需要为数甚多的零部件。为了提高系统的可靠度，其中一个办法是提高零部件的可靠度，但这又需要很高的成本，有时甚至高到不可负担的地步；另一个方法就是储备，增加系统中部分或全部零部件作为储备，使系统维持工作状态。储备系统分为工作储备系统和非工作储备系统两种情况。

① 工作储备系统。组成系统的n个单元中，不失效的单元个数不少于k（k介于1和n之间），系统就不会失效，称为工作储备系统，又称为k/n系统。

并联系统也属于工作储备系统，当k=1时，1/n表决系统就是并联系统。机械系统中通常只有最简单的3中取2的表决系统，即为2/3系统，它是一个三单元并联只需要两个单元正常工作的系统。该系统的可靠度计算公式，可用布尔代数真值表法求得，即

$$R_s=R_1R_2R_3+F_1R_2R_3+R_1F_2R_3+R_1R_2F_3=R_1R_2R_3\left(1+\frac{F_1}{R_1}+\frac{F_2}{R_2}+\frac{F_3}{R_3}\right) \tag{6-19}$$

当单元的寿命为指数分布时，系统可靠度计算公式为

$$R_s=e^{-(\lambda_1+\lambda_2+\lambda_3)t}(e^{\lambda_1t}+e^{\lambda_2t}+e^{\lambda_3t}-2) \tag{6-20}$$

平均寿命为

$$\theta_s=\int_0^{\infty}R_s(t)\,dt=\int_0^{\infty}[e^{-(\lambda_1+\lambda_2+\lambda_3)t}(e^{\lambda_1t}+e^{\lambda_2t}+e^{\lambda_3t}-2)]\,dt$$

$$=\frac{1}{\lambda_1+\lambda_2}+\frac{1}{\lambda_2+\lambda_3}+\frac{1}{\lambda_3+\lambda_1}-\frac{2}{\lambda_1+\lambda_2+\lambda_3} \tag{6-21}$$

当三个单元的可靠度相同，且为指数分布时，有

$$R_s=R^3-3(1-R)R^2=3R^2-2R^3 \tag{6-22}$$

因此可以得到平均寿命为

$$\theta_s=\int_0^\infty R_s(t)\,dt=\int_0^\infty (3R^2-2R^3)\,dt=\int_0^\infty [3e^{-2\lambda t}-2e^{-3\lambda t}]\,dt$$

$$=\frac{3}{2\lambda}-\frac{2}{3\lambda}=\frac{5}{6\lambda}=\frac{5}{6}\theta \tag{6-23}$$

例题 6-1 设每个单元的可靠度$R_s=e^{-\lambda t}$，$\lambda=0.001/h$，$t=100h$，求三个单元并联系统和2/3表决系统的可靠度R_s及平均寿命θ_s。

解 已知 t=100h，则平均每个单元的可靠度为

$$R(100)=e^{-\lambda t}=e^{-0.001\times100}=0.905$$

三个单元并联系统，n=3，有

$$R_s=1-(1-R)^3=0.999$$

$$\theta_s=\frac{1}{\lambda}+\frac{1}{2\lambda}+\frac{1}{3\lambda}=1833h$$

2/3 表决系统，有

$$R_s=3R^2-2R^3=0.975$$

$$\theta_s=\frac{3}{2\lambda}-\frac{2}{3\lambda}=834h$$

② 非工作储备系统。并联系统中只有一个单元工作，其他单元不工作而作为储备，而工作单元失效，则储备单元中的一个单元立即顶替上，将失效单元换下，使系统工作不致中断，则这种系统称为非工作系统，其逻辑图如图 6-10 所示。

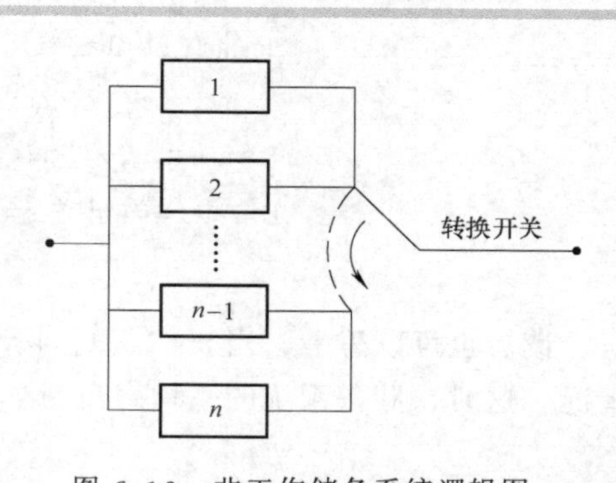

图 6-10 非工作储备系统逻辑图

在由 n 个单元构成的储备系统中，如果故障检查器和转换开关可靠度很高（即接近 100%，使其不影响系统可靠度)，则在给定的时间 t 内，只要累计的失效单元数不多于(n-1) 个，则系统均不会失效。若各单元的失效率$\lambda_1(t)=\lambda_2(t)=\cdots=\lambda_n(t)=\lambda$，则储备系统的可靠度可用泊松分布的部分求和公式来计算，即

$$R_s(t)=e^{-\lambda t}\left[1+\lambda t+\frac{(\lambda t)^2}{2!}+\frac{(\lambda t)^3}{3!}+\cdots+\frac{(\lambda t)^{n-1}}{(n-1)!}\right] \tag{6-24}$$

当 n=2 时，则

$$R_s=e^{-\lambda t}(1+\lambda t) \tag{6-25}$$

$$\lambda_s=-\frac{1}{R_s}\frac{dR_s}{dt}=\frac{\lambda^2 t}{1+\lambda t} \tag{6-26}$$

储备系统的失效率$\lambda_s(t)$ 曲线如图 6-11 所示，从曲线变换可得出，它比并联系统更

缓慢地趋向 λ，即当两者的 λt 相同时，储备系统的失效率λ_s更小。

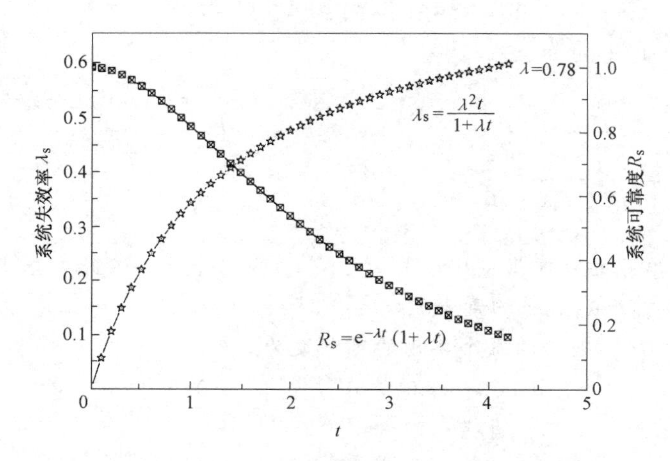

图 6-11　储备系统的可靠度R_s与失效率$\lambda_s(t)$曲线

【MATLAB 求解】

Code

```
lamd=0.78;
t=0:0.1:4.22;
lamdtt=lamd* t
lamdss=(lamd^2* t)./(1+lamdtt)
Rs=exp(-lamd * t) .*  (1+lamdtt)
plot(lamdtt,lamdss,lamdtt,Rs),grid on
```

读者也可以思考，当 $n=2$、3、4、5、6…时，系统的可靠度R_s与失效率$\lambda_s(t)$的变化情况。这时，储备系统的平均寿命为

$$\theta_s=\int_0^\infty R_s(t)\,dt=\int_0^\infty e^{-\lambda t}dt+\int_0^\infty \lambda t e^{-\lambda t}dt=\frac{1}{\lambda}+\frac{1}{\lambda}=\frac{2}{\lambda}=2\theta \tag{6-27}$$

式中　λ——单元的失效率；

θ——单元的平均寿命。

（2）布尔真值表法　在工程实际中，有些系统并不是由简单的串并联系统组合而成，如图 6-12 所示的电桥，不能使用典型的数学模型加以计算，只能用分析其“正常”与“失效”的各种状态的布尔真值表法来计算其可靠度，故此法又称为状态穷举法。它是一种比较直观的、用于复杂系统的可靠度计算的方法。

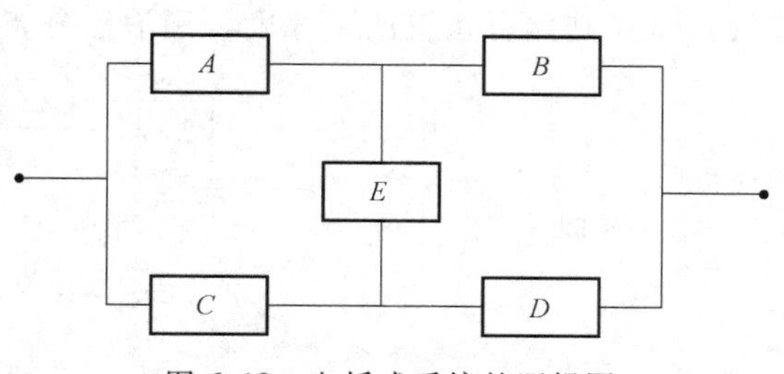

图 6-12　电桥式系统的逻辑图

设定系统由 n 个单元组成，且各单元均有“正常”（用“1”表示）与“失效”（用“0”表示）两种状态，这样，系统就有2^n种状态，对这2^n种状态做逐一分析，即可得出该系统可正常工作的状态有哪些，并可计算其正常工作的概率。然后，将该系统所有正常工作的概率相加，即可得到该系统的可靠度。这一过程可借助于布尔真值表进行计算。

例如图6-12所示电桥式复杂系统，由单元 A、B、C、D、E 组成，各有“正常”与“失效”两种状态，共有$2^5=32$种状态。将这32种状态列成布尔真值表，见表6-3。序号从1到32，五个单元下面对应的“1”和“0”对应于该单元的“正常”与“失效”两种状态，当系统状态为失效时用“F”表示，当系统状态为正常时用“S”表示，得到各个正常概率R_{s_i}。

表6-3　布尔真值表

序号 i	单元及工作状态					系统状态	正常概率 R_{s_i}	序号 i	单元及工作状态					系统状态	正常概率 R_{s_i}
	A	B	C	D	E				A	B	C	D	E		
1	0	0	0	0	0	F		17	1	0	0	0	0	F	
2	0	0	0	0	1	F		18	1	0	0	0	1	F	
3	0	0	0	1	0	F		19	1	0	0	1	0	F	
4	0	0	0	1	1	F		20	1	0	0	1	1	S	0.027
5	0	0	1	0	0	F		21	1	0	1	0	0	F	
6	0	0	1	0	1	F		22	1	0	1	0	1	F	
7	0	0	1	1	0	S	0.003	23	1	0	1	1	0	S	0.012
8	0	0	1	1	1	S	0.027	24	1	0	1	1	1	S	0.108
9	0	1	0	0	0	F		25	1	1	0	0	0	S	0.003
10	0	1	0	0	1	F		26	1	1	0	0	1	S	0.027
11	0	1	0	1	0	F		27	1	1	0	1	0	S	0.009
12	0	1	0	1	1	F		28	1	1	0	1	1	S	0.081
13	0	1	1	0	0	F		29	1	1	1	0	0	S	0.012
14	0	1	1	0	1	S	0.027	30	1	1	1	0	1	S	0.108
15	0	1	1	1	0	S	0.009	31	1	1	1	1	0	S	0.036
16	0	1	1	1	1	S	0.081	32	1	1	1	1	1	S	0.324

以序号7为例，$R_{s_7}=(1-R_A)(1-R_B)R_CR_D(1-R_E)$，若已知 A、B、C、D、E 单元的可靠度分别为$R_A=R_C=0.80$，$R_B=R_D=0.75$，$R_E=0.90$，则可求得

$$
\begin{aligned}
R_{s_7} &= (1-R_A)(1-R_B)R_CR_D(1-R_E) \\
&= (1-0.8)\times(1-0.75)\times0.8\times0.75\times(1-0.90)=0.003
\end{aligned}
$$

依次类推，可继续求出非零的R_{s_i}的值，并列入表中，将系统所有正常状态的工作概率相加，即可得到系统的可靠度R_s为

$$
R_s=\sum_{i=1}^{32}R_{s_i}=0.003+0.027+0.027+0.009+\cdots+0.036+0.324=0.894
$$

更多的，请参看下面的求解算法。

【MATLAB 求解】

Code

```
clc
RA=0.80;RB=0.75;RC=RA;RD=RB;RE=0.90;
FA=1-RA;FB=1-RB;FC=FA;FD=FB;FE=1-RE;
pR07=FA * FB * RC * RD * FE;
pR08=FA * FB * RC * RD * RE;
pR14=FA * RB * RC * FD * RE;
pR15=FA * RB * RC * RD * FE;
pR16=FA * RB * RC * RD * RE;
pR20=RA * FB * FC * RD * RE;
pR23=RA * FB * RC * RD * FE;
pR24=RA * FB * RC * RD * RE;
pR25=RA * RB * FC * FD * FE;
pR26=RA * RB * FC * FD * RE;
pR27=RA * RB * FC * RD * FE;
pR28=RA * RB * FC * RD * RE;
pR29=RA * RB * RC * FD * FE;
pR30=RA * RB * RC * FD * RE;
pR31=RA * RB * RC * RD * FE;
pR32=RA * RB * RC * RD * RE;
pR=[pR07;pR08;pR14;pR15;pR16;pR20;pR23;pR24;pR25;pR26;
pR27;pR28;pR29;pR30;pR31;pR32]
pR=sum(pR(:))
```


Run

```
pR=
    0.0030
    0.0270
    0.0270
    0.0090
    0.0810
    0.0270
    0.0120
    0.1080
    0.0030
    0.0270
```

```
    0.0090
    0.0810
    0.0120
    0.1080
    0.0360
    0.3240
pR=0.8940
```

布尔真值表法原理简单，掌握容易，但当系统中单元数 n 较大时，计算量较大，需要借助计算机来计算。上面的算法是否是充分合理的？还有没有改进的空间？请读者详细思考总结。

有兴趣的读者，请研究下面的程序，可以直接得到结果。

Code

```
clear all
t1=cputime;
logic=[0 1 0 1 0 0 0;
       0 0 1 0 0 1 0;
       0 0 0 0 0 1 1;
       0 0 0 0 1 1 0;
       0 0 0 0 0 1 1;
       0 1 1 1 1 0 0;
       0 0 1 0 1 0 0];% 有向邻接矩阵
f=[0.8 0.75 0.8 0.75 0.9];
k=length(logic(1,:));
gzzt=de2bi(0:2^(k-2)-1);% 中继器工作状态全排列
h=ones(1,k-2);
canget=[];
R_s=0;
for i=1:2^(k-2)
  for j=1:k
    logic1(j,:)=logic(j,2:k-1).* gzzt(i,:);
  end
  logic2=[logic(:,1),logic1,logic(:,k);];
    logic3=(logic2+eye(k))^k;
    if logic3(1,k)>=1
       canget=[canget;gzzt(i,:)];
```

```
    end
  end
  k1=length(canget(:,1));
  for i=1:k1
    R_si=1;
    f1=f.* canget(i,:)+(f-h).* (canget(i,:)-h);
    for j=1:k-2
    R_si=R_si* f1(j);
    end
     R_s=R_s+R_si;
  end
  R_s
  t2=cputime;
  t=t2-t1
  % % 自动判定有效路径
```

Run

```
R_ s=0. 8940
t=0. 0156
```

6.3 系统可靠性分配

系统可靠性分配是指将工程设计规定的系统可靠度指标合理地分配给组成该系统的各个单元，确定系统各组成单元（总成、分总成、组件、零件）的可靠性定量要求，从而使整个系统可靠性指标得到保证。

可靠性分配的目的是将系统可靠性的定量要求分配到规定的产品层次。通过分配使整体和部分的可靠性定量要求达到一致，它是一个由整体到局部，由上到下的分解过程。可靠性分配的本质是一个工程决策问题，应按系统工程原则进行。在进行可靠性分配时，必须明确目标函数和约束条件，随之分配方法也应改变。一般还应根据系统的用途分析哪些参数应予以优先考虑，哪些单元在系统中占有重要位置，其可靠度应予以优先保证等来选择设计方案。

可靠性预测是从单元（零件、组件、分总成、总成）到系统，由个体（零件、单元）到整体（系统）进行，而可靠性分配则按相反的方向由系统到单元或由整体到个体进行，因此，可靠性预测是可靠性分配的基础。另外，还可根据以下几个原则做相应的修正：

1）对于改进潜力大的分系统或部件，分配的指标可以高一些。

2）由于系统中关键件发生故障将会导致整个系统的功能受到严重影响，因此关键件的可靠性指标应分配得高一些。

3）在恶劣环境条件下工作的分系统或部件，可靠性指标要分配得低一些。

4）新研制的产品，采用新工艺、新材料的产品，可靠性指标也应分配得低一些。

5）易于维修的分系统或部件，可靠性指标可以分配得低一些。

6）复杂的分系统或部件，可靠性指标可以分配得低一些。

6.3.1 等分配法

对系统中的全部单元分配以相等的可靠度的方法称为“等分配法”或“等同分配法”。

1. 串联系统可靠度分配

当系统中 n 个单元具有近似的复杂程度、重要性以及制造成本时，则可用等分配法分配系统各单元的可靠度。这种分配法的另一个出发点是考虑到串联系统的可靠度往往取决于系统中的最弱单元，因此，对其他单元分配以高的可靠度无实际意义。

当系统的可靠度为R_s，各单元分配的可靠度为R_i时

$$R_s = \prod_{i=1}^{n} R_i = R_i^n \tag{6-28}$$

因此，单元的可靠度为

$$R_i = \sqrt[n]{R_s} \quad (i=1,2,\cdots,n) \tag{6-29}$$

2. 并联系统可靠度分配

当系统的可靠度指标要求很高而选用已有的单元又不能满足要求时，则可选用 n 个相同单元的并联系统，这时单元的可靠度R_i可大大低于系统的可靠度R_s。

由$R_s = 1-(1-R_i)^n$，可得单元的可靠度R_i应分配为

$$R_i = 1-\sqrt[n]{1-R_s} \tag{6-30}$$

3. 串并联系统可靠度分配

利用等分配法对串并联系统进行可靠度分配时，可先将串并联系统化简为“等效串联系统”和“等效单元”，再给同级等效单元分配以相同的可靠度。

例如图6-13所示的串联系统经过简化，可先从最后的等效串联系统开始按等分配法对各单元分配可靠度：

$$R_1 = R_{234} = \sqrt{R_s} \tag{6-31}$$

$$R_2 = R_{34} = 1-\sqrt{1-R_{234}} \tag{6-32}$$

$$R_3 = R_4 = \sqrt{R_{34}} \tag{6-33}$$

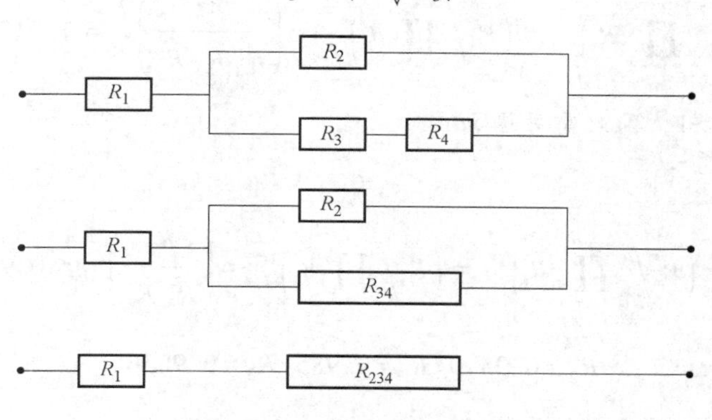

图6-13 等效串联系统

6.3.2 再分配法

如果已知串联系统（或串并联系统的等效串联系统）各单元的可靠度预测值为$\hat{R}_1$、$\hat{R}_2$、…、$\hat{R}_n$，则系统的可靠度预测值为

$$\hat{R}_s = \prod_{i=1}^{n} \hat{R}_i \quad (i = 1,2,\cdots,n) \tag{6-34}$$

若设计规定的系统可靠度指标$R_s > \hat{R}_s$，表示预测值不能满足要求，需改进单元的可靠度指标并按规定的R_s值进行再分配计算。显然，提高低可靠性单元的可靠度，是一种行之有效的方法，因此，提高低可靠性单元的可靠度并按等分配法进行再分配。为此，先将各单元的可靠度预测值按由小到大的次序排列，则有

$$\hat{R}_1 < \hat{R}_2 < \cdots < \hat{R}_m < \hat{R}_{m+1} < \cdots \hat{R}_n \tag{6-35}$$

令

$$R_1 = R_2 = \cdots = R_m = R_0$$

并找出 m 值使

$$\hat{R}_m < R_0 = \left(R_s / \prod_{i=m+1}^{n} \hat{R}_i\right)^{\frac{1}{m}} < \hat{R}_{m+1} \tag{6-36}$$

则单元可靠度的再分配可按下式进行，即

$$\begin{cases} R_1 = R_2 = \cdots = R_m = R_0 = \left(R_s / \prod_{i=m+1}^{n} \hat{R}_i\right)^{\frac{1}{m}} \\ R_{m+1} = \hat{R}_{m+1}, R_{m+2} = \hat{R}_{m+2}, \cdots, R_n = \hat{R}_n \end{cases} \tag{6-37}$$

例题 6-2 若已知串联系统的 4 个单元的可靠度预测值分别为$\hat{R}_1 = 0.9507$，$\hat{R}_2 = 0.9570$，$\hat{R}_3 = 0.9856$，$\hat{R}_4 = 0.9998$，系统可靠度为$R_s = 0.9560$，试进行可靠度再分配，使其满足整体要求。

解 由于系统的可靠度预测值$\hat{R}_s = \hat{R}_1 \hat{R}_2 \hat{R}_3 \hat{R}_4 = 0.8965 < R_s = 0.9560$，不能满足设计要求，因此需要提高单元的可靠度，并进行可靠度再分配。

设 $m=1$，得

$$R_0 = \left(R_s \Big/ \prod_{i=m+1}^{n} \hat{R}_i\right)^{\frac{1}{m}} = \left(R_s \Big/ \prod_{i=2}^{4} \hat{R}_i\right)^{\frac{1}{1}} = \left(\frac{R_s}{\hat{R}_2 \hat{R}_3 \hat{R}_4}\right)^{\frac{1}{1}} = 1.0138 > \hat{R}_2$$

由于$R_0 = 1.0138 > 1$，因此需另设 m 值。

设 $m=2$，得

$$R_0 = \left(R_s \Big/ \prod_{i=m+1}^{n} \hat{R}_i\right)^{\frac{1}{m}} = \left(R_s \Big/ \prod_{i=3}^{4} \hat{R}_i\right)^{\frac{1}{2}} = \left(\frac{R_s}{\hat{R}_3 \hat{R}_4}\right)^{\frac{1}{2}} = 0.985$$

$$\hat{R}_2 = 0.9570 < R_0 = 0.985 < \hat{R}_3 = 0.9856$$

因此，分配有效，再分配结果为

$$\begin{cases}R_1=0.985\\R_2=0.985\\R_3=0.9856\\R_4=0.9998\\R_s=R_1R_2R_3R_4=0.9561\end{cases}$$

这就说明，提高了R_1、R_2的可靠度，即可达到系统的预定要求。

6.3.3 比例分配法

比例分配法分为相对失效率法与相对失效概率法两种。相对失效率法是使系统中各个单元的容许失效率正比于该单元的预计失效率值，并根据这一原则来分配系统中各单元的可靠度。此方法适用于失效率为常数的串联系统，对于冗余系统，可将它化简为串联系统后再按此法进行。相对失效概率法是根据使系统中各单元的容许失效概率正比于该单元的预计失效概率的原则来分配系统中各单元的可靠度。因此，它与相对失效率法的可靠度分配原则十分类似。

如果单元的可靠度服从指数分布，从而系统的可靠度也服从指数分布时有

$$\begin{cases}R(t)=\exp(-\lambda t)\approx 1-\lambda t\\F(t)=1-R(t)\approx\lambda t\end{cases}\tag{6-38}$$

所以按失效率成比例地分配可靠度，可以近似地被按失效概率（不可靠度）成比例地分配可靠度所代替。下面分串联系统和冗余系统进行讨论其可靠度分配问题。

1. 串联系统的可靠度分配

串联系统的任一单元失效都将导致系统失效。假定各单元的工作时间与系统的工作时间相同并取为t，λ_i为第i（$i=1$，2，…，n）个单元的预计失效率，λ_s为由单元预计失效率算得的系统失效率，根据$R(t)=\exp(-\lambda t)$有

$$e^{-\lambda_1 t}e^{\lambda_2 t}\cdots e^{\lambda_i t}\cdots e^{\lambda_n t}=e^{\lambda_s t}\tag{6-39}$$

所以

$$\lambda_1 t+\lambda_2 t+\cdots+\lambda_i t\cdots+\lambda_n t=\lambda_s t$$

或

$$\sum_{i=1}^{n}\lambda_i=\lambda_s\tag{6-40}$$

由上式可见，串联系统的可靠度为单元可靠度之积，而系统的失效率则为各单元失效率之和，因此，在分配串联系统各单元的可靠度时，往往不是直接对可靠度进行分配，而是把系统允许的失效率或不可靠度（失效概率）合理地分配给各单元。因此，按相对失效率的比例或按相对失效概率的比例进行分配比较方便。

各单元的相对失效率则为

$$\omega_i=\lambda_i\Big/\left(\sum_{i=1}^{n}\lambda_i\right)=\frac{\lambda_i}{\lambda_s}\quad(i=1,2,\cdots,n)\tag{6-41}$$

显然有

$$\sum_{i=1}^{n} \omega_i = 1 \tag{6-42}$$

各单元的相对失效概率也可表达为

$$\omega'_i = F_i/\left(\sum_{i=1}^{n} F_i\right) \tag{6-43}$$

若系统的可靠度设计指标为R_{sd}，则可求得系统失效率设计指标（容许失效率）λ_{sd}，从而可求得系统失效概率设计指标F_{sd}，分别为

$$\lambda_{sd} = \frac{-\ln R_{sd}}{t} \tag{6-44}$$

$$F_{sd} = 1 - R_{sd} \tag{6-45}$$

则系统各单元的容许失效率和容许失效概率（即分配给它们的指标）分别为

$$\lambda_{id} = \omega_i \lambda_{sd} = \lambda_i \Big/ \left(\sum_{i=1}^{n} \lambda_i\right) \lambda_{sd} \tag{6-46}$$

$$F_{id} = \omega'_i F_{sd} = F_i \Big/ \left(\sum_{i=1}^{n} F_i\right) F_{sd} \tag{6-47}$$

式中　λ_i，F_i——单元失效率和失效概率的预测值。

从而求得各单元分配的可靠度R_{id}为

按相对失效率法得

$$R_{id} = \exp(-\lambda_{id} t) \tag{6-48}$$

按相对失效概率法得

$$R_{id} = 1 - F_{id} \tag{6-49}$$

下面通过例题进行详细解析。

例题 6-3　一个串联系统由三个单元组成，各单元的预计失效率分别为：$\lambda_1 = 0.005/\text{h}$，$\lambda_2 = 0.003/\text{h}$，$\lambda_3 = 0.002/\text{h}$，要求工作 20h 的系统可靠度为：$R_{sd} = 0.98$，试问各单元分配的可靠度。

解　按照相对失效率法为各单元分配可靠度，其计算步骤如下：

(1) 预计失效率的确定　题目已给出各单元的预计失效率，则可求出系统失效率的预计值为

$$\lambda_s = \sum_{i=1}^{3} \lambda_i = 0.01/\text{h}$$

(2) 校核λ_s能否满足系统的设计要求　由预计失效率λ_s所决定的工作 20h 的系统可靠度为

$$R_s = \exp(-\lambda_s t) = \exp(-0.01 \times 20) = 0.8187 < R_{sd} = 0.980$$

因为$R_s < R_{sd}$，故需提高单元的可靠度并重新进行可靠度分配。

(3) 计算各单元的相对失效率ω_i

$$\omega_i = \lambda_i \Big/ \left(\sum_{i=1}^{n} \lambda_i\right) = \frac{\lambda_i}{\lambda_s} \quad (i = 1, 2, \cdots, n)$$

$$\omega_1=\frac{\lambda_1}{\lambda_1+\lambda_2+\lambda_3}=\frac{0.005}{0.005+0.003+0.002}=0.5$$

$$\omega_2=\frac{\lambda_2}{\lambda_1+\lambda_2+\lambda_3}=\frac{0.003}{0.005+0.003+0.002}=0.3$$

$$\omega_3=\frac{\lambda_3}{\lambda_1+\lambda_2+\lambda_3}=\frac{0.002}{0.005+0.003+0.002}=0.2$$

（4）计算系统的容许失效率λ_{sd}

$$\lambda_{sd}=\frac{-\ln R_{sd}}{t}=\frac{-\ln 0.98}{20}=0.001010/\mathrm{h}$$

（5）计算各单元的容许失效率λ_{id}

$$\lambda_{id}=\omega_i\lambda_{sd}$$

$$\begin{cases}\lambda_{1d}=0.000505/\mathrm{h}\\ \lambda_{2d}=0.000303/\mathrm{h}\\ \lambda_{3d}=0.000202/\mathrm{h}\end{cases}$$

（6）计算各单元分配的可靠度$R_{id}(20)$

$$R_{id}=\exp(-\lambda_{id}t)$$

$$\begin{cases}R_{1d}=0.98995\\ R_{2d}=0.99396\\ R_{3d}=0.99597\end{cases}$$

（7）检查系统可靠度是否满足要求

$$R_{sd}(20)=R_{1d}(20)R_{2d}(20)R_{3d}(20)=0.9800053>R_{sd}=0.980$$

故系统的设计可靠度$R_{sd}(20)$大于给定值 0.980，即满足要求。

【MATLAB 求解】

Code

```
clc
lmda1=0.005;lmda2=0.003;lmda3=0.002;
omiga=[lmda1;lmda2;lmda3]/(lmda1+lmda2+lmda3);
t=20;Rsd=0.980;
lmda_sd=-log(Rsd)/t
lmda=omiga * lmda_sd
Rid=exp(-lmda * t)
Rs=Rid(1) * Rid(2) * Rid(3)
```

Run

```
lmda_ sd=0.001010135365876
lmda=1.0e-003 *
```

```
    0.505067682937987
    0.303040609762792
    0.202027073175195
Rid=
    0.989949493661167
    0.993957517477381
    0.995967610540955
Rs=0.980000000000000
```

2. 冗余系统可靠度分配

对于具有冗余部分的串并联系统，要想把系统的可靠度指标直接分配给各个单元，计算比较复杂。通常是将每组并联单元适当组合成单个单元，并将此单个单元看成是串联系统中并联部分的一个等效单元，这样便可用上述串联系统可靠度分配方法，将系统的容许失效率或失效概率分配给每个串联单元和等效单元，然后再确定并联部分中每个单元的容许失效率或失效概率。

如果作为代替 n 个并联单元的等效单元在串联系统中分到的容许失效概率为F_B，则

$$F_B = F_1 F_2 \cdots F_n = \prod_{i=1}^{n} F_i \tag{6-50}$$

式中　F_i——第 i 个并联单元的容许失效概率。

若已知并联单元的预计失效概率$F'_i(i=1,\ 2,\ \cdots,\ n)$，则可以取$(n-1)$个相对关系式，即

$$\frac{F_1}{F'_1}=\frac{F_2}{F'_2}=\cdots=\frac{F_n}{F'_n} \tag{6-51}$$

求解以上两式就可求得各并联单元应该分配到的容许失效概率值F_i。这就是相对失效概率法对冗余系统可靠性分配的分配过程。

6.4　系统可靠性最优化

系统可靠性最优化是指利用最优化方法去解决系统的可靠性问题，又称为可靠性最优化设计。这里讨论关于可靠性的一些优化问题，如在满足系统最低限度可靠性要求的同时使系统的“费用”最小；通过对单元或子系统可靠度值的优化分配使系统的可靠度最大；通过合理设置单元或子系统的冗余部件使系统可靠度最大，等等。这里指的“费用”不仅指为提高系统可靠度所需要的花费，还包括保证单元或子系统质量或体积所花费的费用。下面就系统可靠性分配的优化方法做一些介绍。

6.4.1　花费最少的最优化分配方法

花费最少的最优化分配方法总的原则即为尽可能地提高可靠度，又要使其花费最少。如果系统设计可靠度大于预测计算的可靠度，就需要重新进行分配。

若系统有 n 个串联单元，可靠度按非减顺序排序为R_1、R_2、…、R_n，如果要求的系统可靠度指标为$R_{sd}>R_s$，R_s为系统的预计可靠度，则有

$$R_{sd} > R_s = \prod_{i=1}^{n} R_i \tag{6-52}$$

若想达到要求，则系统中至少有一个单元的可靠度必须提高，即单元的分配可靠度R_{id}要大于单元的预计可靠度R_i，为此必须要花费一定的费用才能达到要求。令$G(R_i, R_{id})$ $(i=1, 2, \cdots, n)$ 表示费用函数，即第 i 个单元的可靠度由R_i提高到R_{id}所需要花费的费用，显然$(R_{id}-R_i)$值越大，费用也就越高。另外，R_i值越大，提高$(R_{id}-R_i)$所需费用也就越高。该问题为最优化设计问题，其数学模型为

$$\begin{cases} \min \sum\limits_{i=1}^{n} G(R_i, R_{id}) \\ \prod\limits_{i=1}^{n} R_{id} \geqslant R_i \end{cases} \tag{6-53}$$

其中第一式为目标函数，第二式为约束条件。

令 j 表示系统中需要提高可靠度的单元序号，显然应从可靠度最低的单元开始提高其可靠度，即 j 从 1 开始，按需要递次增加。

令

$$R_{0j} = \left(R_{sd} \Big/ \prod_{i=j+1}^{n+1} R_i\right)^{\frac{1}{j}} \quad (j=1,2,\cdots,n) \tag{6-54}$$

其中，$R_{n+1}=1$，则有

$$R_{0j} = \left(R_{sd} \Big/ \prod_{i=j+1}^{n+1} R_i\right)^{\frac{1}{j}} > R_j \tag{6-55}$$

上式表明，想要获得系统所要的可靠度指标R_{sd}，则系统（$j=1, 2, \cdots, n$）各单元的可靠度均应提高到R_{0j}。若继续增加 j，当达到 $j+1$ 后使得

$$R_{0,j+1} = \left(R_{sd} \Big/ \prod_{i=j+2}^{n+1} R_i\right)^{\frac{1}{j+1}} < R_{j+1} \tag{6-56}$$

即第 $j+1$ 号单元的预计可靠度R_{j+1}已经大于$R_{0,j+1}$，因此 j 即为需要提高可靠度单元序号的最大值，记为k_0，则说明：为使系统可靠度指标达到R_{sd}，令$j=k_0$，$i=1, 2, \cdots, k_0$的各单元的分配可靠度R_{id}均应提高到

$$R_{k_0} = \left(R_{sd} \Big/ \prod_{i=k_0+1}^{n+1} R_i\right)^{\frac{1}{k_0}} = R_d \tag{6-57}$$

即序号为$i=1, 2, \cdots, k_0$的各单元的分配可靠度均提高到R_d，而序号为$i=k_0+1, \cdots, n$ 的各单元可靠度可维持不变。最优化问题的唯一最优解为

$$R_{id} = \begin{cases} R_d & (i \leqslant k_0) \\ R_i & (i > k_0) \end{cases} \tag{6-58}$$

式中　R_d——重新分配后的可靠度值；

　　R_i——原预计可靠度值。

则系统的可靠度指标为

$$R_{sd}=R_d^{k_0}\prod_{i=k_0+1}^{n+1}R_i \tag{6-59}$$

例题 6-4 汽车驱动桥双级主减速器第一级螺旋锥齿轮的主从动齿轮的预计可靠度为 $R_A=R_B=0.85$；第二级斜齿圆柱齿轮的预计可靠度为 $R_C=0.96$，$R_D=0.97$；若它们的费用函数相同，要求齿轮系统的可靠度指标为 $R_{sd}=0.80$；试用花费最少的原则进行可靠度分配。

解 （1）系统的预计可靠度

$$R_s=\prod_{i=1}^{4}R_i=0.67279<0.80$$

故应提高系统的可靠度，为此必须重新分配齿轮的可靠度。

（2）将各单元的预计可靠度按非减顺序排序

$$R_1=R_A=0.85,R_2=R_B=0.85,R_3=R_C=0.96,R_4=R_D=0.97$$

（3）求 j 的最大值 k_0

当 $j=1$ 时

$$R_{01}=\left(R_{sd}\Big/\prod_{i=1+1}^{4+1}R_i\right)^{\frac{1}{1}}=\left(\frac{0.80}{0.85\times0.96\times0.97\times1}\right)^{\frac{1}{1}}=1.01071>0.85=R_1$$

当 $j=2$ 时

$$R_{02}=\left(R_{sd}\Big/\prod_{i=2+1}^{4+1}R_i\right)^{\frac{1}{2}}=\left(\frac{0.80}{0.96\times0.97\times1}\right)^{\frac{1}{2}}=0.92688>0.85=R_2$$

当 $j=3$ 时

$$R_{03}=\left(R_{sd}\Big/\prod_{i=3+1}^{4+1}R_i\right)^{\frac{1}{3}}=\left(\frac{0.80}{0.97\times1}\right)^{\frac{1}{3}}=0.93779<0.96=R_3$$

因此，$k_0=2$。

（4）求重新分配后的可靠度值 R_d

$$R_d=\left(R_{sd}\Big/\prod_{i=k_0+1}^{4+1}R_i\right)^{\frac{1}{k_0}}=\left(\frac{0.80}{0.96\times0.97\times1}\right)^{1}=0.92688$$

故四个齿轮的分配可靠度分别为

$$\begin{cases}R_{1d}=R_{2d}=R_{k_0}=0.92688\\R_{3d}=0.96\\R_{4d}=0.97\end{cases}$$

（5）验算系统可靠度指标 R_{3d}

$$R_{sd}=R_d^{k_0}\prod_{i=k_0+1}^{n+1}R_i=0.92688^2\times0.96\times0.97\times1=0.800000004>0.80$$

故系统可靠度满足要求。

6.4.2 拉格朗日乘子法

拉格朗日乘子法是一种将约束最优化问题转化为无约束最优化问题的求优方法。由于引进了一种待定系数，即拉格朗日乘子，则可利用这种乘子将原约束最优化问题的目标函数和约束条件组合成一个称为拉格朗日函数的新目标函数，使新目标函数的无约束最优解就是原目标函数的约束最优解。

当约束最优化问题为

$$\begin{cases} \min f(X)=f(x_1,x_2,\cdots,x_n) \\ \text{s.t. } h_v(X)=0 \quad (v=1,2,\cdots,p) \end{cases} \tag{6-60}$$

时，则可构造拉格朗日函数为

$$L(\boldsymbol{X},\boldsymbol{\lambda})=f(\boldsymbol{X})-\sum_{v=1}^{p}\lambda_v h_v(\boldsymbol{X}) \tag{6-61}$$

其中，$\boldsymbol{X}=(x_1 \quad x_2 \quad \cdots \quad x_n)^{\mathrm{T}}$，$\boldsymbol{\lambda}=(\lambda_1 \quad \lambda_2 \quad \cdots \quad \lambda_n)^{\mathrm{T}}$。即把$p$个待定乘子$\lambda_v(v=1，2，\cdots，p<n)$也作为变量。此时拉格朗日函数$L(\boldsymbol{X}，\boldsymbol{\lambda})$的极值点存在的必要条件为

$$\begin{cases} \dfrac{\partial L}{\partial x_i}=0 \quad (i=1,2,\cdots,n) \\ \dfrac{\partial L}{\partial \lambda_v}=0 \quad (v=1,2,\cdots,p) \end{cases} \tag{6-62}$$

解上式即可求得原问题的约束最优解，即

$$\boldsymbol{X}^*=(x_1^* \quad x_2^* \quad \cdots \quad x_n^*)^{\mathrm{T}} \tag{6-63}$$

而$\boldsymbol{\lambda}^*=(\lambda_1^* \quad \lambda_2^* \quad \cdots \quad \lambda_n^*]^{\mathrm{T}}$为向量，其分量为

$$\lambda_v=\frac{\partial f(\boldsymbol{X}^*)}{\partial h_v(\boldsymbol{X}^*)} \quad (v=1,2,\cdots,p) \tag{6-64}$$

当拉格朗日函数为高于二次的函数时，则用该方法难以直接求解，这也是拉格朗日乘子法在应用上有局限性的原因。

例题 6-5 某系统由n个子系统串联而成，子系统的可靠度$R_i(i=1，2，\cdots，n)$和制造费用$x_i(i=1，2，\cdots，n)$之间的关系为：$R_i=1-\exp[-\alpha_i(x_i-\beta_i)](i=1，2，\cdots，n)$。式中，$\alpha_i$、$\beta_i$为常数。试用拉格朗日乘子法将系统的可靠度指标$R_s$分配给各子系统，并使系统的费用最少。

解 这是一个在

$$R_s=\prod_{i=1}^{n}R_i$$

的约束条件下求使

$$f(X)=\sum_{i=1}^{n}x_i$$

为最小的问题。引入拉格朗日乘子λ，构造拉格朗日函数，即

$$L(X,\lambda)=\sum_{i=1}^{n}x_i-\lambda\left(R_s-\prod_{i=1}^{n}R_i\right)$$

若将费用x_i表达成显式函数，则有

$$x_i=\beta_i-\frac{\ln(1-R_i)}{\alpha_i}\quad(i=1,2,\cdots,n)$$

将上式代入拉格朗日函数，并用设计变量R_i代替x_i，则拉格朗日函数又可改写为

$$L(R,\lambda)=\sum_{i=1}^{n}\left[\beta_i-\frac{\ln(1-R_i)}{\alpha_i}\right]-\lambda\left(R_s-\prod_{i=1}^{n}R_i\right)$$

解方程组得

$$\begin{cases}\dfrac{\partial L}{\partial R}=0\\ \dfrac{\partial L}{\partial\lambda}=0\end{cases}\quad(i=1,2,\cdots,n)$$

即可求得系统费用为最少时各子系统的分配可靠度$\boldsymbol{R}^*=(R_1^*\quad R_2^*\quad\cdots\quad R_n^*)^{\mathrm{T}}$。

例如，当有两个子系统时，$n=2$，$R_s=0.80$，$\alpha_1=0.90$，$\beta_1=4.0$，$\alpha_2=0.60$，$\beta_2=2.0$，则拉格朗日函数可表达为

$$\begin{aligned}L(R,\ \lambda)&=\sum_{i=1}^{2}\left[\beta_i-\frac{\ln(1-R_i)}{\alpha_i}\right]-\lambda\left(R_s-\prod_{i=1}^{2}R_i\right)\\&=\left[\beta_1-\frac{\ln(1-R_1)}{\alpha_1}\right]+\left[\beta_2-\frac{\ln(1-R_2)}{\alpha_2}\right]-\lambda R_s+\lambda R_1R_2\end{aligned}$$

解联立方程组得

$$\begin{cases}\dfrac{\partial L}{\partial R_1}=\dfrac{1}{\alpha_1(1-R_1)}+\lambda R_2=0\\ \dfrac{\partial L}{\partial R_2}=\dfrac{1}{\alpha_2(1-R_2)}+\lambda R_1=0\\ \dfrac{\partial L}{\partial\lambda}=-R_s+R_1R_2=0\end{cases}$$

得

$$R_1=0.9136,R_2=0.8757$$

6.4.3 动态规划法

动态规划求最优解的思路完全不同于求函数极值的微分法和求泛函极值的变分法，它是将多个变量的决策问题分解为只包含一个变量的一系列子问题，通过解这一系列子问题而求得此多变量的最优解。这样，n 个变量的决策问题就被构造成一个顺序求解各个单独变量的 n 级序列决策问题。由于动态规划是利用一种递推关系依次做出最优决策，构成一种最优策略，达到使整个过程取得最优，因此，其计算逻辑较为简单，适用于计算机计算，它在可靠性工程中已得到了广泛的应用。

可将上述动态规划的最优策略表达为

若系统可靠度 R 是费用 x 的函数，并且可以分解为

$$R(x)=f_1(x_1)+f_2(x_2)+\cdots+f_n(x_n)$$

则在费用 x 为

$$x=x_1+x_2+\cdots+x_n \tag{6-65}$$

的条件下使系统可靠度 $R(x)$ 为最大的问题，就称为动态规划。式中的费用 $x=1, 2, \cdots, n$ 是任意正数，n 为整数。

因为 $R(x)$ 的最大值取决于 x 和 n，所以可用 $\varphi_n(x)$ 来表示，即

$$\varphi_n(x)=\max_{x\in\Omega}R(x_1,x_2,\cdots,x_n) \tag{6-66}$$

式中　Ω——满足式（6-65）解的集合。

如果在第 n 次活动中由分配到的费用 x 的量 $x_n(0\leqslant x_n\leqslant x)$ 所得到的效益为 $f_n(x_n)$，则由 x 的其余部分 $(x-x_n)$ 所能得到的效益最大值由式（6-66）知应为 $\varphi_{n-1}(x-x_n)$，这样，在第 n 次活动中分到的费用 x_n 及在其余活动中分到的费用 $(x-x_n)$ 所带来的总效益为

$$f_n(x_n)+\varphi_{n-1}(x-x_n)$$

因为使这一总效益为最大的 x_n 与使 $\varphi_n(x)$ 最大有关，所以有

$$\varphi_n(x)=\max_{0\leqslant x_n\leqslant x}\left[f_n(x_n)+\varphi_{n-1}(x-x_n)\right] \tag{6-67}$$

也就是说，虽然 $i=1, 2, \cdots, n$ 共 n 个进行分配，但没有必要同时对所有组合进行研究，在 $\varphi_{n-1}(x-x_n)$ 已为最优分配之后来考虑总体效益，只需注意 x_n 的值就行了。另外，对 x_n 的选择所得到的可靠度分配，不仅应保证总体的效益为最大，也必须使费用 $(x-x_n)$ 所带来的效益为最大，这种方法通常称为最优性原理。

例题 6-6　由子系统 A、B、C、D 组成的串联系统，各子系统的成本费用和工作2000h的预计可靠度见表6-4。要使此系统工作2000h的可靠度指标 $R_{sd}\geqslant 0.99$，而成本费用又要尽量小，各子系统应有多大的储备度？

表6-4　例题6-6表

子系统	可靠度 R_i	成本/万元	储备度	储备子系统的可靠度 R
A	0.85	6	?	?
B	0.75	4	?	?
C	0.80	5	?	?
D	0.70	3	?	?

解　这是一个以成本建立目标函数并取最小、以系统可靠度指标 $R_{sd}\geqslant 0.99$ 为约束条件的最优化问题。若不附加储备件，则系统的预计可靠度为

$$R_s=\prod_{i=1}^{4}R_i=0.85\times 0.75\times 0.80\times 0.70=0.357$$

由于 $R_s=0.357\ll R_{sd}=0.99$，显然不符合要求，需要增加储备件来增加系统的可靠度，将各子系统改为由四个并联分支组成的储备系统，如图6-14所示。

设子系统 A、B、C、D 的储备度依次为 n_A、n_B、n_C、n_D，且为整数；单个元件的失效概率依次为 pFA、pFB、pFC、pFD；c 为成本。则有

$$\begin{cases}R=\left[1-(pFA)^{n_A}\right]\left[1-(pFB)^{n_B}\right]\left[1-(pFC)^{n_C}\right]\left[1-(pFD)^{n_D}\right]\geqslant R_{sd}=0.99\\ C=n_A\times 6+n_B\times 4+n_C\times 5+n_D\times 3\end{cases}$$

现在的问题是，在保证可靠度的前提下，如何使得成本的值达到最小。根据题意，$pFA=0.15$，$pFB=0.25$，$pFC=0.20$，$pFD=0.30$。将上式进一步简化，则有

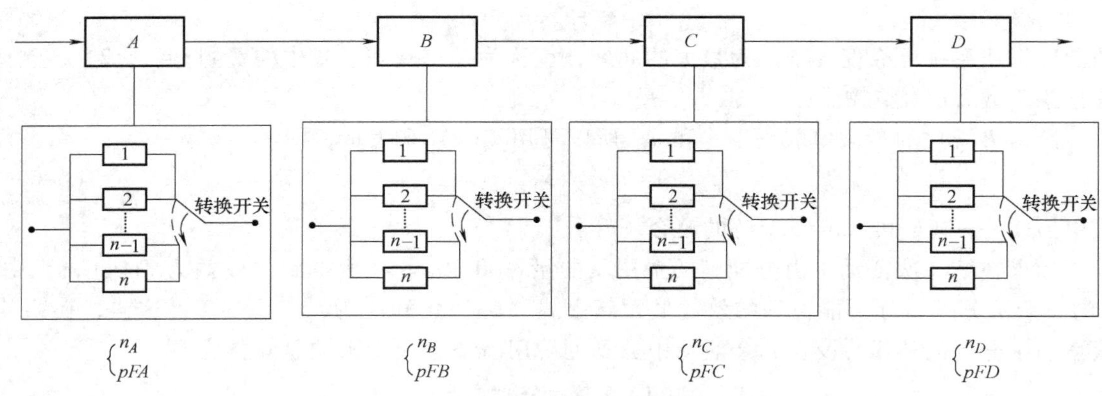

图 6-14　四个并联分支组成的储备系统

$$\begin{cases} R=(1-0.15^{x_1})(1-0.25^{x_2})(1-0.20^{x_3})(1-0.30^{x_4}) \geqslant 0.99 \\ \min: c=x_1\times 6+x_2\times 4+x_3\times 5+x_4\times 3 \end{cases}$$

补充约束条件：$x_i \geqslant 0$（$i=1, 2, 3, 4$）

上述问题求解，由于含有指数变量，利用解析法求解就显得尤为复杂。为此，首先将上述问题转化为优化数学模型，然后采用工程计算软件求解。

目标函数：

$$\min: y=f(x_1, x_2, x_3, x_4)=6x_1+4x_2+5x_3+3x_4$$

约束条件：

$$\text{s.t.}: \begin{cases} g(x)=0.99-(1-0.15^{x_1})(1-0.25^{x_2})(1-0.20^{x_3})(1-0.30^{x_4}) \leqslant 0 \\ \begin{pmatrix} -1 & 0 & 0 & 0 \\ 0 & -1 & 0 & 0 \\ 0 & 0 & -1 & 0 \\ 0 & 0 & -1 & 0 \end{pmatrix} \cdot \begin{pmatrix} x_1 \\ x_2 \\ x_3 \\ x_4 \end{pmatrix} \leqslant 0 \end{cases}$$

【MATLAB 求解】

Code-1

```
% % object function
% % myobj.m
function f=myobj(x)
f=6 * x(1)+4 * x(2)+ 5 * x(3)+3 * x(4);
% % constraint function
```

Code-2

```
% % myconst.m
function[g,ceq]=myconst(x)
```

```
pR1=0.85;pR2=0.75;pR3=0.80;pR4=0.70;
pF1=1-pR1;pF2=1-pR2;pF3=1-pR3;pF4=1-pR4;
g=0.99-(1-pF1^x(1))* (1-pF2^x(2))* (1-pF3^x(3))* (1-pF4
^x(4))
ceq=[];
```

Code-3

```
% % solve program
clear
x0=[1;1;1;1];
a=[-1 0 0 0;0 -1 0 0;0 0 -1 0;0 0 0 -1];
b=[0 0 0 0];
lb=[1;1;1;1];ub=[19;19;19;19];
[x,fn]=fmincon('myobj',x0,a,b,[],[],lb,ub,'myconst')
```

Run

```
x=
     3.112726495374110
     4.325668084387512
     3.680187079557578
     5.102346585744492
     fn=69.687006464816079
```

由于储备度问题求解，结果必须均为正的整数，下面通过列表法，给出最后的计算结果。

表 6-5　例题 6-6 结果

	A	*B*	*C*	*D*	R_s	成本	*A*	*B*	*C*	*D*	R_s	成本
pR	0.85	0.75	0.8	0.7			0.85	0.75	0.8	0.7		
pF	0.15	0.25	0.2	0.3			0.15	0.25	0.2	0.3		
	3	4	3	5	0.98240	64	4	4	3	5	0.98522	70
	3	4	3	6	0.98407	67	4	4	3	6	0.98690	73
	3	4	4	5	0.98874	69	4	4	4	5	0.99158	75
	3	4	4	6	0.99042	72	4	4	4	6	0.99327	78
	3	5	3	5	0.98529	68	4	5	3	5	0.98812	74
	3	5	3	6	0.98697	71	4	5	3	6	0.98981	77
	3	5	4	5	0.99164	73	4	5	4	5	0.99450	79
	3	5	4	6	0.99333	76	4	5	4	6	0.99619	82

不难看出，当$x_1=3$，$x_2=4$，$x_3=4$，$x_4=6$ 时，成本 = 72 达到最小值。

必须指出的是，采用上述比较的方法求解，可以得到正确的结果。但是当系统较为复杂时，求解就会显得异常复杂、烦琐。下面给出经过优化了的程序，得到的计算结果直接为整数，请读者仔细分析。

【MATLAB 求解】

Code-1

```
**********************************************************
% % object function
% % ch6myobj.m
function f=ch6myobj(x)
        f=6 * x(1)+4 * x(2)+ 5 * x(3)+3 * x(4);
**********************************************************
```

Code-2

```
% % constraint function
% % ch6myconst.m
function[g,ceq]=ch6myconst(x)
pR1=0.85;pR2=0.75;pR3=0.80;pR4=0.70;
pF1=1-pR1;pF2=1-pR2;pF3=1-pR3;pF4=1-pR4;
g=0.99-(1-pF1^x(1))* (1-pF2^x(2))* (1-pF3^x(3))* (1-pF4
^x(4));
ceq=[ ];
**********************************************************
```

Code-3

```
% % solve program
% % ch6myrun.m
clear
x0=[1;1;1;1];
a=[-1 0 0 0;0 -1 0 0;0 0 -1 0;0 0 0 -1];
b=[0 0 0 0];
lb=[1;1;1;1];ub=[19;19;19;19];
[x, fn] = fmincon ('ch6myobj', x0, a, b, [ ], [ ], lb, ub,'
ch6myconst')
% %
xx=floor(x);
yy=xx+1;
A=[xx(1),yy(1)];
B=[xx(2),yy(2)];C=[xx(3),yy(3)];
```

```
D=[xx(4),yy(4)];
%%
pR1=0.85;pR2=0.75;pR3=0.80;pR4=0.70;
pF1=1-pR1;pF2=1-pR2;pF3=1-pR3;pF4=1-pR4;
p=2;q=2;r=2;s=2;
i=0;j=0;
for p=1:2
for q=1:2
for r=1:2
for s=1:2
g=0.99-(1-pF1^A(p))* (1-pF2^B(q))* (1-pF3^C(r))* (1-pF4
^D(s));
if g<0
  i=i+1;j=j+1;
  [A(p) B(q) C(r) D(s)];
  u(i,:)=[A(p) B(q) C(r) D(s)];
  cost=6* A(p)+4* B(q)+5* C(r)+3* D(s);
  t(:,j)=[cost];
end
end
end
end
end
%%
u;
t;
min_cost=min(t)
position=find(t==min(t));
The_best_answer=u(position,:)
```


Run

```
x=
    3.1127
    4.3257
    3.6802
    5.1023
fn=69.6870
min_cost=72
The_best_answer=
    3    4    4    6
```

注：Code-1 和 Code-2 与前述相一致，这里仅对 Code-3 进行了完善，所求得的结果直接为整数，从而避免了表 6-5 的穷举法，具有较强的灵活性与应用场景。

6.5 本章小结

本章在机械零件可靠性的基础上，讲述了机械系统的可靠性问题，包括系统可靠性的预测、分配与优化这三个方面，通过建立数学模型、应用 MATLAB 实现求解。

习　题

习题 6-1

元件 1、2、3 为 2/3 表决系统，元件 4、5 串联，元件 6、7 并联，这 3 个子系统又串联构成组合系统。各元件的可靠度已知，试求组合系统的可靠度。已知：$R_1=0.93$，$R_2=0.94$，$R_3=0.95$，$R_4=0.97$，$R_5=0.98$，$R_6=R_7=0.85$。

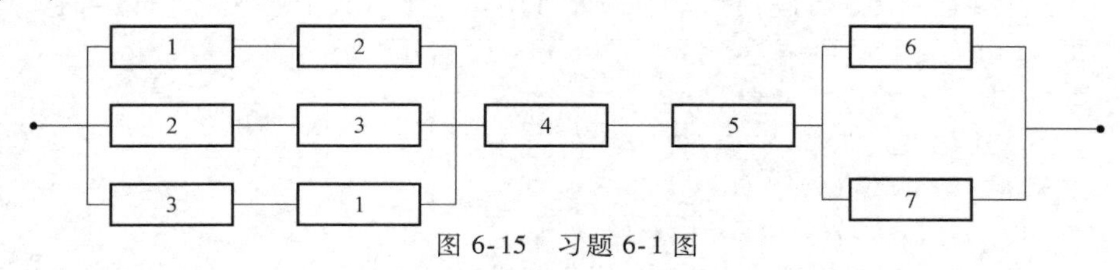

图 6-15　习题 6-1 图

习题 6-2

试比较各由两个相同单元组成的串联系统、并联系统、储备系统的可靠度。假定单元寿命服从指数分布，失效率为 λ，单元可靠度 $R(t)=\exp(-\lambda t)=0.9$。

习题 6-3

某汽车的行星轮轮边减速器、半轴与太阳轮（可靠度 0.995）相连，车轮与行星架相连，齿圈（可靠度 0.999）与桥壳相连。4 个行星轮的可靠度均为 0.999，求轮边减速器齿轮系统的可靠度。

习题 6-4

当要求系统的可靠度$R_s=0.85$，选择 3 个复杂程度相似的元件串联工作和并联工作时，则每个元件的可靠度应是多少?

习题 6-5

一个由电动机、带传动、单级减速箱组成的传动装置，工作 1000h 要求可靠度$R_s=0.960$。已知它们的平均失效率分别为：电动机$\lambda_1=0.00003\text{kh}^{-1}$，带传动$\lambda_2=0.00040\text{kh}^{-1}$，减速器$\lambda_3=0.00002\text{kh}^{-1}$。试给它们分配适当的可靠度。

习题 6-6

一个由电动机、带传动、单级减速箱组成的传动装置，各单元所含的重要零件数分别为：电动机$N_1=6$；带传动$N_2=4$；减速器$N_3=10$。若要求工作时间 $T=1000\text{h}$ 的可靠度为 0.95，试将可靠度分配给各单元。

习题 6-7

一个两级齿轮减速器，4 个齿轮预计的可靠度分别为$R_a=0.89$，$R_b=0.96$，$R_c=0.90$，$R_d=0.97$，各齿轮的费用函数相同，要求系统可靠度为$R_{sd}=0.82$，试用花费最少原则对 4 个齿轮分配可靠度。

习题 6-8※

已知五种单元的可靠度分别为$R_1=0.95$，$R_2=0.99$，$R_3=0.70$，$R_4=0.75$，$R_5=0.90$，试设计由以上五种单元组成的串-并联组合系统，每种单元都要用到且数量不限。为了减少系统的重量与成本，单元数尽可能少，并使系统的可靠度大于 0.70。

习题 6-9※

如图 6-16 所示，有一条 300km 的传输线路，每 100km 需设一个中继站，以保证传输畅通，但任一中继站发生故障都会造成传输中断。如每50km设一个中继站，它的有效传输距离仍为100km。因此，只有在相连两个中继站同时发生故障时，才会使传输中断。设每一中继站的可靠度为0.9，线路与终端本身可靠度为1，求此传输线路的可靠度。

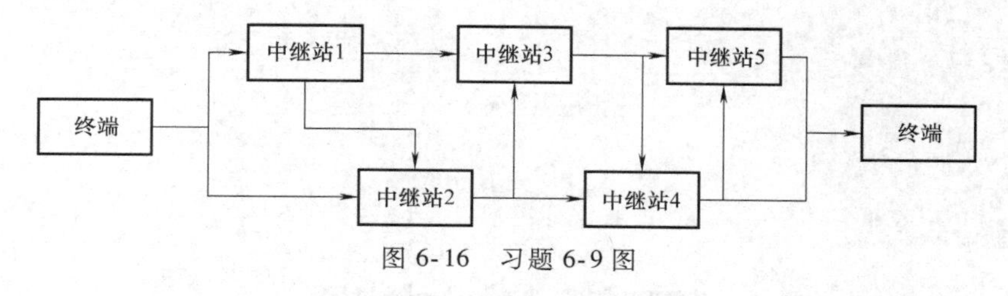

图6-16 习题6-9图

习题6-10※

由子系统A、B、C、D、E、F、G、H组成的串联系统，各子系统的成本费用和工作2000h的预计可靠度见表6-6。要使此系统工作2000h的可靠度指标$R_{sd} \geqslant 0.999$，而成本费用又要尽量小，各子系统应有多大的储备度？要求附上相关程序代码，并填写表6-6中各可靠度。

表6-6 习题6-10表

子系统	可靠度 R_i	成本/万元	储备度	储备子系统的可靠度 R
A	0.85	8	?	
B	0.76	5.5	?	
C	0.80	7	?	
D	0.70	3	?	
E	0.78	6	?	
F	0.81	7	?	
G	0.75	5	?	
H	0.72	4	?	

第7章

可靠性试验

7.1 概述

为验证、评价和分析产品的可靠性而进行的各种试验，总称为产品的可靠性试验。通过可靠性试验以及对试验结果的数据处理，可以取得被试验产品在各种试验工况条件下的可靠度指标，如可靠度 $R(t)$、失效概率 $F(t)$、平均寿命 θ、失效率 $\lambda(t)$ 等，从而为产品的设计、生产和使用提供可靠度数据。可靠性试验还可以揭示产品在设计、材料选择、制造工艺等方面存在的问题；通过失效分析，找出原因以制定改进措施，达到提高产品可靠性的目的。因此，可靠性试验是保证产品可靠性的一个基本环节，也是机械产品可靠性设计和可靠性预测的基础[17]。

可靠性寿命试验的目的，包括以下三个方面：

1）得到产品的可靠性指标。通过寿命试验，求得产品的各项可靠性指标并评价产品质量，找出改进产品可靠性的措施。

2）研究产品失效机理。通过寿命试验，找出失效原因，弄清失效机理，在此基础上建立合理的失效物理模型与数学模型，并进一步开展可靠性研究与理论预测。

3）研究产品的寿命分布。通过寿命试验，找出产品及其主要零部件的寿命分布规律，这点对于产品的可靠性设计至关重要。

通常来讲，可靠性试验分为寿命试验、环境试验和现场使用试验等。

7.1.1 寿命试验

寿命试验是可靠性试验的一项主要内容，用以考核、评价和分析产品的寿命特征及失效规律等，以便得出产品的平均寿命和失效率等可靠性数据，作为可靠性设计、可靠性预测和改进产品质量的依据。对于机械产品来说，寿命试验又分为工作寿命试验和加速寿命试验。

（1）工作寿命试验　即产品在正常条件下的工作试验，又分为静态试验和动态试验。静态工作寿命试验就是施加额定负荷的寿命试验，用以了解产品在额定负载下的工作可靠性，试验设备较为简单；动态工作寿命试验是指模拟产品在实际工作状态的试验，其试验结果更能反映实际情况，但试验设备较为复杂，试验费用较高。

（2）加速寿命试验　此情况是指既不改变产品失效机理，又不增加新的失效因素的前提下，提高试验应力，强化试验条件，使得试件加速失效，以便在较短的时间之内预测到正常负荷下的使用寿命。

对于汽车及其零部件等机械产品来说，寿命试验又分为：

（1）台架试验　台架试验是指在实验室的试验台架上进行正常工作负荷下的“工作寿命试验”，或者为了缩短试验周期而进行的提高试验应力、强化试验条件的“加速寿命试验”。由于台架试验的试验条件稳定，试验时间集中，所以容易较快地得到试验结果。台架试验的加载有多种方式：有定载荷幅值的简单重复加载；也有载荷幅值随循环次数改变的程序加载；也有随机加载，例如模拟汽车在典型路面行驶的随机载荷谱加载。

（2）试验场试验　试验场试验是指在专门的汽车试验场，使汽车在高速试验跑道按照规定的路况（石块路、卵石路、搓板路、凹坑路）强制行驶规定的里程，进行加速寿命试验，以考核汽车及其零部件的可靠性、强度构件在行驶中的寿命与安全性。

7.1.2　环境试验

环境试验是指为了考核、评价与分析环境条件，例如：温度、湿度、含尘量、腐蚀介质、冲击、振动、电磁场、日晒等对产品可靠性、耐久性及质量的影响而进行的各种试验，是确定产品在某种环境条件下的可靠性指标的一种试验方法。

汽车在热带、寒带、雪地、草原、沙漠、多雨潮湿等地区的试验，均属于环境试验。有时也可人造特定环境，例如在汽车试验场中设置盐水池，可以开展汽车及其零部件的耐腐蚀试验等。

7.1.3　现场使用试验

现场使用试验是指在现场对产品的工作可靠性进行试验和测量，由于试验条件就是现场使用条件，所以最符合实际工作情况。通过统计分析，即可得到产品的失效率、平均寿命等可靠性数据。

7.2　寿命试验结果的统计分析

7.2.1　寿命试验正态分布的参数估计

设寿命试验的 n 个样本的失效时间分别是t_1、t_2、…、t_n，则正态分布寿命的数学期望 μ（即平均寿命 θ）与标准差 s 的预测值分别为

$$\widehat{\mu}=\widehat{\theta}=\frac{1}{n}\sum_{i=1}^{n}t_i \tag{7-1}$$

$$\widehat{s}=\sqrt{\frac{1}{n}\sum_{i=1}^{n}(t_i-\widehat{\mu})^2} \tag{7-2}$$

7.2.2　寿命试验威布尔分布的参数估计

设寿命试验的 n 个样本的失效时间分别是t_1、t_2、…、t_n，若其位置参数为0，即为两参

数的威布尔分布，其形状参数 m 与尺度参数 η 的预测值可以使用下式计算，即

$$\begin{cases} \hat{m}=\dfrac{\sigma_n}{2.30258\,\sigma_{\ln t}} \\ \ln\hat{\eta}=\mu_{\ln t}+\dfrac{y_n}{2.30258\,\hat{m}} \end{cases} \tag{7-3}$$

式中　σ_n、y_n——与样本数有关的系数，见表 7-1；

$\mu_{\ln t}$——对数均值

$$\mu_{\ln t}=\frac{1}{n}\sum_{i=1}^{n}\ln t_i \tag{7-4}$$

$\sigma_{\ln t}$——对数标准差

$$\sigma_{\ln t}=\sqrt{\frac{n}{n-1}(\mu_{\ln^2 t}-\mu_{\ln t^2})} \tag{7-5}$$

表 7-1　系数 σ_n、y_n 的值[18]

n	σ_n	y_n	n	σ_n	y_n	n	σ_n	y_n
8	0.9043	0.4843	17	1.0411	0.5181	26	1.0961	0.5320
9	0.9288	0.4902	18	1.0496	0.5202	27	1.1004	0.5332
10	0.9497	0.4952	19	1.0566	0.5220	28	1.1047	0.5343
11	0.9676	0.4996	20	1.0628	0.5236	29	1.1086	0.5353
12	0.9883	0.5035	21	1.0696	0.5252	30	1.1124	0.5362
13	0.9972	0.5070	22	1.0754	0.5268	40	1.1413	0.5436
14	1.0095	0.5100	23	1.0811	0.5283	50	1.1607	0.5485
15	1.0206	0.5128	24	1.0864	0.5296	60	1.1747	0.5521
16	1.0316	0.5157	25	1.0915	0.5309			

例题 7-1　滚动轴承在等幅变应力作用下，其接触疲劳寿命近似地服从二参数威布尔分布。现在选择 20 个进行测试试验，其疲劳寿命的失效时间（h）分别为：196，212，218，238，260，284，310，324，368，398，422，453，521，552，592，648，693，751，840，892。试估算其威布尔分布的形状参数和威布尔参数。

解　1）计算对数均值及对数标准差。

$$\mu_{\ln t}=\frac{1}{n}\sum_{i=1}^{n}\ln t_i=\frac{1}{20}(\ln 196+\ln 212+\cdots+\ln 892)=2.6142$$

$$\mu_{\ln^2 t}=\frac{1}{20}[(\ln 196)^2+(\ln 212)^2+\cdots+(\ln 892)^2]=6.8759$$

$$\sigma_{\ln t}=\sqrt{\frac{n}{n-1}(\mu_{\ln^2 t}-\mu_{\ln t}^2)}=\sqrt{\frac{20}{20-1}\times(6.8759-2.6142^2)}=0.2100$$

2）根据表 7-1 查出，$\sigma_n=1.0628$，$y_n=0.5236$，计算

$$\begin{cases} \hat{m}=\dfrac{\sigma_n}{2.30258\,\sigma_{\ln t}} \\ \ln\hat{\eta}=\mu_{\ln t}+\dfrac{y_n}{2.30258\,\hat{m}} \end{cases}$$

$$\hat{m}=\frac{\sigma_n}{2.30258\,s_{\ln t}}=\frac{1.0628}{2.30258\times 0.2100}=2.1979$$

$$\ln\hat{\eta}=\mu_{\ln t}+\frac{y_n}{2.30258\,\hat{m}}=2.6142+\frac{0.5236}{2.30258\times 2.1979}=2.7127$$

$$\hat{\eta}=10^{2.7127}\mathrm{h}=522.03\mathrm{h}$$

例题 7-2 试利用 MLE 方法，求解例题 7-1。

解 参看例题 5-3 的极大似然估计法（MLE），将三参数的 MATLAB 求解程序适当修改，令 $c=0$，问题即可得到求解。

【MATLAB 代码】

```
clear
N=[196 212 218 238 260 284 310 324 368 398 422 453 521 552 592
648 693 751 840 892]';%
% function a_b_c=wblthree(x)
% f(x)=b* a^(-b)* (x-c)^(b-1)* exp(-((x-c)/a)^b)
% a 尺度参数
% b 形状参数
% c 位置参数
x=N;%
x_range=[min(x) max(x) max(x)/min(x)]
alpha=[0.02];% 置信区间
%% c=linspace(0,min(x)-1,1000)';
c=0;
Len_c=length(c);
for i=1 : Len_c
   [a_b(i,:),pci{i}]=wblfit(x-c(i),alpha);
   lnL(i,1)=- wbllike([a_b(i,:)],x-c(i));
if a_b(i,2) <=1
break;
end
end
c=c(1:i);
```

```
lnL_a_b_c=sortrows([lnL a_b c],-1);
a_b_c=lnL_a_b_c(1,2:end);
lnL=lnL_a_b_c(1);
a=a_b_c(1);
b=a_b_c(2);
c=a_b_c(3);
f=@ (x,a,b,c) b* a^(-b)* (x-c).^(b-1).* exp(-((x-c)/a).^b);
t=linspace(c,max(x)* 1.5,500);
y=f(t,a,b,c);
F=trapz(t,y);
y1=zeros(size(x));
a,b,c
```

Run

```
样本区间及最大值与最小值之比:
x_range=196.0000  892.0000    4.5510
遍历位置参数c 时的极大似然法参数估计:
样本x 最大对数 lnx 似然值:
a=520.1822
b=2.3407
c=0
```

表 7-2 是对两个例题（例题 7-1 与例题 7-2）计算结果的一个比较，读者可以分析与总结其中的异同。

表 7-2　计算结果比较

例　　题	形状参数	尺度参数	备　　注
7-1	2.1979	522.03	查表,近似估计
7-2	2.3407	520.1822	MLE 方法

7.3　钢板弹簧物理样机疲劳寿命试验

通过有限元对钢板弹簧进行应力分析和寿命预测，只是设计人员在设计钢板弹簧阶段的一种辅助工具，在设计完成时还需进行钢板弹簧的疲劳试验。只有试验成功，钢板弹簧才可以投入使用[12]。图 7-1 是钢板弹簧台架试验示意图。

试验过程中，作动器通过液力驱动，对钢板弹簧中间部位进行垂直方向的加载。钢板弹簧通过支架固定在试验台上，前端卷耳处穿有一个滚轴，使钢板弹簧前端可以绕销轴转动的同时，又可以在支座平面上延伸，这样可以消除钢板弹簧受压变形时在水平方向上的伸长位移，避免影响钢板弹簧试验的准确性。钢板弹簧后端卷耳处由一个销轴固定在支座上，使其可以绕销轴转动。

试验方法设计的原则是模拟钢板弹簧在整车上的工作状态。钢板弹簧按照上述方案安装在试验台上，将各种设备安装并调试到位。试验的过程就是通过计算机控制作动器对钢板弹簧中间部分进行加载，模拟钢板弹簧在整车上承受的载荷试验并每隔 1.0×10^4 次检查一次样品，发现裂纹后，每隔 0.5×10^4 次检查一次。试验中样品表面最高温度不得超过 150℃。在一架弹簧样品中，以任何一片钢板首先出现宏观裂纹（同一部位两侧面沿厚度方向裂开）时的循环次数，作为该样品的寿命。图 7-2 为钢板弹簧试验、台架安装图，图 7-3 为钢板弹簧、疲劳寿命试验断裂的照片。

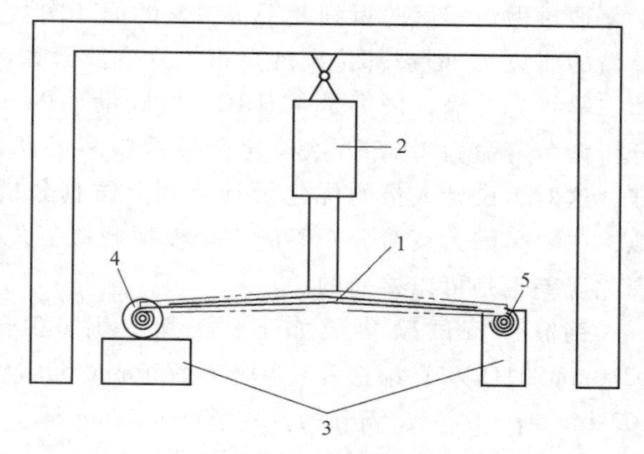

图 7-1　钢板弹簧台架试验示意图

1—钢板弹簧　2—作动器　3—支座　4—滚轴　5—销轴

图 7-2　钢板弹簧试验、台架安装图

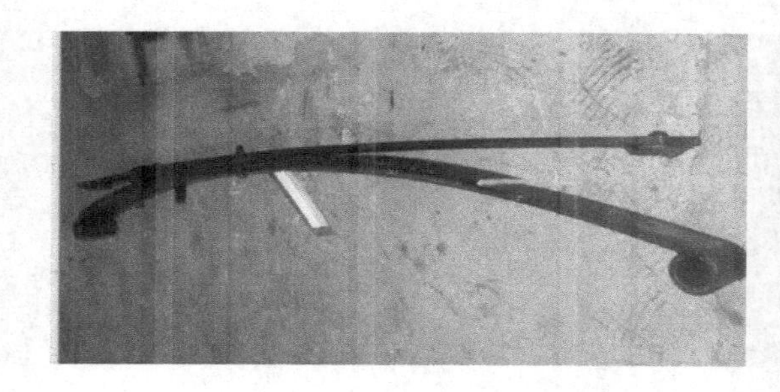

图 7-3　钢板弹簧疲劳寿命试验断裂第二片

通过做台架试验得到此钢板弹簧的循环次数为 12.0 万次（重型载货车少片变截面钢板弹簧的研究），断裂部位出现在第二片变截面靠近端部部分。金相组织为中等细致回火屈氏体，等级为二级，硬度是 42HRC，脱碳量 0.04mm。出现位置与疲劳仿真分析相吻合。仿真分析疲劳寿命为 12.5 万次，比台架试验多了 0.5 万次，误差为 4%，仿真分析结果比较保守，这对于设计人员的优化设计有利。仿真分析只能近似地预测疲劳寿命，并不能完全模拟，主要是因为疲劳分析不能完全模拟制造工艺，而且很多工艺在实际中是达不到的，故出现此误差也是可以接受的。

钢板弹簧试验参数如下：①第一片：70×10×1200mm/51CrV4；第二片：70×10×1210mm/51CrV4；第三片：70×16×720mm/55CrMnA；②总成质量：18.03kg；③刚度：42~103N/mm；④空载/满载弧高：67mm/22mm；⑤加载频率：3Hz；⑥疲劳寿命加载按照GB/T 19844—2005《钢板弹簧》标准执行。

疲劳寿命试验数据与累计寿命分布见表 7-3 和图 7-4。

表 7-3　疲劳寿命试验弹数据

运行时间记录			钢板弹簧总成试验进程情况					设备运行情况			
开机时间	停机加油时间	运行时间/min	累计次数/万	调整转矩		总体状态		加润滑油		总体状态	
				是	否	正常	不正常	是	否	正常	不正常
9:38	10:38	60	1.08								
10:43	12:43	120	3.2	√		√		√		√	
12:50	14:50	120	5.3	√		√		√		√	
15:00	17:00	120	7.4	√		√		√		√	
17:05	18:10	65	8.5	√		√		√		√	
18:15	18:54	39	9.2	√		√		√		√	
20:45		150	12	√		√		√		√	

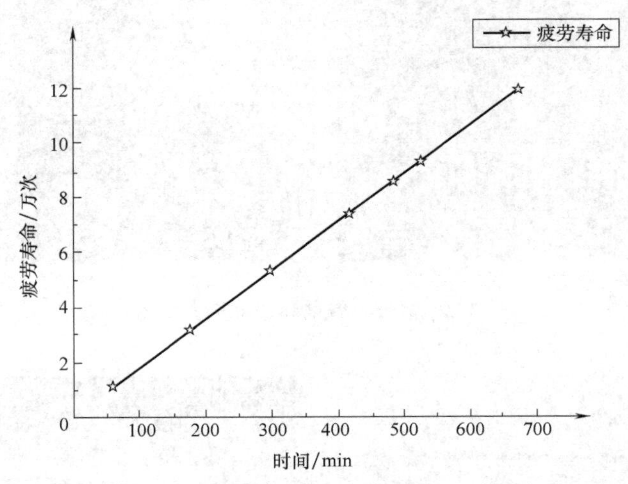

图 7-4　疲劳寿命试验时间与累计寿命分布

7.4　本章小结

本章在对疲劳寿命试验进行简要概述的基础上，介绍了寿命试验服从正态分布和威布尔分布情况下的试验结果统计分析方法，并以钢板弹簧的寿命试验为代表，说明了疲劳寿命试验的方法与过程。

习　题

习题 7-1※

针对疲劳寿命的结果数据，可以从以下方法或者手段中获得，请用辩证的观点进行分析与总结其中的异同。

1）基于损伤模型的疲劳寿命预测方法。

2）基于计算机仿真分析的疲劳寿命计算。

3）基于物理样机的疲劳寿命试验。

习题 7-2※

请思考并定性分析某一特定减速机传动系统零部件（轴、齿轮）的疲劳寿命试验方法，包括试验台架设计、物理样机、试验方法、结果数据的统计等。

附 录

部分习题参考答案

第 1 章

习题 1-1

【略】

习题 1-2

【0.68；0.44】

习题 1-3

【0.0101；0.03125】

习题 1-4

【33.35；23105；33333】

习题 1-5※

【略】

习题 1-6※

【略】

习题 1-7※

【略】

第 2 章

习题 2-1

【$P(A)=\frac{C_M^m C_{N-M}^{n-m}}{C_N^n}$】

习题 2-2

【0.2755】

习题 2-3

【0.622】

习题 2-4

【0.81】

习题 2-5

【0.9475】

习题 2-6

【0.2754；0.1304；0.5652】

习题 2-7

【乙】

习题 2-8

【B 优】

习题 2-9

【0.4096；0.4096；0.1536；0.0256；0.0016】

习题 2-10

【0.9997】

习题 2-11

【0.9997】

习题 2-12

【0.9344】

习题 2-13

【0.0114】

习题 2-14

【0.9973】

习题 2-15

【$\lambda(t)=6.982\times10^{-7}$，$N=7.9411\times10^{5}$】

习题 2-16

【59.1455；0.89892】

习题 2-17

【1.6879；0.1074】

习题 2-18

【0.9929】

习题 2-19

【1000；693.147；0.00005】

习题 2-20

【0.9394；0.05%】

习题 2-21

【0.9993；383.68MPa】

习题 2-22

【177.2h；45.3h；0.5/100h；0.5/100h；63.25h；0.99】

习题 2-23※

【642.4545MPa；13.7325MPa；624.8557MPa】

习题 2-24※

【$a=52944$，$b=1.5001$，$c=25353$，$R=0.8646$，$N=37165$】

第 3 章

习题 3-1

【3.0680e+005mm^4；，490.8739mm^4】

习题 3-2

【50.6292mm；4.9285mm】

习题 3-3

【参考】

答表 1　　（单位：MPa）

科　　目	代数法	矩　　法	蒙特卡罗法
均值	328.083	328.083	328.1434
标准差	49.5724	49.4412	49.598

习题 3-4

【0. 97982】

习题 3-5

【0. 93511】

习题 3-6

【0. 7753】

习题 3-7

【0. 018298】

习题 3-8※

【约 101300kPa】

习题 3-9※

【5. 1793mm】

第 4 章

习题 4-1

【0. 6003】

习题 4-2

【$1 \leqslant n \leqslant 7.3976$】

习题 4-3

【0. 9573】

习题 4-4

【50mm；0. 0267mm；2】

习题 4-5

【90mm；0. 5385mm；0. 1795mm】

习题 4-6

【$r=(12.4833 \pm 0.1872)$ mm】

习题 4-7

【$B=99.6104$mm】

习题 4-8※

【$d=(33.3626 \pm 0.3336)$ mm】

习题 4-9※

【$d=(13.4502 \pm 0.0672)$ mm】

第 5 章

习题 5-1

【38620 次】

习题 5-2

【参考】

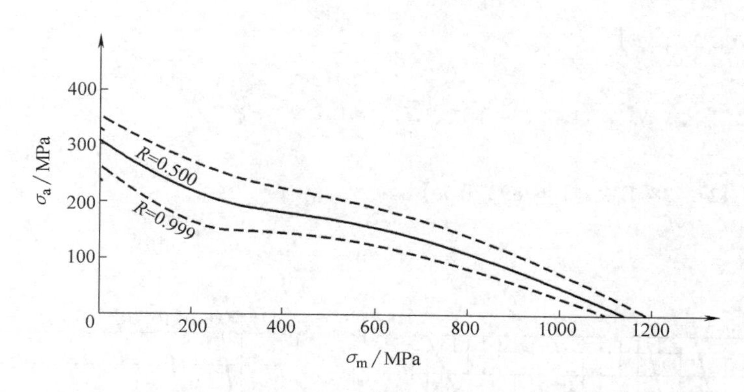

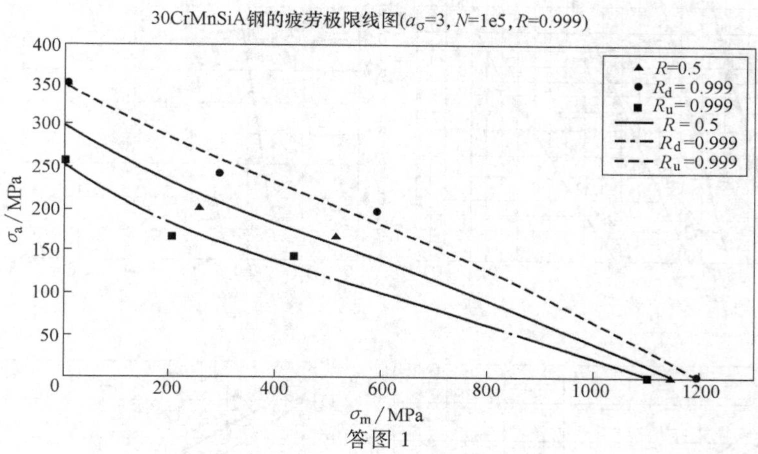

答图 1

习题 5-3

【0. 98905】

习题 5-4

【参考】

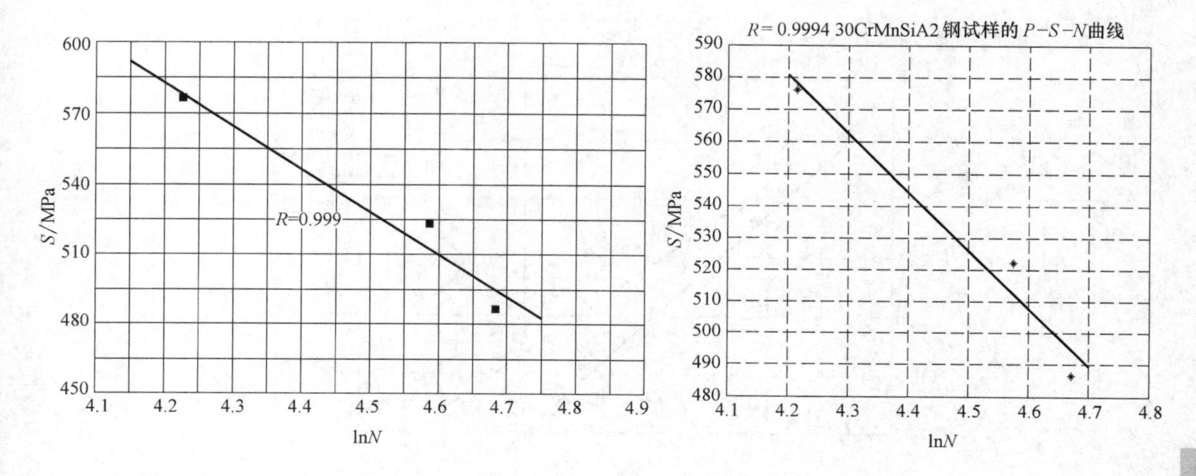

答图 2

习题 5-5

【$N_{0.9}=\mu-1.28\sigma$，$N_{0.5}=\mu$】

习题 5-6

【$N_{0.999}=94.395$ 千次，$N_{0.90}=125.734$ 千次，$N_{0.50}=147.90$ 千次】

习题 5-7

【98.174 千次；124.738 千次；146.892 千次】

习题 5-8

【参考】

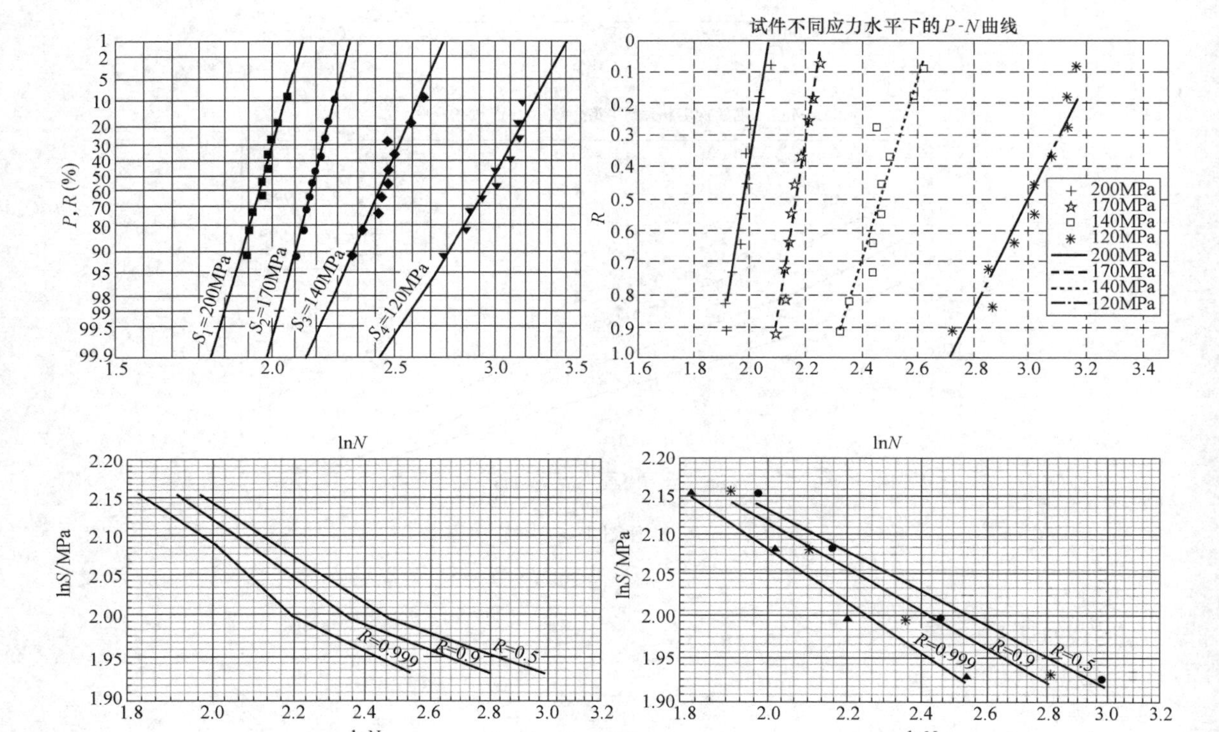

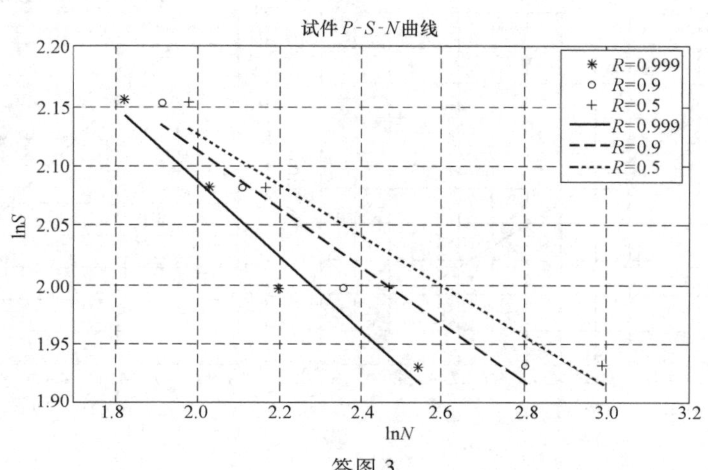

答图 3

习题 5-9※

【0.8443】

习题 5-10※

【符合要求】

习题 5-11※

【参考】

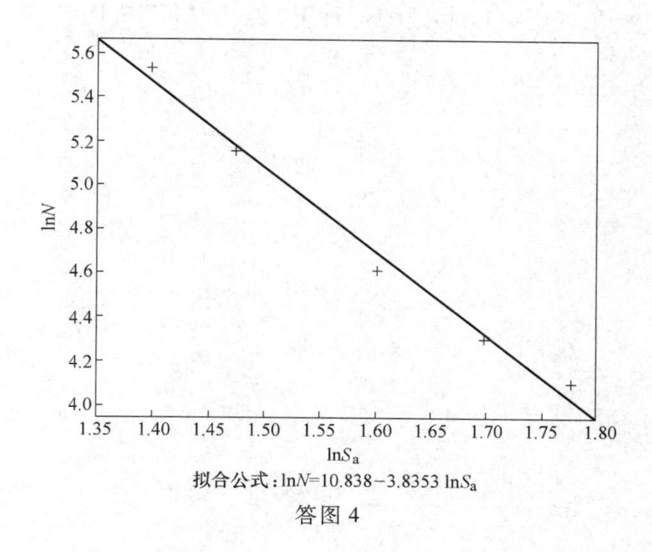

拟合公式：$\ln N=10.838-3.8353\ \ln S_a$

答图 4

第 6 章

习题 6-1

【$R=0.7717$】

习题 6-2

【0.81；0.99；0.9949】

习题 6-3

【0.9940】

习题 6-4

【0.9473；0.4687】

习题 6-5

【0.9973；0.9644；0.9982】

习题 6-6

【0.9847；0.9898；0.9747】

习题 6-7

【0.9384；0.9384；0.96；0.97】

习题 6-8※

【参考】

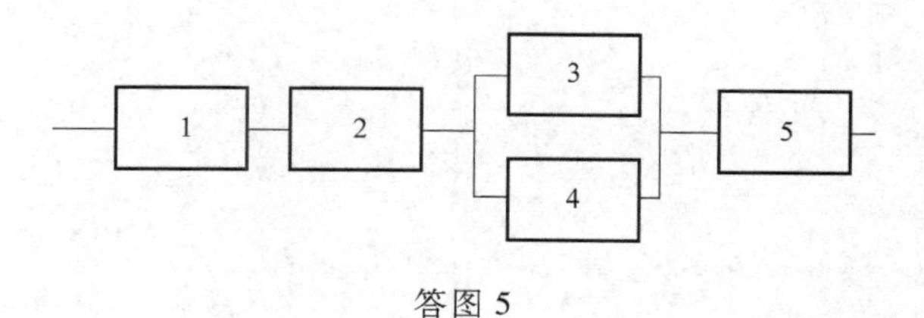

答图 5

因此，该组合系统的可靠度为

$$R_s = R_1 R_2 R_{34} R_5 = 0.95 \times 0.99 \times 0.925 \times 0.90 = 0.783$$

习题 6-9※

【0.963】

习题 6-10※

【A，5；B，6；C，6；D，8；E，6；F，5；G，7；H，7；程序代码略】

第 7 章

习题 7-1

【略】

习题 7-2

【略】

参考文献

[1] 闻邦椿，张义民. 机械设计手册：第6卷　现代设计理论与方法 [M]. 北京：机械工业出版社，2010.

[2] 赵松年. 现代设计方法 [M]. 北京：机械工业出版社，2002.

[3] 臧勇. 现代机械设计方法 [M]. 北京：冶金工业出版社，2011.

[4] 姜潮. 基于区间的不确定性优化理论与算法 [D]. 长沙：湖南大学，2008.

[5] 张永恒. 工程优化设计与MATLAB实现 [M]. 北京：清华大学出版社，2011.

[6] 张武，陈剑，高煜. 基于粒子群算法的发动机悬置系统稳健优化设计 [J]. 农业机械学报，2010，41 (5)：30-36.

[7] 夏建芳，叶南海. 有限元法原理与ANSYS应用 [M]. 北京：国防工业出版社，2011.

[8] 崔向阳，等. 二维声学数值计算的梯度最小二乘加权 [J]. 机械工程学报，2016，52 (15)：52-58.

[9] 刘惟信. 机械可靠性设计 [M]. 北京：清华大学出版社，2006.

[10] 孙志礼，陈良玉. 实用机械可靠性设计理论与方法 [M]. 北京：科学出版社，2003.

[11] 高社生，张玲霞. 可靠性理论与工程应用 [M]. 北京：国防工业出版社，2003.

[12] 叶南海. 机械疲劳寿命预测与可靠性设计关键技术研究 [D]. 长沙：湖南大学，2012.

[13] 谢里阳. 机械可靠性理论、方法及模型中若干问题评述 [J]. 机械工程学报，2014，50 (14).

[14] 张义民. 不完全概率信息牛头刨床机构运动精度可靠性稳健设计 [J]. 机械工程学报，2009，45 (4)：105-110.

[15] 薛定宇. 控制系统仿真与计算机辅助设计 [M]. 2版. 北京：机械工业出版社，2009.

[16] 李明泉. 对最大似然估计法教学的探讨 [J]. 牡丹江大学学报，2010，19 (7)：116-118.

[17] 王霄锋. 汽车可靠性工程基础 [M]. 北京：清华大学出版社，2007.

[18] 孟宪铎. 机械可靠性设计 [M]. 北京：冶金工业出版社，1992.